高等职业教育工程管理类专业系列教材

建筑装饰工程概预算

主　编　孙来忠　王　银
副主编　梁　怡　韦　莉
参　编　姚志农　程伟庆　潘多明
主　审　田树涛

机 械 工 业 出 版 社

本书共分八章，介绍了建筑装饰工程概述，建筑工程定额，工程量计算基本原理，装饰装修工程量计算，工程费用及其清单计价，工程量清单及工程量清单计价，施工图预算的编制，设计概算、施工预算、结算与决算的编制等内容。本书可作为高职高专土建类建筑装饰工程技术专业、室内设计专业的教材，也可作为成人教育土建类及相关专业的教材，还可作为从事建筑装饰工程等工作的施工、预算、造价技术人员的参考用书。

本书配有电子课件，凡使用本书作为教材的教师可登录机械工业出版社教育服务网 www.cmpedu.com 下载。咨询邮箱：cmpgaozhi@ sina.com。咨询电话：010-88379375。

图书在版编目（CIP）数据

建筑装饰工程概预算/孙来忠，王银主编. —北京：机械工业出版社，2017.8（2024.6 重印）
高等职业教育工程管理类专业系列教材
ISBN 978-7-111-57372-2

Ⅰ.①建… Ⅱ.①孙… ②王… Ⅲ.①建筑装饰-建筑概算定额-高等职业教育-教材②建筑装饰-建筑预算定额-高等职业教育-教材 Ⅳ.①TU723.3

中国版本图书馆 CIP 数据核字（2017）第 165449 号

机械工业出版社（北京市百万庄大街 22 号 邮政编码 100037）
策划编辑：王靖辉 责任编辑：王靖辉 责任校对：王 欣
封面设计：陈 沛 责任印制：邓 博
北京盛通数码印刷有限公司印刷
2024 年 6 月第 1 版第 6 次印刷
184mm×260mm · 13.25 印张 · 321 千字
标准书号：ISBN 978-7-111-57372-2
定价：39.80 元

电话服务 网络服务
客服电话：010-88361066 机 工 官 网：www.cmpbook.com
010-88379833 机 工 官 博：weibo.com/cmp1952
010-68326294 金 书 网：www.golden-book.com
封底无防伪标均为盗版 机工教育服务网：www.cmpedu.com

前　言

本书以能力培养为主线，注重实用性与针对性，恰当地融合理论知识与实践能力，按照高职高专土建类学生应掌握的最新政策法规、标准规范、专业知识和操作能力要求组织教学内容，培养学生的实际工作能力，加强对学生后续学习、考证能力的引导，以求使学生较快成为具有实际工作能力的建筑装饰施工管理人才。

在内容上，本书注重收集和引入工程实例，汇集最新甘肃省定额标准和计算规则，深入浅出、简明扼要、图文并茂、通容易懂，融合计算工程量知识和计价知识，以及相关法规、标准和规范于一体，内容丰富。在编排上，每章在开头给出内容提要和教学目标，在结束进行本章小结和能力训练，前呼后应、循序渐进，使学生目标明确、思路清晰，从而掌握建筑装饰工程算量和计价、编制施工图预算等相关概预算形式的基本概念、基本原理和方法，同时通过案例分析学习和能力训练，获得进行建筑装饰单位工程施工图预算的编制能力。

本书由甘肃建筑职业技术学院孙来忠、王银任主编，甘肃建筑职业技术学院梁怡、韦莉任副主编，具体编写分工如下：第一章由梁怡编写，第二章的第一、二、三、五节、第六章，第七章由孙来忠编写，第三章的第二、三、四节、第四章、第五章的一、二、三、五、六节由王银编写，第八章由韦莉编写，第二章的第四节由兰州豪斯装饰股份有限公司姚志农编写，第三章的第一节由兰州龙发装饰公司潘多明编写，第五章的第四节由兰州克力装饰公司程伟庆编写。本书由甘肃建筑职业技术学院田树涛任主审。

本书在编写过程中，得到了甘肃省行业领导和专家的大力支持和帮助，属于校企共同开发教材，内容更加贴近工程实际。本书引用和参考了有关单位和个人的专业文献、资料，未在书中一一注明出处，在此表示感谢。

由于编者的水平有限，书中错误和疏漏之处在所难免，恳请广大读者和专家批评指正。

编　者

目　　录

第一章　建筑装饰工程概述

内容提要

本章讲述了工程基本建设与建设工程造价的概述，以及工程造价计价的特点和模式；同时概括阐述了建筑装饰工程概预算。

教学目标

知识目标：熟悉基本建设内容和工程造价的内容；掌握工程计价的特点和模式；了解建筑装饰工程概预算。

能力目标：工程计价的特点和模式。

第一节　基本建设概述

一、基本建设的概念

基本建设是指固定资产扩大再生产的新建、扩建、改建、恢复工程及与之相关的其他工作。实际上基本建设是形成新的固定资产的经济活动过程，即把一定的物质资料如建筑材料、机器设备等，通过购置、建造和安装等活动转化为固定资产，形成新的生产能力或使用效益的过程。与此相关的其他工作，如征用土地、勘察设计、筹建机构和生产职工培训等也属于基本建设。由此可见，基本建设实质上是形成新的固定资产的经济活动，是实现社会扩大再生产的重要手段。

固定资产是指在社会再生产过程中，可供生产或生活较长时间，在使用过程中，基本保持原有实物形态的劳动资料或其他物资资料，如建筑物、构筑物、机械设备或电气设备。一般地，凡列为固定资产的劳动资料，应同时具备以下两个条件：①使用期限在一年以上；②劳动资料的单位价值在限额以上。限制的额度，小型企业在 1000 元以上，中型企业在 1500 元以上，大型企业在 2000 元以上。

二、基本建设的分类

1. 按照建设性质的不同分类

（1）新建项目　新建项目是指新开始建设的基本建设项目，或在原有固定资产的基础上扩大 3 倍以上规模的建设项目。这是基本建设的主要形式。

（2）扩建项目　扩建项目是指在原有固定资产的基础上扩大 3 倍以内规模的建设项目，其建设目的是为了扩大原有产品的生产能力或效益。

（3）改建项目　改建项目是指为了提高生产效率或使用效益，对原有设备、工艺流程进行技术改造的建设项目。

(4) 迁建项目　迁建项目是指由于各种原因迁移到另外的地方建设的项目。迁建项目中符合新建、扩建、改建条件的，应分别作为新建项目、扩建项目或改建项目。

(5) 恢复项目　恢复项目是指因遭受自然灾害或战争使得建筑物全部报废而投资重新恢复建设的项目，或部分报废后又按原规模重新恢复建设的项目。

2. 按照建设规模分类

基本建设项目按照设计生产能力和投资规模分为大型项目、中型项目和小型项目三类。习惯上将大型项目和中型项目合称为大中型项目。一般是按产品的设计能力或全部投资额来划分。

3. 按照国民经济各行业性质和特点分类

建设项目分为竞争性项目、基础性项目和公益性项目三类。

(1) 竞争性项目　竞争性项目是指投资效益比较高、竞争性比较强的一般性建设项目。

(2) 基础性项目　基础性项目是指具有自然垄断性、建设周期长、投资额大而收益低的基础设施和需要政府重点扶持的一部分基础工业项目，以及直接增强国力的符合经济规模的支柱产业项目。

(3) 公益性项目　公益性项目主要包括科技、文教、卫生、体育和环保等设施，公、检、法等政权机关，以及政府机关、社会团体办公设施和国防建设等。

三、基本建设的内容

1. 建筑工程

建筑工程是指永久性和临时性的建筑物、构筑物的建造。建筑物为房屋及设备设施，包括土建工程，房屋内水、电、暖，以及为人们生活提供方便的设施；构筑物有桥梁、隧道、公路、铁路、矿山、水利及园林绿化工程等。

2. 设备安装工程

设备安装工程包括各种机械设备和电气设备的安装，与设备相连的工作台、梯子等的装设，附属于被安装设备的管线敷设和设备的绝缘、保温、油漆等，以及为测定安装质量对单个设备进行试运转的工作。

3. 设备、工器具及生产用具的购置

设备、工器具及生产用具的购置是指车间、实验室、医院、学校、宾馆、车站等生产、工作、学习所应配备的各种设备、工具、器具、家具及实验设备的购置。

4. 其他基本建设工作

其他基本建设工作是指在上述工作之外而与建设项目有关的各项工作，如筹建机构、征用土地、培训工人及其他生产准备等工作等。

四、基本建设项目的划分

1. 建设项目

建设项目是指经过有关部门批准的立项文件和设计任务书，按一个总体设计组织施工、经济上实行独立核算、管理上具有独立组织形式的基本建设单位。如一座工厂、一所学校、一所医院等均为一个建设项目。一个建设项目有一个或几个单项工程。

2. 单项工程

单项工程是指在一个建设项目中具有独立的设计文件，竣工后可以独立发挥生产能力或效益的工程。它是建设项目的组成部分，如工业项目中的各个车间、办公楼等，民用项目中如学校的教学楼、图书馆、食堂等。

3. 单位工程

单位工程是竣工后一般不能独立发挥生产能力或效益，但具有独立的设计图，可以独立组织施工的工程。它是单项工程的组成部分。按其构成，又可将其分解为建筑工程和设备安装工程。

一般情况下，单位工程是进行工程成本核算的对象。单位工程产品的价格通过编制单位工程施工图预算来确定。

4. 分部工程

分部工程是单位工程的组成部分。按照工程部位、设备种类、使用材料的不同，可以将一个单位工程分解为若干个分部工程。例如，房屋的土建工程，按其不同的工种、不同的结构和部位可分为土石方工程、桩基础工程、砖石工程、混凝土及钢筋混凝土工程、金属结构工程、木结构工程、屋面工程、保温防水工程、楼地面工程、一般抹灰工程等分部工程。

5. 分项工程

分项工程是分部工程的组成部分。按照不同的施工方法、不同的材料、不同的规格，可将一个分部工程分解为若干个分项工程。例如，可将砖石砌筑工程分为砖砌体和毛石砌体两类，其中砖砌体又可分为砖基础、砖墙等分项工程。

分项工程是工程量计算的基本要素，是工程项目划分的基本单位，所以核算工程量均按分项工程计算。建设工程预算的编制就是从最小的分项工程开始，由小到大逐步汇总而成的。

五、项目建设程序

项目建设程序是指建设项目从决策、设计、施工到竣工验收和后评价的全过程中，各项工作必须遵循的先后次序。

项目建设程序是人们在认识客观规律的基础上制定出来的，是建设项目科学决策和顺利实施的重要保证。按照建设项目发展的内在联系和发展过程，项目建设程序分成若干阶段，这些发展阶段有严格的先后次序，不能任意颠倒。

我国项目建设程序依次分为决策、勘察设计、建设实施、竣工验收和后评价五个阶段。

第二节 建设工程造价概述

一、工程造价的概念

从业主（投资者）的角度来定义，工程造价（广义）是指建设一项工程预期开支或实际开支的全部固定资产投资费用。投资者在投资活动中所支付的全部费用最终形成了工程建成以后交付使用的固定资产、无形资产和其他（递延）资产价值，所有这些开支构成工程造价。工程造价可衡量建设工程项目的固定资产投资费用的大小。

从市场角度来定义，工程造价（狭义）是指工程建造价格，即为建成一项工程，预计或实际在土地市场、设备市场、技术劳务市场，以及承包市场等交易活动中所形成的建筑安装工程的价格和建设工程总价格。

二、工程造价在不同建设阶段的表现形式

工程造价在工程项目的不同建设阶段具有不同的表现形式：主要有投资估算、设计概算、施工图预算、合同价、工程结算、竣工决算等。

一个工程的基本建设造价文件在基本建设程序的不同阶段，有不同的内容和不同的形式，与之对应的关系如图 1-1 所示。

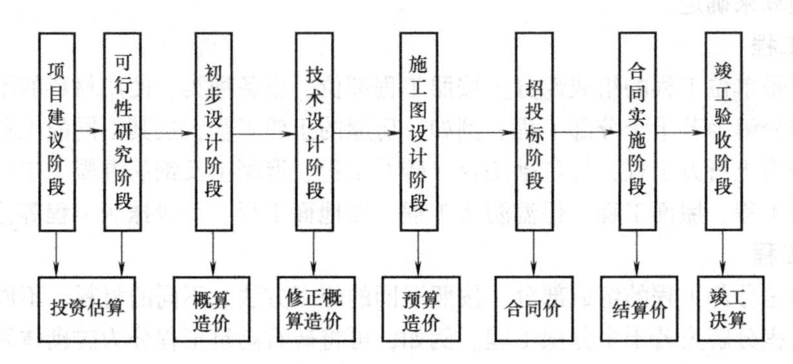

图 1-1　基本建设阶段形成的造价文件

1. 投资估算

投资估算是指在项目建议或可行性研究阶段，依据现有资料、通过一定的方法对拟建项目所需投资额进行预先测算和确定的过程。投资估算也可表示估算出的建设项目的投资额，或称为估算造价。就一个建设项目来说，如果项目建议书和可行性研究分不同阶段，如分规划、项目建议书、可行性研究和评审阶段，相应的投资估算也分为四个阶段。投资估算是建设项目决策、筹资和控制造价的主要依据。

2. 设计概算

设计概算是指在初步设计阶段，根据初步设计图纸、概算定额（或概算指标）、各项费用标准等资料，预先测算和确定的建设项目从筹建到竣工验收交付使用所需全部费用的文件（在初步设计阶段编制的文件叫设计概算，在技术设计阶段编制的文件叫修正概算）。

设计概算与投资估算相比准确性有所提高，但它受估算造价的控制。设计概算造价文件由建设项目总概算、各单项工程综合概算和各单位工程概算三个层次构成。

3. 施工图预算

施工图预算是在施工图设计阶段，根据施工图、预算定额、各项取费标准、建设地区的自然技术经济条件以及各种资源价格信息等资料编制的用以确定拟建工程造价的技术经济文件。施工图预算造价比设计概算或修正概算造价更为详细、准确，但同样要受前一阶段所限定的工程造价的控制。施工图预算是签订建安工程承包合同、实行工程预算包干、拨付工程款及进行竣工结算的依据；实行招标的工程，施工图预算可作为确定标底和招标控制价的依据。

4. 合同价

建设项目在招标投标阶段，建筑工程的价格是通过标价来确定的。标价常分为标底价、招标控制价、投标价和合同价等。标底价是招标人对拟招标工程事先确定的预期价格，作为衡量投标人投标价的一个尺度。招标控制价是招标人根据国家或省级、行业建设行政主管部门颁发的有关计价依据和办法，按设计施工图计算的，对招标工程限定的最高工程造价。投标价是投标人投标时报出的工程造价。合同价是发、承包双方在施工合同中约定的工程造价。其中，标底价和投标价分别是招标、投标双方对招标工程的预期价格，并非实际交易价格；合同价是双方的成交价格，但它并不等同于工程最终决算的实际工程造价；招标控制价是合同价的最高限额。

5. 工程结算

工程结算是指在工程项目施工阶段，依据施工承包合同中有关付款条款的规定和已经完成的工程量，按照规定的程序，由承包商向业主收取工程款的一项经济活动。工程结算文件由施工承包方编制，经业主方的项目管理人员审核后确认工程结算价款。当工程项目全部完成并经验收合格，在交付使用之前，再由施工承包方根据合同价格和实际发生费用的增减变化情况编制竣工结算文件，双方进行竣工结算。逐期结算的工程价款之和形成工程结算价，已完工程结算价是建设项目竣工决算的基础资料之一。

6. 竣工决算

竣工决算是在项目建设竣工验收阶段，当所建设项目全部完工并经过验收后，由建设单位编制的从项目筹建到竣工验收、交付使用全过程中实际支付的全部建设费用的经济文件。竣工决算是反映项目建设成果、实际投资额和财务状况的总结性文件，是业主考核投资效果，办理工程交付、动用、验收的依据。

不同阶段工程造价文件对比见表 1-1。

表 1-1　不同阶段工程造价文件的对比

类别 项目	投资估算	设计概算 修正概算	施工图预算	合同价	工程结算	竣工决算
编制 阶段	项目建议书 可行性研究	初步设计、 扩大初步设计	施工图设计	招标投标	施工	竣工验收
编制 单位	建设单位工程 咨询单位	设计单位	施工单位、 设计单位、 工程咨询单位	承发包双方	施工单位	建设单位
编制 依据	投资估算 指标	概算定额	预算定额	预算 定额	预算定额、 施工变更资料	预算定额、 工程建设 其他费定额
用途	投资决策	控制投资 及造价	编制标底 投标报价等	确定工程 承发包价格	确定工程 实际建造价格	确定工程项目 实际投资

第三节　工程造价计价的特点及模式

一、工程造价计价的特点

1. 计价的单件性

任何一项工程都有特定的用途、功能、规模，对其结构形式、空间分割、设备配置和内外装饰等都有具体的要求，这就使得工程内容和实物形态千差万别。同时，每项工程所处地区、地段的不同，也使这一特点更为强化。建设项目产品的个体差异性决定了工程计价必须针对每项工程单独进行。

2. 计价的多次性

建设项目建设周期长、规模大、造价高，使得工程计价需要按建设程序分阶段进行，导致同一建设项目在不同建设阶段多次计价，这是为了保证工程计价的准确性和工程造价控制的有效性。建设项目全过程多次计价是一个由粗到细、逐步深化并逐步接近实际造价的过程。

3. 计价的组合性

建设项目可以分解为许多有内在联系的独立和不能独立发挥效能的多个工程组成部分。从计价和工程管理的角度，分部分项工程还可以再分解。建设项目的这种组合性决定了工程计价的过程是一个逐步组合的过程，即建设项目总造价由其内部各个单项工程造价组合而成，单项工程造价由其内部各个单位工程造价组合而成，单位工程造价由其内部各个分部工程费用组合而成，分部工程费用又是由其内部各个分项工程费用组合而成。建设项目造价的计算过程和计算顺序是：分项工程费用→分部工程费用→单位工程造价→单项工程造价→建设项目总造价。

4. 计价方法的多样性

工程造价具有多次性计价的特点，不同建设阶段的计价有各不相同的计价依据，对造价的精确度要求也不同，这就决定了不同建设阶段的计价方法有多样性特征。即使在同一个建设阶段，工程计价也有不同的方法，如投资估算的计算方法有单位生产能力估算法、生产能力指数法、设备系数法等，概算、预算造价的计算方法有单价法和实物法等。

5. 计价的动态性

建设项目从立项到竣工一般都要经历一个较长的建设周期，其间会出现一些不可预见的因素对工程造价产生影响。例如，设计变更，材料、设备价格及人工工资标准变化，市场利率、汇率调整，因承发包方原因或不可抗力造成索赔事件出现等，均可能造成项目建设中的实际支出偏离预计数额。因此，建设项目的造价在整个建设期内是不确定的，工程计价须随项目的进展进行动态跟踪、调整，直至竣工决算后才能真正形成建设项目实际造价。

6. 计价依据的复杂性

由于工程的组成要素复杂，影响造价的因素较多，使得计价依据也较为复杂，种类繁多。工程计价一方面要依据工程建设方案或设计文件，考虑工程建设条件；另一方面还要反映建设市场的各种资源价格水平；同时还必须遵循现行的工程造价管理规定、计价标准、计价规范、计价程序。计价依据的复杂性不仅使计算过程复杂，而且要求计价人员必须熟悉各类依据的内容和规定，加以正确应用。

二、工程计价的模式

由于建筑产品具有特殊性，因此与一般工业产品价格的计价方法相比，就应采取特殊的计价模式及方法，即采用定额计价模式和工程量清单计价模式。

1. 定额计价模式

定额计价模式是在我国计划经济时期及计划经济向市场经济转型时期所采用的行之有效

的计价模式。定额计价的基本方法是“单位估价法”，即根据国家或地方颁布的统一预算定额规定的消耗量及其单价，以及配套的取费标准和材料预算价格，先计算出相应的工程量，套用相应的定额单价而计算出定额直接费，再在直接费的基础上计算各种相关费用及利润和税金，最后汇总形成建筑产品的造价。其基本计算公式是：

建筑工程造价=[∑(工程量×定额单价)×(1+各种费用的费率+利润率)]×(1+税金率)

定额单价包括人工费、材料费和机械费三部分。

预算定额是由国家或地方统一颁布的，视为地方经济法规，必须严格遵照执行。据一般概念而言不管谁来计算，由于计算依据相同，只要不出现计算错误，其计算结果应该是相同的。

按定额计价模式确定的建筑工程造价，由于存在预算定额规范消耗量，有各种文件规定了人工、材料、机械单价及各种取费标准，在一定程度上防止了高估冒算和压级压价，体现了工程造价的规范性、统一性和合理性。但对市场的竞争起到了抑制作用，不利于促进施工企业改进技术、加强管理、提高劳动效率和市场竞争力，现在提出了另一种计价模式——工程量清单计价模式。

2. 工程量清单计价模式

工程量清单计价模式是2003年提出的一种过程造价确定模式：这种计价模式是国家仅统一项目编码、项目名称、计量单位和工程量计算规则（即“四统一”），由各施工企业在投标报价时根据自身情况自主报价，在招标投标过程中经过竞争形成建筑产品的价格。

工程量清单计价模式的实施，实质上是建立了一种强有力而且行之有效的竞争机制，由于施工企业在投标竞争中必须报出合理低价才能中标，所以对促进施工企业改进技术、加强管理、提高劳动效率和市场竞争力会起到积极的推动作用。

工程量清单计价模式的造价计算是“综合单价”法，即招标方给出工程量清单，投标方根据工程量清单组合分部分项工程的综合单价，并计算出分部分项工程的费用，再计算出税金，最后汇总形成总造价。其基本计算公式为：

建筑工程造价=[∑(工程量×综合单价)+措施项目费+其他项目费+规费]×(1+税金率)

综上所述，定额计价模式采用的方法是单位估价法，而工程量清单计价模式采用的方法是综合单价法。

第四节　建筑装饰工程概预算概述

一、课程性质与主要任务

1）课程性质：这是建筑装饰工程技术和建筑室内设计等相关专业的一门主干课，是加强学生经济概念的一门重要课程。其目的是使学生懂得建筑装饰工程投资的构成及各分项工程成本计算与控制，掌握具体建筑装饰工程概预算的方法及文件编制。

2）主要任务：通过对本课程的学习，学生应能掌握工程造价的组成、工程量计算、工程造价管理的现状与发展趋势。这门课程的核心任务是帮助学生建立现代科学工程造价管理的思维观念和方法，具有工程造价管理的初步能力。

二、课程教学要求

学生通过学习这门课程，了解建筑装饰工程投资构成，了解建筑装饰工程及相关费用的构成与确定方法；理解建筑装饰工程定额及单价确定的原理，有关计算方法；掌握建筑装饰工程造价文件的编制，熟练掌握建筑装饰工程量的计算及概预算的实际计算。

三、建筑装饰工程概述

1. 建筑装饰、装修的概念

建筑装饰、装修是指为使建筑物、构筑物内外空间达到一定的环境质量要求，使用装饰、装修材料对建筑物、构筑物外表和内部进行装饰处理的工程建设活动。

建筑装饰可分为室内装饰和室外装饰。

2. 建筑装饰工程的主要作用

1）保护建筑主体结构。

2）保证建筑物的使用功能。

3）强化建筑物的空间序列。

4）强化建筑物的意境和气氛。

5）起到装饰性的作用。

3. 建筑装饰工程计价理论

建筑装饰工程造价的理论费用构成

已经消耗掉的生产资料的价值（或称为生产资料的转移价值），即过去劳动创造的价值，用字母 c 来表示。

劳动者为自己劳动创造的价值，用字母 v 来表示。

劳动者为社会劳动创造的价值，用字母 m 来表示。

第一部分，各种装饰材料的耗用，施工机具的磨损等——生产资料转移价值的货币表现（即 c）。

第二部分，建筑装饰施工及其管理工作中劳动者的报酬支出——劳动者为自己劳动的货币表现（即 v）。

第三部分，利润和税金——劳动者为社会劳动创造价值的货币表现（即 m）。

建筑装饰工程造价的理论费用构成可以表达为：

建筑装饰工程造价理论费用=建筑装饰工程社会平均成本（$c+v$）+利润+税金

建筑装饰工程造价=直接工程费+间接费+利润+税金

4. 价值规律对建筑装饰工程造价的作用

1）用于编制建筑装饰工程预算定额的消耗量指标的水平，由社会必要劳动量确定。

2）同一建筑装饰工程，在工程质量、装饰内容、施工工期相同的情况下，无论由哪个单位施工，其工程造价应该一致。

3）通过招标投标制承发包建筑装饰工程，应体现市场经济规律的竞争性和公平性。

5. 供求规律对建筑装饰工程造价的影响

当建筑装饰投资减少时，建筑装饰工程的任务也会相应地减少。这时，如果装饰施工队伍数量不变，装饰工程施工任务供不应求，那么，建筑装饰工程造价呈下降趋势；反之，建筑装饰需求增加，建筑装饰工程施工任务增加，施工队伍供不应求，那么建筑装饰工程造价就能保持同行业的平均水平，个别特殊工程有可能高于这个水平。

在高级建筑装饰工程、特殊要求装饰工程施工任务多的情况下，少数几家拥有高级建筑装饰施工技术的施工单位，具有较强的竞争优势，其装饰工程报价也会高于社会平均水平。

6. 建筑装饰工程造价计价原理

1）建筑装饰工程的特性：单件性、新颖性、固定性。

2）确定建筑装饰工程造价的基本前提。

第一个前提：将建筑装饰工程进行合理分解，层层分解到构成完整建筑装饰产品的共同要素——分项工程为止。

第二个前提：制定单位分项工程消耗量标准——预算定额。

7. 确定建筑装饰工程造价的数学模型

1）实物金额法。

依据建筑装饰施工图和定额，按分部分项顺序算出工程量，再套用对应的定额子目逐项进行工料分析、机械台班消耗量的分析，然后将整个建筑装饰工程所需的综合人工工日数、不同品名和规格的材料用料及各种施工机械台班用量分别汇总，再将汇总的数量分别乘以工日单价、材料单价、机械台班单价，然后汇总成单位建筑装饰工程直接费，再按确定的有关费率计算间接费、利润、税金，并合计出建筑装饰工程造价。

建筑装饰工程造价=单位工程直接费+单位工程间接费+利润+税金

2）单位估价法。

根据建筑装饰施工图和预算定额，按分部分项的顺序，先算出分项工程量，然后再乘以对应的定额基价，求出分项工程直接费，然后，再将各分项工程直接费汇总为单位工程直接费，在此基础上再根据各项费率计算间接费、利润和税金，最终汇总成单位工程造价。

8. 建筑装饰工程造价的计价特征

1）计价的多次性。

2）计价的单件性。

3）计价的组合性。

4）计价方法的多样性。

5）计价依据的复杂性。

9. 建筑装饰工程预算的编制

1）建筑装饰工程预算的概念。

建筑装饰工程预算是根据建筑装饰施工图和施工方案等计算出装饰工程量，然后套用现行的建筑装饰工程预算（消耗量）定额或单位估价表，并根据当地当时的装饰材料单价、机械台班单价、费用定额和取费规定，进行计算和编制确定建筑装饰预算造价的文件。

2）建筑装饰工程预算的编制依据。

建筑装饰工程预算编制依据：建筑装饰施工图、施工方案、建筑装饰工程预算定额、建筑装饰材料单价、建筑装饰工程费用定额、建筑装饰工程施工合同。

3）建筑装饰工程预算的编制程序（图 1-2）。

10. 建筑装饰工程预算课的研究对象、学习重点及与其他课程的关系

1）研究对象和任务：本课程把建筑装饰工程的施工生产成果与施工生产消耗之间的内

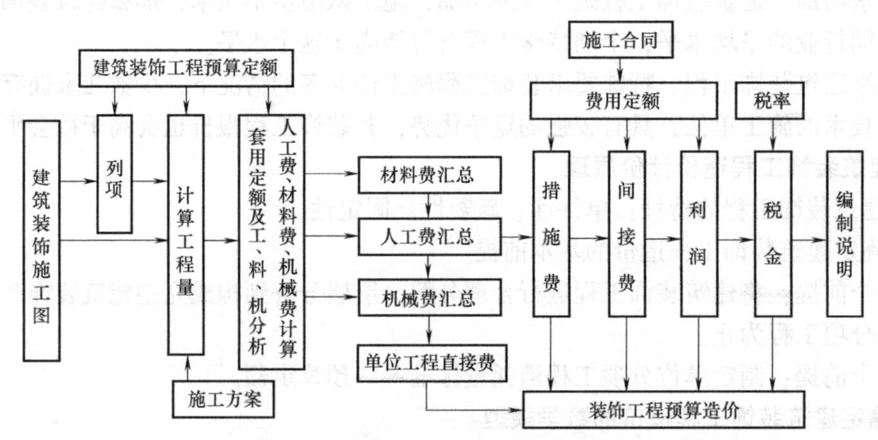

图 1-2 建筑装饰工程预算的编制程序

在定量关系作为研究对象；把如何认识和利用建筑装饰施工成果与施工消耗之间的经济规律，特别是运用市场经济的基本理论合理确定建筑装饰工程预算造价，作为本课程的研究任务。

2）本课程的任务就是学好预算的三个关键点：正确地应用定额；合理地确定工程造价；熟练地计算工程量。

11. 本门课程的学习重点

在理论知识学习上要掌握预算编制原理、建筑装饰工程预算费用构成、建筑装饰工程预算编制程序等内容，要了解建筑装饰工程预算定额的编制方法，掌握工程量清单计价原理与方法。

在实践上要熟练掌握建筑装饰工程量计算方法、建筑装饰工程预算定额使用方法、建筑装饰工程量清单计价方法等。

12. 本课程与其他课程的关系

编制建筑装饰工程预算离不开施工图，因此，“建筑装饰制图”“建筑构造”“建筑装饰设计”“建筑装饰构造”等是识读施工图的基础。

编制建筑装饰工程预算要与各种装饰材料打交道，还要了解建筑装饰施工过程。所以，“建筑装饰材料”“建筑装饰施工技术”是本课程的专业基础课。

此外，“建筑装饰施工组织与管理”“建筑设备”“合同管理”等课程也与本课程有较为密切的关系。

本章小结

1. 基本建设的概念

基本建设是指固定资产扩大再生产的新建、扩建、改建、恢复工程及与之相关的其他工作。

2. 基本建设的分类

①新建项目；②扩建项目；③改建项目；④迁建项目；⑤恢复项目。

3. 基本建设项目的划分

①建设项目；②单项工程；③单位工程；④分部工程；⑤分项工程。

4. 项目建设程序

我国项目建设程序依次分为决策、勘察设计、建设实施、竣工验收和后评价五个阶段。

5. 工程造价的概念

从业主（投资者）的角度来定义，工程造价（广义）是指建设一项工程预期开支或实际开支的全部固定资产投资费用。

从市场角度来定义，工程造价（狭义）是指工程建造价格，即为建成一项工程，预计或实际在土地市场、设备市场、技术劳务市场，以及承包市场等交易活动中所形成的建筑安装工程的价格和建设工程总价格。

6. 工程造价在不同建设阶段的表现形式

工程造价在工程项目的不同建设阶段具有不同的表现形式：主要有投资估算、设计概算、施工图预算、合同价、工程结算、竣工决算等。

7. 工程造价计价的特点

①计价的单件性；②计价的多次性；③计价的组合性；④计价方法的多样性；⑤计价的动态性；⑥计价依据的复杂性。

8. 工程计价的模式

由于建筑产品具有特殊性，因此与一般工业产品价格的计价方法相比，就应采取特殊的计价模式及方法，即采用定额计价模式和工程量清单计价模式。

能 力 训 练

1. 简述基本建设的分类。
2. 简述基本建设的划分。
3. 什么是项目基本建设程序，我国项目建设程序由哪些阶段组成？
4. 简述建设项目在各个建设阶段应完成的工程造价文件。
5. 简述建设工程造价的特点及工程造价计价的特点。

第二章　建筑工程定额

内容提要

本章讲述了定额的概念、特性、分类及制定的基本方法；施工定额的概念、作用及编制原则；预算定额的概念、作用及编制原则；预算定额的套用和换算；单位估价表的概念和编制；人工工资单价的确定；材料预算价格的确定方法；施工机械台班预算价格的确定方法；概算定额与概算指标的概念及作用。

教学目标

知识目标：了解建筑工程定额的概念及作用，熟悉定额的分类，预算定额的构成要素，掌握预算定额的内容和步骤，掌握预算定额的编制过程。

能力目标：熟悉定额分类，能初步编制预算定额。

第一节　建筑工程定额概述

一、建筑工程定额的概念及作用

1. 建筑工程定额的概念

建筑工程定额是指在正常的施工条件下，完成单位合格产品所必须消耗的劳动、材料、机械台班的数量标准。这种量反映了完成建设工程某项合格产品与各种生产消耗之间特定的数量关系。

建筑工程定额根据不同用途和适用范围，由国家指定的机构按照一定程序编制，并按照规定程序审批和颁发执行。建筑工程实行定额管理是为了在施工中力求最少的人力、物力和资金消耗量，生产出更多、更好的建筑产品，取得最好的经济效益。

定额水平是一定时期社会生产力水平的反映，它与操作人员的技术水平、机械化程度、新材料、新工艺、新技术的发展和应用有关，与企业的组织管理水平和全体技术人员的劳动积极性有关。

2. 建筑工程定额的特点

(1) 科学性　定额的编制是在认真研究和自觉遵循客观规律的基础上，用科学方法确定各项消耗量标准，所确定的定额水平是反映生产力发展的平均水平，或大多数企业和员工经过努力能够达到的平均先进水平。

(2) 系统性　每种专业定额有一个完整独立的体系，能全面地反映建筑工程所有的工程内容和项目，与建筑工程技术标准、技术规范相配套。定额各项目之间都存在着有机的联系，相互协调，相互补充。

(3) 法令性　定额一经国家、地方主管部门或授权单位颁发，各地区及有关施工单位，都必须严格遵守和执行，不得随意变更定额的内容和水平。定额的法令性保证了建筑工程统一的造价与核算尺度。

（4）稳定性　建筑工程中任何一种定额，在一段时期内都表现出稳定的状态。根据具体情况不同，稳定的时间有长有短，一般为5~10年。

（5）时效性　定额反映了一定时期内的生产技术与管理水平。随着生产力水平的向前发展，工人的劳动生产率和技术装备水平会不断地提高，各种资源的消耗量也会有所下降。因此，必须及时、不断地修改与调整定额，以保持其与实际生产力水平相一致。

3. 建筑工程定额的作用

（1）建筑工程定额是确定建筑工程造价的依据　设计文件规定了工程规模、工程数量及施工方法后，即可依据相应定额所规定的人工、材料、机械台班的消耗量，以及单位预算价值和各种费用标准来确定建筑工程造价。

（2）建筑工程定额是确定工料机消耗量的依据　为了更好地组织和管理施工生产，必须编制施工进度计划和施工作业计划。在编制计划和组织管理施工生产中，要以各种定额作为计算人力、物力和资金需用量的依据。

（3）建筑工程定额是技术经济比较的依据　定额是总结先进生产方法的手段，是在平均、先进、合理的条件下，通过对施工生产过程的观察、分析综合制定出来的。它比较科学地反映出生产技术和劳动组织的先进、合理程度。

（4）建筑工程定额是建筑企业实现合理分配的重要依据　建筑企业经济改革的关键是推行投资包干制和以招标、投标、承包为核心的经济责任制，其中签订包工协议、计算招标标底和投标报价、签订总包和分包合同协议等，通常都以建筑工程定额为主要依据。此外，建筑工程定额是组织生产、开展两算对比的依据，是编制概算定额的依据，是建筑企业降低工程成本的重要依据。

4. 建筑工程定额的分类

建设工程定额是一个综合概念，是建筑工程生产消耗性定额的总称。它包括的定额种类很多，按其内容、形式、用途和使用要求，可大致分为以下几类：

（1）按生产要素分　建筑工程定额按生产要素可分为劳动定额、材料消耗定额和机械台班使用定额。这三种定额是编制其他各种定额的基础，也称基础定额。

（2）按编制程序和用途分类　建设工程定额按编制程序和用途可分为工序定额、施工定额、预算定额、概算定额、概算指标、投资估算指标等。

（3）按编制单位和执行范围分类　建设工程定额按编制单位和执行范围分为全国统一定额、行业统一定额、地区定额、企业定额和补充定额等。通常在工程量的计算和人工、材料、机械台班的消耗量计算中，以全国统一定额为依据，而单价的确定，逐渐为企业定额所替代或完全实现市场化。

（4）按费用性质分类　建筑工程定额按费用性质可分为直接费定额、间接费定额和其他费定额等。

（5）按专业不同划分　建设工程定额按适用专业分为建筑工程定额、装饰工程定额、安装工程定额、市政工程定额、园林绿化工程定额等。

二、工时研究

对施工过程的细致分析，使我们能够深入地确定施工过程各个工序组成的必要性及其施工顺序的合理性，从而正确地制定各个工序所需要的工时消耗。按组织上的复杂程度，施工过程可分为工序、工作过程等。

从施工技术操作和组织的观点来看，工序是基本的施工过程，是主要的研究对象。工序是组织上不可分割、操作过程技术相同的施工过程，如钢筋除锈、切断钢筋、弯曲钢筋等都是工序。

1. 人工工时的分析

工人工作时间按其消耗的性质，可以分为两大类：必需消耗的时间和损失时间（图2-1）。

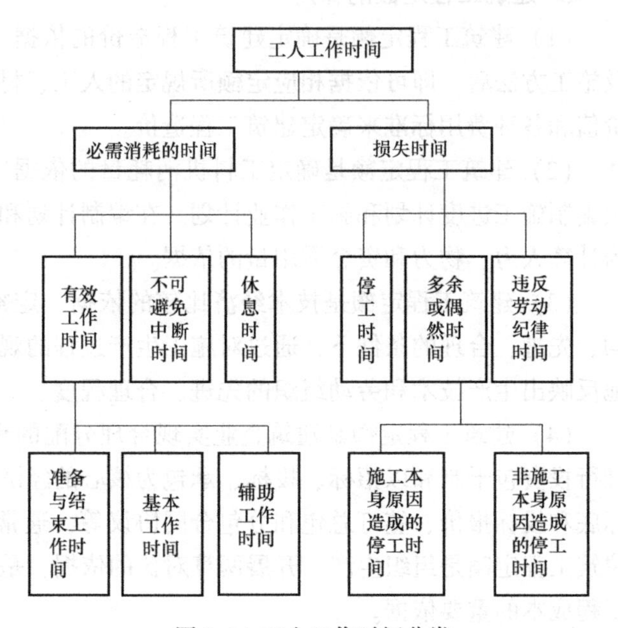

图2-1 工人工作时间分类

(1) 必需消耗的时间 必需消耗的时间是工人在正常施工和合理组织的条件下，为完成一定合格产品所消耗的时间。其包括有效工作时间、不可避免中断时间和休息时间。有效工作时间，又可分为准备与结束工作时间、基本工作时间和辅助工作时间。

1）有效工作时间。

① 准备与结束工作时间。准备与结束工作时间是指生产工人在执行施工任务前或任务完成后整理工作所消耗的工作时间，如更换工作服、领取料具、工作地点布置、检查安全措施、调整和保养机械设备等 。其时间消耗的多少与任务的复杂程度有关。

② 基本工作时间。基本工作时间是指施工活动中完成生产一定产品的施工工艺所需消耗的时间，也就是生产工人借助于劳动手段，直接改变劳动对象的性质、形状、位置、外表、结构等所需消耗的时间，如生产工人进行钢筋加工、砌砖墙等的时间消耗。

③ 辅助工作时间。辅助工作时间是指为保证基本工作顺利完成所做辅助工作所需消耗的时间，如机械上油，砌砖过程中的起线、收线、检查等所消耗的时间，它一般与任务的大小成正比。

2）不可避免中断时间。不可避免中断时间是指由于工艺的要求，在施工组织或作业中引起的不可避免的中断操作所消耗的时间，如抹水泥砂浆地面，压光时因等待收水而造成的工作中断等。这类时间消耗的长短，与产品的工艺要求、生产条件、施工组织情况等有关。

3）休息时间。休息时间指生产工人在工作班内为恢复体力消耗的时间，应根据工作的繁重程度、劳动条件和劳动保护的规定，将其列入定额时间内。

(2) 损失时间 损失时间是指与完成施工任务无关，而与工人在施工过程中的个人过失或某些偶然因素有关的时间消耗。损失时间可分为停工时间、多余或偶然工作时间、违反劳动纪律时间。

1）停工时间。停工时间是指非正常原因造成的工作中断所损失的时间。按照造成原因的不同，又可分为施工本身原因造成的停工时间和非施工本身原因造成的停工时间。施工本身造成的停工时间，包括因施工组织不善、材料供应不及时、施工准备不够充分而引起的停工时间；非施工原因造成的停工时间，包括突然停电、停水、暴风、雷雨等造成的停工时间。

2）多余或偶然工作时间。多余或偶然工作时间是指工人在工作中因粗心大意、操作不当或技术水平低等原因造成的工时浪费，如寻找工具、质量不符合要求时的整修和返工时间、对已加工好的产品做多余的加工时间等。

3）违反劳动纪律时间。违反劳动纪律时间是指工人不遵守劳动纪律而造成的工作中断所损失的时间，如迟到早退、工作时擅离岗位、闲谈等损失的时间。

2. 机械工时的分析

机械工时（即机械工作时间）是指机械在工作班内的时间消耗（图 2-2）。按其与产品生产的关系，可分为与产品生产有关的时间和与产品生产无关的时间。通常把与产品生产有关的时间称为机械定额时间（必需消耗的时间），而把与产品生产无关的时间称为非机械定额时间（损失时间）。

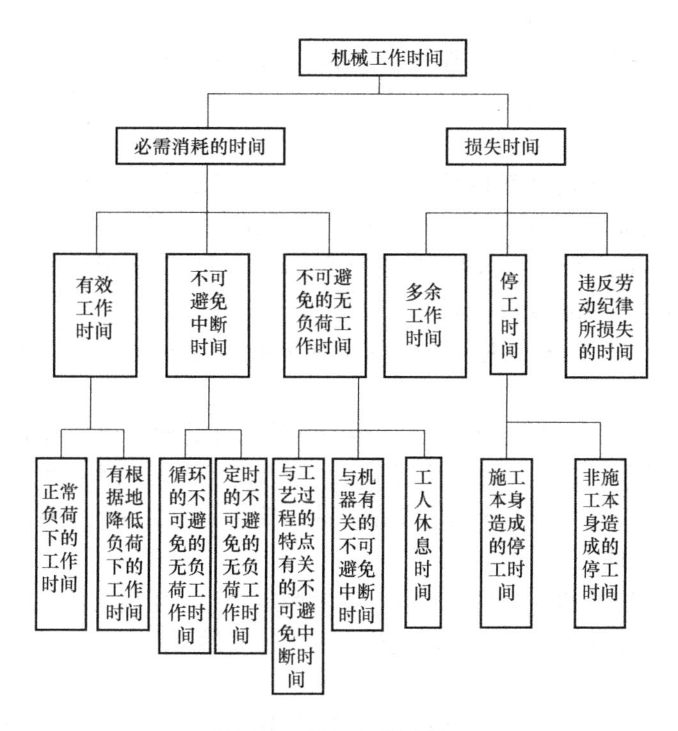

图 2-2 机械工作时间

（1）必需消耗的时间 必需消耗的时间是指机械在工作班内消耗的与完成合格产品生产有关的工作时间，包括有效工作时间、不可避免中断时间和不可避免的无负荷工作时间。

1）有效工作时间。有效工作时间指机械直接为完成产品生产而工作的时间，包括正常负荷下的工作时间和有根据地降低负荷下的工作时间两种。

① 正常负荷下的工作时间是指机械与其说明规定负荷相等的负荷下（满载）进行工作的时间。

② 有根据地降低负荷下的工作时间。由于技术上的原因，个别情况下机械可能在低于规定负荷下工作，如汽车载运重量轻、体积大的货物时，不能充分利用汽车载重吨位而不得不降低负荷工作。

2）不可避免中断时间。不可避免中断时间是指施工中由于技术操作和组织的原因而造成机械工作中断的时间，包括下列三种情况。

① 与工艺过程的特点有关的不可避免中断时间。例如，汽车装、卸货的停歇中断，喷浆机喷浆时从一个地点转移到另一个地点的工作中断。

② 与机器有关的不可避免中断时间。例如，机械开动前的检查、给机械加油加水时的停驶等。

③ 工人休息时间。例如，机械不可避免的停转机会，所引起的机械工作中断时间。

3）不可避免的无负荷工作时间。不可避免的无负荷工作时间是指由于施工的特性和机械本身的特点所造成的机械无负荷工作时间，又可分为以下两种。

① 循环的不可避免的无负荷工作时间，指由于施工的特性所引起的机械空运转所消耗的时间。它在机械的每一工作循环中重复一次，如铲运机返回铲土地点、推土机的空车返回等。

② 定时的不可避免的无负荷工作时间，指工作班的开始或结束时的无负荷空转或工作地段转移所消耗的时间，如压路机的工作地段转移，工作班开始或结束时运货汽车来回放空车等。

（2）损失时间　损失时间是指机械在工作班内与完成产品生产无关的时间损失，并不是完成产品所必须消耗的时间。损失时间按其发生的原因，可分为以下几种。

1）多余工作时间。多余工作时间是指产品生产中超过工艺规定所用的时间，如搅拌机超过规定搅拌时间而多余运转的时间等。

2）违反劳动纪律所损失的时间，如因迟到早退、闲谈等所引起的机械停运转的损失时间。

3）停工时间。停工时间是指由于施工组织不善和外部原因所引起的机械停运转的时间损失，如机械停工待料，保养不好的临时损坏，未及时给机械供水和燃料而引起的停工时间损失，水源、电源的突然中断，大风、暴雨、冰冻等影响而引起的机械停工时间损失。

3. 工时测定的方法

工时测定是制定定额的一个主要步骤。工时测定是用科学的方法观察、记录、整理、分析施工过程所消耗的工作时间，为制定建筑工程定额提供可靠依据。工时测定通常使用计时观察法。

（1）计时观察法　计时观察法是以研究工时消耗为对象，以观察测时为手段，通过密集抽样和粗放抽样等技术进行直接时间研究的一种技术测定方法。

计时观察法的特点是能够把现场工时消耗情况和施工组织技术条件联系起来加以考察。它在施工过程分类和工作时间分类的基础上，对选定的过程进行全面观察、测时、计量、记录、整理和分析研究，以获得该施工过程的技术组织条件和工时消耗的基础资料，分析出工时消耗的合理性和影响工时消耗的具体因素，以及各个因素对工时消耗影响的程度。所以，它不仅能为制定定额提供基础数据，而且也能为改善施工组织管理、改善工艺过程和操作方法、消除不合理的工时损失和进一步挖掘生产潜力提供技术根据。

(2) 计时观察的常用方法 对施工过程进行观察、测时、计算实物和劳务产量，记录施工过程所处的施工条件和确定影响工时消耗的因素，是计时观察法的三项主要内容和要求。计时观察法种类很多，其中最主要的有三种。

1) 测时法。测时法主要适用于测定定时重复的循环工作的工时消耗，是精确度比较高的一种计时观察法。

2) 写实记录法。写实记录法是一种研究各种性质工作时间消耗的方法。获得分析工作时间消耗的全部资料，如基本工作时间、辅助工作时间、不可避免中断时间、准备与结束时间、休息时间和各种损耗时间等，从而得到制定定额的基础技术数据，并且精确程度能达到0.5~1min。写实记录法的观察对象，可以是一个工人，也可以是一个工人小组。

3) 工作日写实法。工作日写实法是一种研究整个工作班内的各种工时消耗的方法。运用该法主要有两个目的：一是取得编制定额的基础资料；二是检查定额的执行情况，找出缺点，改进工作。

三、我国建筑工程定额的发展历程

随着工程预算制度的建立和发展，工程预算定额也相应产生并不断发展。1955年建筑工程部编制了《全国统一建筑工程预算定额》，1957年国家建委在此基础上进行了修订并颁发全国统一的《建筑工程预算定额》之后，国家建委通知将建筑工程预算定额的编制和管理工作，下放到省、市、自治区。各省、市、自治区于以后几年间先后组织编制了本地区的建筑安装工程预算定额。1981年国家建委组织编制了《建筑工程预算定额》(修改稿)，各省、市、自治区在此基础上于1984年、1985年先后编制了适合本地区的建筑安装工程预算定额。预算定额是预算制度的产物，它为各地区建筑产品价格的确定提供了重要依据。

第二节 施工定额

1. 施工定额的概念

施工定额是施工企业（建筑安装企业）为组织生产和加强管理在企业内部使用的一种定额，属于企业生产定额的性质。它是建筑安装工人在合理的劳动组织或工人小组在正常施工条件下，为完成单位合格产品，所需劳动、材料、机械台班消耗的数量标准。它由劳动定额、材料定额和机械定额三个相对独立的部分组成。施工定额是施工企业内部经济核算的依据，也是编制预算定额的基础，对外不具备法规性质。

施工定额的项目划分很细，它是以同一性质的施工过程为标定对象编制的计量性定额，是工程建设定额中分项最细、定额子目最多的一种定额，也是工程建设定额中的基础性定额。

2. 施工定额的作用

施工定额在企业管理工作中的基础作用主要表现在以下几个方面。

(1) 施工定额是企业计划管理的依据 施工定额既是企业编制施工组织设计的依据，又是企业编制施工作业计划的依据。

施工组织设计一般包括三部分内容，即所建工程的资源需要量、使用这些资源的最佳时间安排和施工现场平面规划。确定所建工程的资源需要量，要依据施工定额；施工中实物工程量的计算，要以施工定额的分项和计量单位为依据；施工进度计划也要根据施工定额进行计算。

施工作业计划则是根据企业的施工计划、拟建工程施工组织设计和现场实际情况编制的，它是以实现企业施工计划为目的的具体执行计划，也是施工队、组进行施工的依据。因此，施工组织设计和施工作业计划是企业计划管理中不可缺少的环节。这些计划的编制必须依据施工定额。

（2）施工定额是组织和指挥施工生产的有效工具 企业组织和指挥施工队、组进行施工，应该按照施工作业计划下达施工任务书和限额领料单。施工任务单列明应完成的施工任务，也记录班组实际完成任务的情况。

（3）施工定额是计算工人劳动报酬的依据，也是企业激励工人的目标条件 施工定额是衡量工人劳动数量和质量的标准，是计算工人计件工资的基础，也是计算奖励工资的依据。完成定额好，工资报酬就多；达不到定额，工资报酬就少，真正实现多劳多得，少劳少得。

（4）施工定额有利于推广先进技术 作业性定额水平中包含着某些已成熟的先进的施工技术和经验。工人要达到和超过定额，就必须掌握和运用这些先进技术，注意改进工具和改进技术操作方法，注意材料的节约，避免浪费。

（5）施工定额是编制施工预算，加强企业成本管理和经济核算的基础 施工预算是施工单位用以确定单位工程人工、机械、材料和资金需要量的计划文件，它以施工定额为编制基础，既反映设计图纸的要求，也考虑在现实条件下可能采取的节约人工、材料和降低成本的各项具体措施。

（6）施工定额是编制工程建设定额体系的基础 施工定额是基础定额，它是编制预算定额等其他定额的重要依据。

3. 施工定额的编制原则

（1）平均先进原则 企业施工定额的编制应能够反映比较成熟的先进技术和先进经验，有利于降低工料机消耗量，提高企业管理水平，达到鼓励先进、勉励中间、鞭策落后的水平。

（2）简明适用性原则 企业施工定额设置应简单明了，便于查阅，计算要满足劳动组织分工，满足经济责任与核算个人生产成本的劳动报酬的需要。同时，企业自行设定的定额标准也要符合《建设工程工程量清单计价规范》（GB 50500—2013）“五个统一”的要求。

（3）以专家为主，编制定额的原则 企业施工定额的编制要求有一支经验丰富，技术与管理知识全面，有一定政策水平的专家队伍，可以保证编制施工定额的延续性、专业性和实践性。

（4）坚持实事求是，动态管理的原则 结合企业经营管理的特点，确定工料机各项消耗的数量，对影响造价较大的主要项目，要多考虑施工组织设计和先进的工艺，从而使定额在运用上更贴近实际、技术上更先进、经济上更合理。此外，还应注意到市场行情瞬息万变，企业的管理水平和技术水平也在不断地更新，不同工程在不同时段，都有不同的价格，因此企业施工定额的编制还要注意便于动态管理的原则。

(5) 其他　企业施工定额的编制还要注意量价分离，独立自产，及时采用新技术、新结构、新材料，新工艺等原则。

4. 施工定额的种类

施工定额包括劳动定额、材料消耗定额和机械台班使用定额三部分。

(1) 劳动定额，即人工定额　劳动定额是指在先进合理的施工组织和技术措施的条件下，完成合格的单位建筑安装产品所需要消耗的人工数量。它通常以时间定额（工日或工时）来表示。

劳动定额主要表示生产效率的高低，劳动力的合理运用，劳动力和产品的关系以及劳动力的配备情况。

(2) 材料消耗定额　材料消耗定额是指在节约、合理地使用材料的条件下，完成合格的单位建筑安装产品所必须消耗的材料数量。它主要用于计算各种材料的用量，其计量单位为 m^3、m 等。

(3) 机械台班使用定额　机械台班使用定额分为机械时间定额和机械产量定额两种。

在正确的施工组织与合理地使用机械设备的条件下，施工机械完成合格的单位产品所需的时间，为机械时间定额，其计量单位通常以台班或台时来表示。在单位时间内，施工机械完成合格的产品数量则称为机械产量定额。

5. 施工定额的特性

1) 施工定额是作业性定额，它是施工企业管理的重要依据。例如，作为编制施工作业计划、进行施工作业的控制以及生产班组经济核算等的依据。

2) 施工定额是企业定额，它是施工企业自行编制的一种企业内部有关生产消耗的数量标准，其作用一般局限于企业内部。

3) 施工定额的标定对象为某一个工作过程，它是按工程的施工工艺及操作程序对施工过程进行划分，定额项目的划分较细。

4) 施工定额的水平一般取平均水平，即企业中大部分生产工人通过努力能够达到的水平。

5) 施工定额所规定的消耗内容包括人工、材料及机械的消耗，或者说，施工定额从内容上看，包括劳动定额、材料消耗定额以及机械台班消耗定额，施工定额是一种计量性定额。

6. 施工定额编制依据

1) 经济政策和劳动制度。具体包括建筑安装工人技术等级标准、建安工人及管理人员工资标准、劳动保护制度、工资奖励制度、利税制度、8 小时工作日制度等。

2) 行业主管部门颁发的各项建安工程施工及验收技术规范。

3) 施工操作规程和安全操作规程。

4) 建筑安装工人技术等级标准。

5) 技术测定资料，经验统计资料，有关半成品配合比资料等。具体包括生产要素消耗技术测定及统计数据、建筑工程标准图集或典型工程图纸。

7. 施工定额的编制方法与步骤

施工定额的编制方法与编制步骤主要包括施工定额项目的划分，定额项目计量单位的确定，定额册、章、节的编排三个方面。

（1）施工定额项目的划分 施工定额项目的划分应遵循三项具体要求：一是不能把隔日的工序综合到一起，二是不能把由不同专业的工人或不同小组完成的工序综合到一起，三是应具有可分可合的灵活性。施工定额项目划分，按其具体内容和工效差别，一般可采用以下六种方法。

1）按手工和机械施工方法的不同划分。由于手工和机械施工方法不同，使得工效差异很大，即对定额水平的影响很大，因此在项目划分上应加以区分，如钢筋、木模的制作可划分为机械制作、部分机械制作和手工制作项目。

2）按构件类型及形体的复杂程度划分。同一类型的作业，如模板工程，由于构件类型及结构复杂程度不同，其表面形状及体积也不同，模板接触面积、支撑方式、支模方法及材料的消耗量也不同，它们对定额水平都有较大的影响，因此定额项目要分开。

3）按建筑材料品种和规格的不同划分。建筑材料的品种和规格不同，对工人完成某种产品的工效影响很大。例如，落水管安装，要按不同材料及不同管径进行划分。

4）按构造做法及质量要求不同划分。

不同的构造做法和不同的质量要求，其单位产品的工时消耗、材料消耗都有很大的不同。例如，砖墙按双面清水、单面清水、混水内墙、混水外墙等分别列项，并在此基础上还按墙厚不同划分；又如墙面抹灰，按质量等级划分为高级抹灰、中级抹灰和普通抹灰项目。

5）按施工作业面的高度划分。

施工作业面的高度越高，工人操作及垂直运输就越困难，对安全要求也就越高，因此施工面高度对工时消耗有着较大的影响。一般地，采取增加工日或乘系数的方法，将不同高度对定额水平的影响程度加以区分。

6）按技术要求与操作的难易程度划分。

技术要求与操作的难易程度对工时消耗也有较大的影响，应分别列项。例如，人工挖土按土壤类别分为四类，挖一、二类土就比挖三、四类土用工少；又如人工挖基础土方，由于开挖宽度和深度各有不同，应按开挖宽度和深度及土壤类别的不同分别列项。

（2）定额项目计量单位的确定

一个定额项目就是一项产品，其计量单位应能确切地反映出该项产品的形态特征。所以确定定额项目计量单位要遵循以下原则：

1）能确切、形象地反映产品的形态特征。

2）便于工程量与工料消耗的计算。

3）便于保证定额的精确度。

4）便于在组织施工、统计、核算和验收等工作中使用。

（3）定额册、章、节的编排

1）定额册的编排。定额册的编排一般按工种、专业和结构部位划分，以施工的先后顺序排列。例如，建筑工程施工定额可分为土石方工程、桩与地基基础工程、砌筑工程、混凝土及钢筋混凝土工程、金属结构工程、屋面及防水工程等分册。各分册的编排和划分，要同施工企业劳动组织的实际情况相结合，以利于施工定额在基层的贯彻执行。

2）定额章的编排。章的编排和划分，通常有以下两种方法。

① 按同工种不同工作内容划分。例如，木结构分册分为门窗制作、门窗安装、木装修、木间壁墙裙和护壁、屋架及屋面木基层、天棚、地板、楼地面及木栏杆、扶手、楼梯等章。

② 按不同生产工艺划分。例如，混凝土及钢筋混凝土分册，按现浇混凝土工程和预制混凝土工程进行划分。

3）定额节的编排。为使定额层次分明，各分册或各章应设若干节。节的划分主要有以下两种方法。

① 按构件的不同类别划分。如“现浇混凝土工程”一章中，分为现浇基础、柱、梁、板、楼梯等多节。

② 按材料及施工操作方法的不同划分。如装饰分册分为白灰砂浆、水泥砂浆、混合砂浆、弹涂、干粘石、木材面油漆、金属面油漆、水质涂料等节，各节内又设若干子项目。

4）定额表格的拟定。定额表格内容一般包括定额编号、项目名称、工作内容、计量单位、人工消耗量指标、材料和机械台班消耗量指标等。表格编排形式可灵活处理，不强调统一，应视定额的具体内容而定。

8. 施工定额手册的组成

施工定额手册是施工定额的汇编，其内容主要包括以下三个部分。

（1）文字说明　包括总说明、分册说明和分节说明。

1）总说明：一般包括定额的编制原则和依据、定额的用途及适用范围、工程质量及安全要求、劳动消耗指标及材料消耗指标的计算方法、有关全册的综合内容、有关规定及说明。

2）分册说明：主要对本分册定额有关编制和执行方面的问题与规定进行阐述，如分册中包括的定额项目和工作内容、施工方法说明、有关规定（如材料运距、土壤类别的规定等）的说明和工程量计算方法、质量及安全要求等。

3）分节说明：主要内容包括具体的工作内容、施工方法、劳动小组成员等。

（2）定额项目表　定额项目表是定额手册的核心部分和主要内容，包括定额编号、计量单位、项目名称、工料消耗量及附注等。附注是定额项目的补充，主要说明没有列入定额项目的分项工程执行的定额、执行时应增（减）工料的具体数值等，它是对定额使用的补充和限制。

（3）附录　附录一般排在定额册的最后，主要内容包括名词解释及图解、先进经验及先进工具介绍、混凝土及砂浆配合比表、材料单位重量参考表等。

9. 劳动定额

（1）劳动定额的概念　劳动定额是指在正常施工技术组织条件下，完成单位合格产品所必需的劳动消耗量的标准。劳动定额应反映生产工人劳动生产率的平均水平。

（2）劳动定额的表现形式　生产单位产品的劳动消耗量可用劳动时间来表示，同样在单位时间内劳动消耗量也可以用生产的产品数量来表示。因此，劳动定额有如下两种基本的表现形式，即时间定额和产量定额。

1）时间定额。时间定额是指某种专业的工人班组或个人，在合理的劳动组织与合理使用材料的条件下，完成质量合格的单位产品所必需的工作时间。

时间定额一般采用“工日”作为计量单位，即工日/m^3、工人/m^2、工日/m……。

每个工日的工作时间，按现行劳动制度规定为8h。

时间定额的计算公式为：

$$时间定额=工人工作时间（工日）÷完成产品数量$$

2）产量定额。产量定额是指劳动者在单位时间（工日）内生产合格产品的数量标准，或指完成工作任务的数量额度。

产量定额的计量单位，通常以一个工日完成合格产品的数量表示。即m^3/工日、m^2/工日、m/工日……

产量定额的计算公式为：

$$产量定额=完成产品数量÷工人工作时间（工日）$$

3）时间定额与产量定额的关系：时间定额与产量定额是互为倒数关系。

即：　时间定额×产量定额=1　或　时间定额=1÷产量定额

（3）劳动定额的测定方法　劳动定额的测定方法，目前仍采用以下几种方法，即技术测定法、统计分析法、比较类推法和经验估计法。

1）技术测定法。技术测定法是指在正常的施工条件下，对施工过程中的具体活动进行现场观察，详细记录工人和机械的工作时间和产量，并客观分析影响时间消耗和产量的因素，从而制定定额的一种方法。这种方法有较高的科学性和准确性，但耗时多，常用于制定新定额和典型定额。

2）统计分析法。统计分析法是根据过去完成同类产品或完成同类工序的实际耗用工时的统计资料与当前生产技术组织条件的变化因素相结合，进而分析研究制定劳动定额的一种方法。该方法适用于施工条件正常、产品稳定且批量大、统计工作健全的施工过程。由于统计资料反映的是工人过去已达到的水平，在统计时并没有也不可能剔除施工活动中的不合理因素，因而这个水平一般偏于保守。

3）比较类推法。比较类推法又称为典型定额法，是以生产同类型产品（或工序）的定额为依据，经过分析比较，类推出同一组定额中相邻项目定额水平的方法。这种方法简便、工作量小，只要典型定额选择恰当，切合实际，具有代表性，类推出的定额水平一般比较合理。这种方法适用于同类型产品规格多、批量小的作业过程。

4）经验估计法。经验估计法是由定额人员、技术人员和工人相结合，根据时间经验，经过分析图纸、现场观察、了解施工工艺、分析施工生产的技术组织条件和操作方法等情况，进行座谈讨论以制定定额的一种方法。经验估计法简便及时，工作量小，可以缩短定额制定的时间，但由于受到估计人员主观因素和局限性的影响，因而只适用于不易计算工作量的施工作业，通常是作为一次性定额制定使用。

（4）定额消耗量的基本方法

1）分析基础资料，拟定编制方案：确定工时消耗影响因素，如技术因素和组织因素；整理计时观察资料；整理、分析日常积累的资料；拟定定额的编制方案。

2）确定正常的施工条件：确定工作地点、工作组成及施工人员的编制等。

3）确定劳动定额消耗量。

10. 材料消耗定额

（1）材料消耗定额的概念　材料消耗定额是指在合理使用材料的条件下，生产单位合格产品所必须消耗一定品种、规格材料的数量标准，包括各种原材料、燃料、半成品、构配件、周转性材料摊销等。

（2）材料消耗定额的作用

1）材料消耗定额是企业确定材料需要量和储备量的依据，是企业编制材料需要计划和材料供应计划不可缺少的条件。

2）材料消耗定额是施工队向工人班组签发限额领料单，实行材料核算的标准。

3）材料消耗定额是实行经济责任制，进行经济活动分析，促进材料合理使用的重要资料。

（3）材料消耗定额的组成　材料的消耗定额（量）由两部分组成，即材料净用量和材料损耗量。

材料净用量是指为了完成单位合格产品所必需的材料使用量，即构成工程实体的材料消耗量。材料损耗量是指材料从工地仓库领出到完成合格产品生产的过程中不可避免的合理损耗量，包括材料场内运输损耗量、加工制作损耗量和施工操作损耗量三部分。

材料消耗量=材料净用量+材料损耗量

材料损耗量的多少，常用材料损耗率表示。

计算公式为：　　材料损耗率=材料损耗量÷材料消耗量×100%

（4）材料消耗定额的表现形式　根据材料使用次数的不同，建筑材料可分为非周转性材料和周转性材料两类，因此在定额中的消耗量，分为非周转性材料消耗量和周转性材料摊销量两种。

1）非周转性材料消耗量是指在工程施工中构成工程实体的一次性消耗材料、半成品，如混凝土、砖等。

2）周转性材料摊销量是指一次投入，经多次周转使用，分次摊销到每个分项工程上的材料数量，如模板、脚手架等。根据材料的耐用期、残值率和周转次数，计算单位产品所应分摊的数量。

11．机械台班使用定额

（1）机械台班使用定额的概念及作用　机械台班使用定额是指在正常的施工条件、合理的施工组织和合理使用施工机械的条件下，由技术熟练的工人操纵机械，生产单位合格产品所必须消耗的机械工作时间的标准。

（2）机械台班使用定额的表现形式　按表达方式的不同，机械台班使用定额分为机械时间定额和机械产量定额。

1）机械时间定额是指在合理组织施工和合理使用机械的条件下，某种机械生产单位合格产品所必须消耗的机械作业时间。机械时间定额以“台班”为单位，即一台机械作业一个工作班（8h）为一个台班。

2）机械产量定额是指在合理组织施工和合理使用机械的条件下，某种机械在一个台班内必须生产的合格产品的数量。

机械产量定额的单位以产品的计量单位来表示，如 m^3、m^2、m、t 等。

3）机械时间定额与机械产量定额的关系：机械时间定额与机械产量定额互为倒数关系。

第三节　预算定额

一、预算定额的定义

1．预算定额的概念

预算定额是指在正常合理的施工条件下完成一定计量单位的分部分项工程或结构构件和

建筑配件所必需消耗的人工、材料和施工机械台班的数量标准。有些预算定额中不但规定了人、材、机消耗的数量标准，而且还规定了人、材、机消耗的货币标准和每个定额项目的预算定额单价，使其成为一种计价性定额。

2. 预算定额的种类

（1）按专业性质分　预算定额有建筑工程定额和安装工程定额两大类。

建筑工程定额按适用对象又分为建筑工程预算定额、水利工程概算定额、市政工程预算定额、铁路工程预算定额、公路工程预算定额、土地开发整理项目预算定额、通信建设工程费用定额、房屋修缮工程预算定额、矿山井巷预算定额等。

安装工程预算定额按适用对象又分为电气设备安装工程预算定额、机械设备安装工程预算定额、通信设备安装工程预算定额、化学工业设备安装工程预算定额、工业管道安装工程预算定额、工艺金属结构安装工程预算定额、热力设备安装工程预算定额等。

（2）从管理权限和执行范围分　预算定额可分为全国统一定额、行业统一定额和地区统一定额等。

全国统一定额由国务院建设行政主管部门组织指定发布，行业统一定额由国务院行业主管部门指定发布；地区统一定额由省、自治区、直辖市建设行政主管部门制定发布。

（3）预算定额按物资要素区分　预算定额分为劳动定额、材料消耗定额和机械定额，但它们互相依存形成一个整体，作为预算定额的组成部分，各自不具有独立性。

二、预算定额的构成

预算定额由预算定额总说明、工程量计算规则、分部工程说明、分项工程说明、定额项目表、附录或附表六部分组成。

1. 预算定额总说明

1）预算定额的适用范围、指导思想及目的作用。

2）预算定额的编制原则、主要依据及上级下达的有关定额修编文件。

3）使用本定额必须遵守的规则及适用范围。

4）定额所采用的材料规格、材质标准，允许换算的原则。

5）定额在编制过程中已经包括及未包括的内容。

6）各分部工程定额的共性问题的有关规定及使用方法。

2. 工程量计算规则

工程量是核算工程造价的基础，是分析建筑工程技术经济指标的重要数据，是编制计划和统计工作的指标依据。必须根据国家有关规定，对工程量的计算做出统一的规定。

3. 分部工程说明

1）分部工程所包括的定额项目内容。

2）分部工程各定额项目工程量的计算方法。

3）分部工程定额内综合的内容及允许换算和不得换算的界限及其他规定。

4）使用本分部工程允许增减系数范围的界定。

4. 分项工程说明

1）在定额项目表表头上方说明分项工程工作内容。

2）本分项工程包括的主要工序及操作方法。

5. 定额项目表

1）分项工程定额编号（子目号）。

2）分项工程定额名称。

3）预算基价。其中包括：人工费、材料费、机械费。

4）人工表现形式。包括工日数量、工日单价。

5）材料（含构配件）表现形式。

材料栏列出主要材料和周转使用材料名称及消耗数量。次要材料一般都以其他材料形式以金额“元”或占主要材料的比例表示。

6）施工机械表现形式。机械栏内列出主要机械名称规格和数量，次要机械以其他机械费形式以金额“元”或占主要机械的比例表示。

7）预算定额的基价。人工工日单价、材料价格、机械台班单价均以预算价格为准。

8）说明和附注。在定额表下说明应调整、换算的内容和方法。

6. 附录或附表

三、预算定额的作用

1. 预算定额是编制施工图预算、确定和控制建筑安装工程造价的基础

施工图预算是施工图设计文件之一，是控制和确定建筑安装工程造价的必要手段。编制施工图预算，除设计文件规定的建设工程的功能、规模、尺寸和文字说明是计算分部分项工程量和结构构件数量的依据外，预算定额是确定一定计量单位工程人工、材料、机械消耗量的依据，也是计算分项工程单价的基础。

2. 预算定额是对设计方案进行技术经济比较、技术经济分析的依据

设计方案的选择要满足功能、符合设计规范，既要技术先进又要经济合理。对设计方案进行比较，主要是通过定额对不同方案所需人工、材料和机械台班消耗量等进行比较。这种比较可以判明不同方案对工程造价的影响。对于新结构、新材料的应用和推广，也需要借助于预算定额进行技术分项和比较，从技术与经济的结合上考虑普遍采用的可能性和效益。

3. 预算定额是施工企业进行经济活动分析的参考依据

实行经济核算的根本目的是用经济的方法促使企业在保证质量和工期的条件下，用较少的劳动消耗取得预定的经济效果。企业可根据预算定额，对施工中的劳动、材料、机械的消耗情况进行具体的分析，以便找出低工效、高消耗的薄弱环节及其原因，提供对比数据，促进企业在市场上的竞争力。

4. 预算定额是编制标底、投标报价的基础

市场经济体制下，预算定额作为编制标底的依据和施工企业报价的基础，这是由于它本身的科学性和权威性决定的。

5. 预算定额是编制概算定额和估算指标的基础

概算定额和估算指标是在预算定额基础上经综合扩大编制的，也需要利用预算定额作为编制依据，这样做不但可以节省编制工作中的人力、物力和时间，收到事半功倍的效果，还可以使概算定额和概算指标在水平上与预算定额一致，以避免造成执行中的不一致。

总之，加强预算定额的管理，对于控制和节约建设资金，降低建筑安装工程的劳动消耗，加强施工企业的计划管理和经济核算，都有重大的现实意义。

四、预算定额的编制

1. 预算定额的编制原则

(1) 社会平均先进水平原则 预算定额应遵循价值规律的要求，按生产该产品的社会平均必要劳动时间来确定其价值。也就是说，在正常的施工条件下，以平均的劳动强度、平均的技术熟练程度，在平均的技术装备条件下，完成单位合格产品所需的劳动消耗量就是预算定额的消耗水平。

(2) 简明适用的原则 预算定额是在施工定额的基础上进行扩大和综合的，它要求有更加简明的特点，以适应简化预算编制工作和简化建设产品价格计算程序的要求。当然，定额的简易性也应服务于它的适用性的要求。

(3) 遵循统一性和差别性相结合的原则 统一性是从培育全国统一市场规范计价行为出发，定额的制定、实施由国家相关管理部门统一负责。国家统一定额的制定或修订，有利于通过定额管理和工程造价的管理，实现建筑安装工程价格的宏观调控。通过统一，使工程造价具有统一的计价依据，也使考核设计和施工的经济效果具备统一尺度。

差别性是各部门和省市（自治区）、直辖市主管部门可以在自己管辖的范围内，依据部门（地区）的实际情况，制定部门和地区性定额、补充性制度和管理办法，以适应中国地区间发展不平衡和差异大的实际情况。

(4) 专家编审，坚持“以专为主，专群结合” 编制定额应以专家为主，这是实践经验的总结，编制要有一支经验丰富、技术与管理知识全面、有一定政策水平的、稳定的专家队伍。通过他们的辛勤工作才能积累经验，保证编制定额的准确性。同时要在专家编制的基础上，注意走群众路线，因为广大建筑安装工人是施工生产的实践者，也是定额的执行者，最了解生产实际和定额的执行情况及存在问题，有利于以后在定额管理中对其进行必要的修订和调整。

(5) 贯彻国家政策、法规的原则

定额的编制要合法合理，全面贯彻国家政策、法规。

2. 预算定额的编制步骤

预算定额的编制分为准备阶段、编制初稿阶段、终审定稿阶段，如图 2-3 所示。

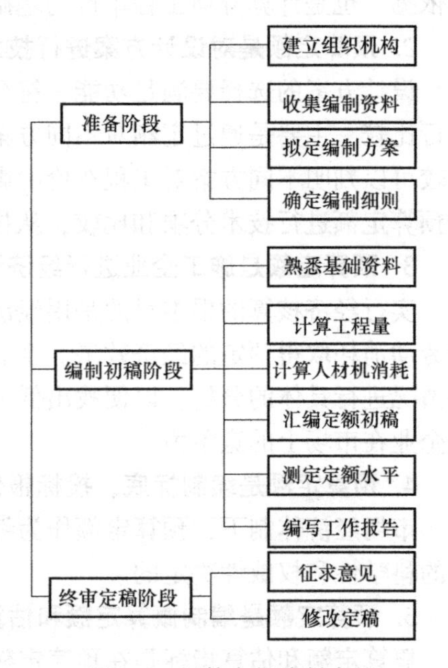

图 2-3 预算定额编制步骤

(1) 准备阶段 准备阶段的任务是成立编制机构，拟定编制方案，确定定额项目，全面收集各项依据资料。预算定额的编制工作量大，政策性强，组织工作复杂。因此在编制准备阶段要明确和做好以下几项工作：建筑企业深化改革对预算定额编制的要求；预算定额的适用范围、用途和水平；确定编制机构的人员组成，安排编制工作的进度；确定定额的编排形式、项目内容、计量单位及小数位数；确定活劳动与物化劳动消耗量的计算资料（如各种图集及典型工程施工图纸等）。

（2）编制初稿阶段　在定额编制的各种资料收集完整之后，就可进行定额的测算和分析工作，并编制初稿。初稿要按编制方案中确定的定额项目和典型工程图纸，计算工程量，再分别测算人工、材料和机械台班消耗指标，在此基础上编制定额项目表，并拟定出相应的文字说明。

（3）终审定稿阶段　定额初稿完成后，应与原定额进行比较，分析定额水平提高或降低的原因，然后对定额初稿进行修正。

定额水平的测算、分析和比较，其内容还应包括规范变更的影响，施工方法改变的影响，材料损耗率调整的影响，劳动定额水平变化的影响，机械台班定额单价及人工日工资标准、材料价差的影响，定额项目内容变更对工程量计算的影响等。通过测算并修正定稿之后，即可拟写编制说明和审批报告，并一起呈报主管部门审批。

五、分项工程定额指标的确定

分项工程定额指标的确定包括确定定额项目和内容，确定定额计量单位，计算工程量，确定人工、材料和机械台班消耗量指标等内容。

1. 确定定额项目及其内容

一个单位工程，按工程性质可以划分为若干个分部工程，如土石方工程、桩与地基基础工程、脚手架工程等。一个分部工程，可以划分为若干个分项工程，如土石方工程又可划分为人工挖土方，人工挖沟槽、基坑，人工挖孔桩等分项工程。对于编制定额来讲，还需要再进一步详细地划分为具体项目。

2. 定额项目计量单位和小数位数的确定

定额项目计量单位的确定，应能确切、形象地反映产品的形态特征，便于工程量与工料机消耗的计算；便于保证定额的精确度；便于在组织施工、统计、核算和验收等工作中使用。

（1）确定预算定额计量单位

1）当物体的三个度量，即长、宽、高三个数值都会发生变化时，采用体积（m^3）为计量单位，如土石方、砌筑、混凝土等工程。

2）当物体厚度固定，而长度和宽度不固定时，采用面积（m^2）为计量单位，如楼地面面层、墙面抹灰、门窗等工程。

3）当物体的截面形状固定，但长度不固定时，采用延长米（m）为计量单位，如栏杆、管道、线路等工程。

4）当物体体积和面积相同，而重量和价格差异很大时，采用重量单位“千克（kg）”或“吨（t）”计算。

5）当物体的形状不规则、结构复杂时，以自然单位计算，如阀门以“个”为单位，散热器以“片”为单位，其他以“件、台、套、组”等为单位。

（2）小数位数的取定

1）人工：以“工日”为单位，取两位小数。

2）主要材料及半成品：木材以“m^3”为单位，取三位小数；钢筋以“t”为单位，取三位小数；水泥以“kg”为单位，取整数；砂浆、混凝土以“m^3”为单位，取两位小数；标准砖以“千块”为单位，取两位小数；其余材料一般取两位小数。

3）单价：以“元”为单位，取两位小数。

4）施工机械：以“台班”为单位，取两位小数。

（3）工程量计算　预算定额是一种综合定额，它包括了完成某一分项工程的全部工作内容。例如，砖墙定额中，其综合的内容有筛砂、调运砂浆、运转、砌窗台虎头砖、腰线、门窗套、砖过梁、附墙烟囱、壁橱和安放木砖、铁件等。因此，在确定定额项目中各种消耗量指标时，首先应根据编制方案中所选定的若干典型工程图纸，计算出单位工程中各种墙体及上述综合内容所占的比重，然后利用这些数据，结合定额资料，综合确定人工和材料消耗净用量。工程量计算一般以列表的形式进行计算。

（4）计算和确定预算定额中各消耗量指标　预算定额是在施工定额的基础上编制的一种综合性定额，所以首先要将施工定额中以施工过程、工序为项目确定的工程量，按照典型设计图纸，计算出预算定额所要求的分部分项工程量；再把预算定额与施工定额两者之间存在幅度差等各种因素考虑进去，确定出预算定额中人工、材料、机械台班的消耗量指标。

（5）编制预算定额基价　预算定额基价是指以货币形式反映的人工、材料、机械台班消耗的价值额度，它是以地区性预算价格资料为基准综合取定的单价，乘以定额各消耗量指标，得到该项定额的人工费、材料费和机械使用费，并汇总形成定额基价。

（6）编制预算定额项目表格，编写预算定额说明

根据已确定的定额项目和内容，定额计量单位，人工、材料和机械台班消耗量指标等内容，编制预算定额项目表格，并编写预算定额说明，定额的适用范围、编制依据、编制原则以及定额的使用的注意事项等，整理全册定额项目内容。

3. 预算定额消耗量指标的确定

（1）人工消耗量指标的确定　预算定额中人工消耗量指标包括完成该分项工程的各种用工数量。它的确定有两种方法，一种是以施工定额为基础确定，另一种是以现场观察测定资料为基础计算。预算定额的人工消耗由下列四部分组成。

1）基本用工：是指完成该分项工程的主要用工量，基本用工数量，按综合取定的工程量和劳动定额中相应的时间定额进行计算。例如，在完成砌筑砖墙体工程中的砌砖、运砖、调制砂浆、运砂浆等所需的工日数量。

2）材料及半成品超运距用工：是指预算定额中材料及半成品的运输距离，超过了劳动定额基本用工中规定的距离所需增加的用工量。即

超运距=预算定额规定的运距-劳动定额规定的运距

3）辅助用工：辅助用工是指在劳动定额内不包括而在预算定额内，必须考虑的施工现场所发生的材料加工等用工，如筛沙子、淋石灰膏等增加的用工。

4）人工幅度差：人工幅度差是指预算定额和劳动定额由于定额水平不同而引起的水平差。人工幅度差的内容包括：①在正常施工条件下，土建工程中各工种施工之间的搭接，以及土建工程与水、暖、风、电等工程之间交叉配合需要的停歇时间；②施工机械的临时维修和在单位工程之间转移时及水、电线路在施工过程中移动所发生的不可避免的工作停歇时间；③由于工程质量检查和隐蔽工程验收，导致工人操作时间的延长；④由于场内单位工程之间的地点转移，影响了工人的操作时间；⑤由于工种交叉作业，造成工程质量问题，对此所花费的用工。

（2）材料消耗量指标的确定　预算定额的材料消耗量指标是由材料的净用量和损耗量

构成。

1）主材消耗用量的确定。

① 主材净用量的确定：应结合分项工程的构造做法，使用综合取定的工程量及有关资料进行计算。

② 主材损耗量的计算：材料损耗量由施工操作损耗、场内运输损耗、加工制作损耗和场内管理损耗组成。损耗量用损耗率表示为

$$损耗率=\frac{材料损耗量}{材料总消耗量}\times100\%$$

$$材料总消耗量=材料净用量+材料损耗量=\frac{材料净用量}{1-损耗率}$$

2）次要材料消耗量的确定。

次要材料包括两类材料：一类是直接构成工程实体，但用量很小、不便计算的零星材料；另一类是不构成工程实体，但在施工中消耗的辅助材料，这些材料用量不多，价值不大，不便在定额中逐一列出，因而将它们合并统称为次要材料。

（3）机械台班消耗量指标的确定　预算定额中的机械台班消耗量指标，一般是在施工定额的基础上，再考虑一定的机械幅度差进行计算的。

1）大型机械台班消耗量。大型机械，如土石方机械、打桩机械、吊装机械、运输机械等，在预算定额中按机械种类、容量或性能及工作物对象，并按单机或主机与配合辅助机械，分别以台班消耗量表示。其台班消耗量指标是按施工定额中规定的机械台班产量计算，再加上机械幅度差确定的。

$$机械台班消耗量=\frac{工序工程量}{机械台班产量}\times(1+机械幅度差系数)$$

2）按工人班组配备使用的机械台班消耗量。对于按工人班组配备使用的机械，如垂直运输的起重机、卷扬机、混凝土搅拌机、砂浆搅拌机等，应按小组产量计算台班产量，不增加机械幅度差，计算公式为

$$分项定额机械台班消耗量=\frac{分项定额计量单位值}{小组总人数\times\sum(分项计算取定比重\times劳动定额综合产量)}=\frac{分项定额计量单位值}{小组产量}$$

3）专用机械台班消耗量。分部工程的各种专用中小型机械，如打夯、钢筋加工、木作、水磨石等专用机械，一般按机械幅度差系数为10%来计算其台班消耗量，列入预算定额的相应项目内。

4）其他中小型机械使用量。对于在施工中使用量较少的各种中小型机械，不便在预算定额中逐一列出，而将它们的台班消耗量和机械费计算后并入“其他机械费”，单位为“元”，列入预算定额的相应子目内。

六、预算单价的确定

一项工程直接费用的多少，除取决于预算定额中的人工、材料和机械台班的消耗量外，还取决于人工工资标准、材料和机械台班的预算单价。因此，合理确定人工工资标准、材料

和机械台班的预算价格，是正确计算工程造价的重要依据。

1. 人工工日单价的确定

（1）人工工日单价 人工工日单价是指一个生产工人一个工作日在工程估价中应计入的全部费用。其具体包括生产工人基本工资、工资性补贴、生产工人辅助工资、职工福利费和生产工人劳动保护费。计算公式为

$$人工日工资单价(G)=\sum_{i=1}^{5}G_i$$

1）基本工资是指发放给生产工人的基本工资。计算公式为

$$基本工资(G_1)=\frac{生产工人平均月工资}{年平均每月法定工作日}$$

2）工资性补贴是指按规定标准发放的物价补贴，煤、燃气补贴，交通补贴，住房补贴，流动施工津贴等。

$$工资性补贴(G_2)=\frac{\sum 年发放标准}{年日历-法定假日}+\frac{\sum 月发放标准}{年均每月法定工作日}+每工作日发放标准$$

3）生产工人辅助工资是指生产工人年有效施工天数以外非作业天数的工资，包括职工学习、培训期间的工资，调动工作、探亲、休假期间的工资，因气候影响的停工工资，女工哺乳时间的工资，病假在6个月以内的工资及产、婚、丧假期的工资。计算公式为

$$生产工人辅助工资(G_3)=\frac{全年无效工作日\times(G_1+G_2)}{全年日历日-法定假日}$$

4）职工福利费是指按规定标准计提的职工福利费。计算公式为

$$职工福利费(G_4)=(G_1+G_2+G_3)\times 福利费计提比例$$

5）生产工人劳动保护费是指按规定标准发放的劳动保护用品的购置费及修理费、徒工服装补贴、防暑降温费，以及在有碍身体健康环境中施工的保健费用等。计算公式为

$$生产工人劳动保护费(G_5)=\frac{生产工人年平均支出劳动保护费}{全年日历日-法定假日}$$

（2）影响人工工日单价的因素 影响建筑安装工人人工工日单价的因素，归纳起来有以下几个方面。

1）社会平均工资水平。建筑安装工人人工工日单价必然与社会平均工资水平趋同。社会平均工资水平取决于经济发展水平。由于我国改革开放以来经济迅速增长，社会平均工资也有了大幅度增长，从而影响人工工日单价的大幅度提高。

2）生活消费指数。生活消费指数的提高会影响人工工日单价的提高，以减少生活水平的下降，或维持原来的生活水平。生活消费指数的变动决定于物价的变动，尤其决定于生活消费品物价的变动。

3）人工工日单价的组成内容。例如，住房消费、养老保险、医疗保险、失业保险费等列入人工工日单价，会使人工工日单价提高。

4）劳动力市场供需变化。在劳动力市场如果需求大于供给，人工单价就会提高；供给大于需求，市场竞争激烈，人工单价就会下降。

5）社会保障和福利政策。政府推行的社会保障和福利政策也会影响人工工日单价的变动。

2. 材料预算单价的确定

（1）材料预算单价的构成　材料预算单价是指建筑材料（构成工程实体的原材料、辅助材料、构配件、零件、半成品）由其来源地（或交货地点）运至工地仓库（或施工现场材料存放点）后的出库价格。具体包括以下四部分内容。

1）材料原价（或供应价格）：指出厂价或交货地价格。

2）材料运杂费：指材料自来源地运至工地仓库或指定堆放地点所发生的全部费用。

3）运输损耗费：指材料在运输装卸过程中不可避免的损耗。

4）采购及保管费：指为组织采购、供应和保管材料过程中所需要的各项费用，具体包括采购费、仓储费、工地保管费、仓储损耗费。

（2）材料预算价格的计算方法　材料预算价格的计算公式为

$$材料基价=(供应价格+运杂费)\times(1+运输损耗率)\times(1+采购保管费率)$$

（3）影响材料预算价格变动的因素

1）市场供需变化。材料原价是材料预算价格中最基本的组成。市场供大于求价格就会下降；反之，价格就会上升，从而也就会影响材料预算价格的涨落。

2）材料生产成本的变动直接涉及材料预算价格的波动。

3）流通环节的多少和材料供应体制也会影响材料预算价格。

4）运输距离和运输方法的改变会影响材料运输费用的增减，从而也会影响材料预算价格。

5）国际市场行情会对进口材料价格产生影响。

3. 机械台班单价的计算

（1）机械台班单价的计算公式

$$\begin{aligned}机械台班单价=&台班基本折旧费+台班大修费+台班经常修理费+台班安拆费及场外运费\\&+台班人工费+台班燃料动力费+台班养路费及车船使用税\end{aligned}$$

1）自有机械台班单价的计算。

① 台班基本折旧费是指施工机械在规定使用期限内，每一台班所摊的机械原值及因支付贷款利息而分摊到每一台班的费用。计算公式为

$$台班基本折旧费=\frac{机械预算价格\times(1-残值率)\times(1+贷款利息系数)}{使用总台班}$$

② 台班大修理费是指为保证机械完好和正常运转达到大修理间隔期需进行大修而支出各项费用的台班分摊额。计算公式为

$$台班大修理费=\frac{一次大修理费\times大修理次数}{使用总台班}$$

$$大修理次数=使用周期-1=\frac{使用总台班}{大修理间隔台班}-1$$

③ 台班经常修理费是指大修理间隔期分摊到每一台班的中修理费和定期的各级保养费。计算公式为

$$台班经常修理费=\frac{中修理费+\sum(各级保养一次费用\times各级保养次数)}{大修理间隔台班}=台班大修理费\times系数\ K$$

④ 台班安拆费及场外运输费是指施工机械在现场进行安装与拆卸所需的人工、材料、

机械和试运转费用，以及机械辅助设施的折旧、搭设、拆除等费用；场外运费是指施工机械整体或分体自停放地点运至施工现场或由一施工地点运至另一施工地点的运输、装卸、辅助材料及架线等费用。

$$台班安装拆卸费=\frac{一次安拆费\times每年安拆次数}{摊销台班数}$$

$$台班辅助设施折旧费=\sum\left[\frac{一次使用量\times预算单价\times(1-残值率)}{摊销台班数}\right]$$

$$台班场外运费=\frac{(一次运费及装卸费+辅助材料一次摊销费+一次架线费)\times年均场外运输次数}{年工作台班}$$

⑤ 人工费是指专业操作机械的司机、司炉及操作机械的其他人员在工作日及在机械规定的年工作台班以外的人工费用。工作班以外的机上人员人工费用，以增加机上人员的工日数形式列入定额内，计算公式为

$$台班人工费=定额机上人工工日\times日工资单价$$

$$定额机上人工工日=机上定员工日\times(1+增加工日系数)$$

$$增加工日系数=\frac{年度工日-年工作台班-管理费内非生产天数}{年工作台班}$$

⑥ 台班动力燃料费是指机械在运转时所消耗的电力、燃料等的费用。其计算公式为

$$台班动力燃料费=每台班所消耗的动力燃料数\times相应单价$$

⑦ 养路费及牌照税是指按交通部门的规定，自行机械应缴纳的公路养护费及牌照税。这项费用一般按机械载重吨位或机械自重收取。计算公式为

$$台班养路费=\frac{自重(或核定吨位)\times年工作月\times(月养路费+牌照税)}{年工作台班}$$

2）租赁机械台班单价的计算。租赁机械台班单价的计算一般有两种方法，即静态方法和动态方法。

① 静态方法是指不考虑资金时间价值的方法。

② 动态方法是指在计算租赁机械台班单价时考虑资金时间价值的方法。

（2）影响机械台班单价变动的因素　影响机械台班单价变动的因素有以下四个方面。

1）施工机械的价格。这是影响折旧费，从而影响机械台班单价的重要因素。

2）机械使用年限。这不仅影响折旧费的提取，也影响大修理费和经常维修费的开支。

3）机械的使用效率和管理水平。

4）政府征收税费的规定。

七、单位估价表的编制

1. 单位估价表的概念

单位估价表是在预算定额所规定的各项消耗量的基础上，根据所在地区的人工工资、物价水平，确定人工工日单价、材料预算价格、机械台班预算价格，从而用货币形式表达拟定预算定额中每一分项工程的预算定额单价的计算表格。它既反映了预算定额统一规定的量，又反映了本地区所确定的价，把量与价的因素有机地结合起来，但主要还是确定价的问题。

单位估价表明显的特点是地区性强，所以也称为“地区单位估价表”或“工程预算

单价表”。不同地区分别使用各自的单位估价表，互不通用。单位估价表的地区性特点是由工资标准的地区性及材料、机械预算价格的地区性所决定的。对于全国统一预算定额项目不足的，可由地区主管部门补充。个别特殊工程或大型建设工程，当不适用统一的地区单位估价表时，履行向主管部门申报和审批程序，单独编制单位估价表。

2. 单位估价表的作用

1）单位估价表是编制、审核施工图预算和确定工程造价的基础依据。

2）单位估价表是工程拨款、工程结算和竣工决算的依据。

3）单位估价表是施工企业实行经济核算，考核工程成本，向工人班组下达作业任务书的依据。

4）单位估价表是编制概算价目表的依据。

3. 单位估价表的编制

（1）编制依据

1）中华人民共和国建设部发布的《全国统一建筑工程基础定额》。

2）省、市和自治区建设委员会编制的《建筑工程预算定额》或《建设工程预算定额》。

3）地区建筑安装工人工资标准。

4）地区材料预算价格。

5）地区施工机械台班预算价格。

6）国家与地区对编制单位估价表的有关规定及计算手册等资料。

单位估价表是由若干个分项工程或结构构件的单价所组成，因此编制单位估价表的工作就是计算分项工程或结构构件的单价。计算公式为

$$\text{分项工程预算单价}=\text{人工费}+\text{材料费}+\text{机械费}$$

$$\text{人工费}=\text{分项工程定额用工量}\times\text{地区综合平均日工资标准}$$

$$\text{材料费}=\sum(\text{分项工程定额材料用量}\times\text{相应的材料预算价格})$$

$$\text{机械费}=\sum(\text{分项工程定额机械台班使用量}\times\text{相应机械台班预算单价})$$

（2）单位估价表的编制步骤

1）选用预算定额项目。单位估价表是针对某一地区而编制的，所以要选用在本地适用的定额项目（包括定额项目名称、定额消耗量和定额计量单位等）。本地不需用的项目，在单位估价表中可以不编入；反之，本地常用而预算定额中没有的定额项目，在编制单位估价表时要补充列入，以满足使用的要求。

2）抄录定额的工、料、机械台班数量。将预算定额中所选定项目的工、料、机械台班数量，逐项抄录在单位估价表分项工程单价计算表的各栏目中。

3）选择和填写单价。将地区日工资标准、材料预算价格、施工机械台班预算单价，分别填入工程单价计算表中相应的单价栏内。

4）进行单价计算。单价计算可直接在单位估价表上进行，也可通过“工程单价计算表”计算各项费用后，再把结果填入单位估价表。

5）复核与审批。将单位估价表中的数量、单价、费用等认真进行核对，以便纠正错误。汇总成册由主管部门审批后，即可排版印刷，颁发执行。

八、预算定额的运用

(1) 预算定额的直接套用　当施工图纸的设计要求与所选套的相应定额项目内容一致时，则可直接套用定额。绝大部分定额属于这种情况。直接套用定额项目的方法步骤如下：

1）根据施工图纸中的工程项目内容，从定额目录中查出该项目所在定额中的部位，选定相应的定额项目与定额编号。

2）在套用定额前，必须注意核实分项工程的名称、规格等与定额规定中是否一致，施工图纸的工程项目内容与定额规定内容一致时，可直接套用定额。

3）将定额编号和定额工料消耗量分别填入工料计算表内。

4）确定工程项目的人工、材料、机械台班需用量。

(2) 预算定额的换算　当施工图纸的设计要求与所选套的相应定额项目内容不一致时，应在定额规定的范围内换算。对换算后的定额项目，应在其定额编号后注明“换”字，如“5-21 换”。

定额换算的基本思路是，根据建筑工程设计图纸中分项工程的实际内容，选定某一相关定额子目，按定额规定换入应增加的人工、材料和机械，减去应扣除的人工、材料和机械。可以用表达式表示为

换算后的消耗量=分项定额工料机耗量+换入的工料机耗量-换出的工料机耗量

九、预算定额与施工定额的关系

预算定额是在施工定额的基础上制定的，两者都是施工企业实现科学管理的工具，但是两者又有不同之处。

1. 定额作用不同

施工定额是施工企业内部管理的依据，直接用于施工管理；预算定额是一种计价性的定额，其主要作用表现在对工程造价的确定和计量方面。

2. 定额水平不同

编制施工定额应是平均先进的水平标准。编制预算定额应体现社会平均水平。

3. 项目划分和定额内容不同

施工定额的编制主要以工序或工作过程为研究对象，所以定额项目划分详细，定额工作内容具体；预算定额是在施工定额的基础上经过综合扩大编制而成的，所以定额项目划分更加综合，每一个定额项目的工作内容包括了若干个施工定额的工作内容。

第四节　概算定额与概算指标

一、概算定额

概算定额是设计单位在初步设计阶段或扩大初步设计阶段确定工程造价，编制设计概算的依据。概算定额中的项目，是以建筑结构部位为主，将预算定额中若干分项综合为一个项目。概算定额比预算定额计算简化，但准确性降低了。概算额要高于预算额。

（1）概算定额的概念　概算定额是为了完成单位扩大分项工程或单位扩大结构构件所必须消耗的人工、材料和机械台班的数量标准。

概算定额是由预算定额综合而成的。按照《建设工程工程量清单计价规范》的要求，为适应工程招标投标的需求，预算定额项目的综合有些与概算定额项目一致，如挖土方只有一个项目，不再划分一、二、三、四类土；砖墙只有一个项目，综合了外墙、半砖、一砖、一砖半、二砖、二砖半墙等。

（2）概算定额的作用

1）概算定额是初步设计阶段编制建设项目概算和技术设计阶段编制修正概算的依据。

2）概算定额是设计方案比较的依据。

3）概算定额是编制主要材料需要量计划的依据。

4）概算定额是编制概算指标和投资估算指标的依据。

5）概算定额在工程总承包时作为已完工程价款结算的依据。

（3）概算定额的编制原则

1）简明适用。

2）社会平均水平，与预算定额之间保留幅度差（5%以内，一般为3%）。

3）细算粗编。

（4）概算定额的编制依据

1）现行的设计标准规范。

2）现行建筑安装工程预算定额。

3）国务院各有关部门和各省、自治区、直辖市批准颁发的标准设计图集和有代表性的设计图纸。

4）现行的概算定额及其他相关资料。

5）编制期人工工资标准、材料预算价格、机械台班费用等。

（5）概算定额的内容　各地区概算定额的形式、内容各有特点，但一般包括下列主要内容。

1）总说明：主要阐述概算定额的编制原则、编制依据、适用范围、有关规定、取费标准和概算造价计算方法等。

2）分章说明：主要阐明本章所包括的定额项目及工程内容、规定的工程量计算规则等。

3）定额项目表：这是概算定额的主要内容，它由若干分节定额表组成。各节定额表表头注有工作内容，定额表中列有计量单位、概算基价、各种资源消耗量指标，以及所综合的预算定额的项目与工程量等。

（6）概算定额的编制步骤　概算定额的编制一般分为三个阶段：准备阶段、编制阶段、审查报批阶段。

二、概算指标

1. 概算指标的概念

概算指标是比概算定额综合、扩大性更强的一种定额指标，它规定出人工、材料、机械消耗数量标准和费用。

2. 概算指标的作用

1）概算指标是编制投资估价和控制初步设计概算，工程概算造价的依据。

2）概算指标是设计单位进行设计方案的技术经济分析、衡量设计水平、考核投资效果的标准。

3）概算指标是建设单位编制基本建设计划、申请投资贷款和主要材料计划的依据。

3. 概算指标的编制依据

1）现行的设计标准规范。

2）现行建筑安装工程预算定额。

3）国务院各有关部门和各省、自治区、直辖市批准颁发的标准设计图集和有代表性的设计图纸。

4）现行的概算定额及其他相关资料。

5）编制期人工工资标准、材料预算价格、机械台班费用等。

4. 概算指标的内容

1）总说明，它从总体上说明概算指标的作用、编制依据、适用范围和使用方法等。

2）示意图，表明工程的结构形式。

3）结构特征，主要对工程的结构形式、层高、层数和建筑面积进行说明。

4）经济指标，说明该项目每个单位造价指标及土建、水暖和电照等单位工程的相应造价。

5. 概算指标的应用

概算指标的应用一般有两种情况，第一种情况，如果设计对象的结构特征与概算指标一致时，可直接套用。第二种情况，如果设计对象的结构特征与概算指标的规定局部不同时，要对指标的局部内容调整后再套用。

第五节　工程量清单计价规范

一、工程量清单计价的发展历程

长期以来，我国建筑安装工程项目在工程造价计价过程中一直沿用定额计价法进行工程计价，定额计价法属于计划经济时代的计价方法，在计划经济时代对于明确工程造价计价思路、促进工程造价的统一管理做出了重要的贡献，在我国的经济建设过程中起到了不可替代的作用。但是，定额计价法在发挥其优势的过程中也逐渐暴露出其体制自身的矛盾，主要表现为随着我国建筑市场经济的快速发展，随之带来的企业之间的竞争日益加剧，定额计价法的计划经济特性不适应市场竞争体制的缺陷也越来越明显。

为了适应我国快速发展的社会主义市场经济体制，充分建立建筑业市场竞争机制，充分与国际工程造价计价模式接轨，摆脱过去计划经济时期建筑工程造价由国家调控甚至定价，企业报价缺乏自主权，不能体现企业实力，不能充分体现市场竞争，阻碍生产力发展的状态，国家住房和城乡建设部于 2003 年 2 月发布《建设工程工程量清单计价规范》（GB 50500—2003）（以下简称“《03 清单计价规范》”），并正式在全国推广工程量清单计价。从此，我国工程造价计价模式进入了定额计价与工程量清单计价并行的时代。

2008年，国家住房和城乡建设部总结了《03清单计价规范》实施以来的经验，针对执行中存在的问题，于2008年12月正式发布了《建设工程工程量清单计价规范》（GB 50500—2008）（以下简称“《08清单计价规范》”）。

2012年12月25日国家住房和城乡建设部正式发布了《建设工程工程量清单计价规范》（GB 50500—2013），其发布标志着我国工程造价管理行业在工程造价领域的应用迈上了一个新的台阶。

二、工程量清单计价的概述

1. 定额计价模式与工程量清单计价模式的主要区别（表2-1）。

表2-1　定额计价模式与工程量清单计价模式的主要区别

计价方式 / 区别	定额计价模式	工程量清单计价模式
所适用的经济模式不同	企业根据国家或行业提供统一的人工、材料、机械消耗标准和价格，计算工程造价的模式，是计划经济的产物	企业根据自身条件和市场情况自主确定人工、材料和机械消耗标准和价格，计算工程造价的模式，属于市场经济的产物
计价的依据和计价水平不同	主要依据地区统一的预算定额和定额基价计价，反映社会平均水平	主要依据全国统一的《建设工程工程量清单计价规范》和企业定额计价，反映企业自身的生产能力及水平
项目的设置不同	一般按照预算定额的子目内容设置，各子目的内容与定额子目一致，包括的工程内容也是单一的	按照《建设工程工程量清单计价规范》的子目内容设置，较定额项目划分有较大的综合性，一个清单项目可能包括多个定额子目
建筑安装工程费费用构成不同	由直接费、间接费、利润和税金构成	由分部分项工程费、措施项目费、其他项目费、规费和税金构成
工程量计算规则不同	采用地区统一的定额工程量计算规则，计算内容为工程净量加上预留量或工程操作裕度	采用全国统一的清单工程量计算规则，计算内容为工程实体的净量，是国际通行的工程量计算方法
单价的构成不同	采用工料单价计价，即分项工程的单价仅由人工费、材料费和机械费构成，不包括管理费、利润和风险，不能反映建筑产品的真实价格	采用综合单价计价，即分项工程的单价不仅包括人工费、材料费和机械费，还包括管理费、利润和一定范围内的风险费，反映建筑产品的真实价格
风险承担方式不同	量和价的风险均由承包人承担	工程量的风险由招标人承担，报价的风险由承包人承担

2.《建设工程工程量清单计价规范》的主要内容

《建设工程工程量清单计价规范》（GB 50500—2013）（以下简称《计价规范》）主要内容包括总则、术语、一般规定、工程量清单编制、招标控制价、投标报价、合同价款约定、工程计量、合同价款调整、合同价款期中支付、竣工结算与支付、合同解除的价款结算与支付、合同价款争议的解决、工程造价鉴定、工程计价资料与档案、计价表格十六部分。

（1）总则

1）为规范建设工程造价计价行为，统一建设工程计价文件的编制原则和计价方法，根据《中华人民共和国建筑法》《中华人民共和国合同法》《中华人民共和国招标投标法》等法律法规，制定本《计价规范》。

2）《计价规范》适用于建设工程施工发承包及实施阶段的计价活动。

3）建设工程发承包及实施阶段的工程造价应由分部分项工程费、措施项目费、其他项目费、规费和税金组成。

4）招标工程量清单、招标控制价、投标报价、工程计量、合同价款调整、合同价款结算与支付以及工程造价鉴定等工程造价文件的编制与核对，应由具有专业资格的工程造价人员承担。

5）承担工程造价文件的编制与核对的工程造价人员及其所在单位，应对工程造价的质量负责。

6）建设工程发承包及实施阶段的计价活动应遵循客观、公正、公平的原则。

7）建设工程发承包及实施阶段的计价活动，除应符合《计价规范》外，应符合国家现行有关标准的规定。

（2）术语　术语是对《计价规范》中所出现的专业术语的具体解释。

（3）一般规定

1）计价方式。

① 使用国有资金投资的建设工程发承包，必须采用工程量清单计价。

② 非国有资金投资的建设工程，宜采用工程量清单计价。

③ 不采用工程量清单计价的建设工程，应执行《计价规范》除工程量清单等专门性规定外的其他规定。

④ 工程量清单应采用综合单价计价。

⑤ 措施项目清单中的安全文明施工费必须按照国家或省级、行业建设主管部门的规定计算，不得作为竞争性费用。

⑥ 规费和税金必须按国家或省级、行业建设主管部门的规定计算，不得作为竞争性费用。

2）发包人提供材料和工程设备。

对于建设工程施工合同而言，由承包人供应材料是最常态的承包方式，但是，发包人从保证工程质量和降低工程造价等角度出发，有时会提出由自己供应一部分材料，而对此，法律也认可。从物权角度来讲，发包人提供材料是在物化到建筑物之前其所有权归发包人的材料供应。因此，当材料供应给承包人时，其实质是承包人与发包人之间就供应的材料成立了保管合同关系。双方约定发包人应承担的保管费用，这也是《计价规范》中定义的总承包服务费中的内容之一。还需注意的是，在保管期间，承包人不承担不可抗力的风险。

① 发包人提供的材料和工程设备（以下简称甲供材料）应在招标文件中按照《计价规范》的规定填写《发包人提供材料和工程设备一览表》，写明甲供材料的名称、规格、数量、单价、交货方式、交货地点等。

承包人投标时，甲供材料单价应计入相应项目的综合单价中，签约后，发包人应按合同约定扣除甲供材料款，不予支付。

② 承包人应根据合同工程进度计划的安排，向发包人提交甲供材料交货的日期计划。发包人应按计划提供。

③ 发包人提供的甲供材料如规格、数量或质量不符合合同要求，或由于发包人原因发生交货日期延误、交货地点及交货方式变更等情况的，发包人应承担由此增加的费用和（或）工期延误，并应向承包人支付合理利润。

④ 发承包双方对甲供材料的数量发生争议不能达成一致的，应按照相关工程的计价定额同类项目规定的材料消耗量计算。

⑤ 若发包人要求承包人采购已在招标文件中确定为甲供材料的，材料价格应由发承包双方根据市场调查确定，并应另行签订补充协议。

3）承包人提供材料和工程设备

① 除合同约定的发包人提供的甲供材料外，合同工程所需的材料和工程设备应由承包人提供，承包人提供的材料和工程设备均应由承包人负责采购、运输和保管。

② 承包人应按合同约定将采购材料和工程设备的供货人及品种、规格、数量和供货时间等提交发包人确认，并负责提供材料和工程设备的质量证明文件，满足合同约定的质量标准。

③ 对承包人提供的材料和工程设备经检测不符合合同约定的质量标准，发包人应立即要求承包人更换，由此增加的费用和（或）工期延误应由承包人承担。对发包人要求检测承包人已具有合格证明的材料、工程设备，但经检测证明该项材料、工程设备符合合同约定的质量标准，发包人应承担由此增加的费用和（或）工期延误，并向承包人支付合理利润。

3. 计价风险

1）建设工程发承包，必须在招标文件、合同中明确计价中的风险内容及其范围，不得采用无限风险、所有风险或类似语句规定计价中的风险内容及范围。

2）由于下列因素出现，影响合同价款调整的，应由发包人承担：

① 国家法律、法规、规章和政策发生变化。

② 省级或行业建设主管部门发布的人工费调整，但承包人对人工费或人工单价的报价高于发布的除外。

③ 由于政府定价或政府指导价管理的原材料等价格进行了调整。

因承包人原因导致工期延误的，应按《计价规范》的规定执行。

3）由于市场物价波动影响合同价款的，应由发承包双方合理分摊，按《计价规范》填写《承包人提供主要材料和工程设备一览表》作为合同附件；当合同中没有约定，发承包双方发生争议时，应按《计价规范》中的规定调整合同价款。

① 材料、工程设备的涨幅超过招标时基准价格5%以上由发包人承担。

② 施工机械使用费涨幅超过招标时的基准价格10%以上由发包人承担。

4）由于承包人使用机械设备、施工技术以及组织管理水平等自身原因造成施工费用增加的，应由承包人全部承担。

5）当不可抗力发生时，影响合同价款时，按《计价规范》相关的规定执行。

4. 招标工程量清单

招标工程量清单是指招标人依据国家标准、招标文件、设计文件以及施工现场实际情况编制的，随招标文件发布供投标报价的工程量清单。

（1）一般规定

1）招标工程量清单应由具有编制能力的招标人或受其委托，具有相应资质的工程造价咨询人或招标代理人编制。

2）招标工程量清单必须作为招标文件的组成部分，其准确性和完整性由招标人负责。

3）招标工程量清单是工程量清单计价的基础，应作为编制招标控制价、投标报价、计算工程量、工程索赔等的依据之一。

4）招标工程量清单应由分部分项工程量清单、措施项目清单、其他项目清单、规费项目清单、税金项目清单组成。

5）编制招标工程量清单应依据：

①《计价规范》和相关工程的国家计量规范。

② 国家或省级、行业建设主管部门颁发的计价依据和办法。

③ 建设工程设计文件。

④ 与建设工程有关的标准、规范、技术资料。

⑤ 拟定的招标文件。

⑥ 施工现场情况、工程特点及常规施工方案。

⑦ 其他相关资料。

（2）分部分项工程

1）分部分项工程量清单应载明项目编码、项目名称、项目特征、计量单位和工程量。

2）分部分项工程量清单应根据相关工程现行国家计量规范规定的项目编码、项目名称、项目特征、计量单位和工程量计算规则进行编制。

（3）措施项目

1）措施项目清单应根据相关工程现行国家计量规范的规定编制。

2）措施项目清单应根据拟建工程的实际情况列项。

（4）其他项目

1）其他项目清单应按照下列内容列项。

① 暂列金额。

② 暂估价：包括材料暂估单价、工程设备暂估单价、专业工程暂估价。

③ 计日工。

④ 总承包服务费。

2）暂列金额应根据工程特点，按有关计价规定估算。

3）暂估价中的材料、工程设备暂估价应根据工程造价信息或参照市场价格估算；专业工程暂估价应分不同专业，按有关计价规定估算。

4）计日工应列出项目和数量。

5）出现《计价规范》“招标工程量清单”的“其他项目”中未列的项目，应根据工程实际情况补充。

（5）规费

1）规费项目清单应按照下列内容列项。

① 工程排污费。

② 社会保障费：包括养老保险费、失业保险费、医疗保险费。

③ 住房公积金。

④ 工伤保险费。

2）出现《计价规范》“招标工程量清单”的“规费”中未列的项目，应根据省级政府或省级有关权力部门的规定列项。

（6）税金

1）税金项目清单应包括下列内容。

① 营业税。

② 城市维护建设税。

③ 教育费附加。

2）出现《计价规范》“招标工程量清单”的“税金”未列的项目，应根据税务部门的规定列项。

5. 招标控制价

招标控制价是指招标人根据国家或省级、行业建设行政主管部门颁发的有关计价依据和办法，按设计施工图纸计算的，对招标工程限定的最高工程造价，也称为拦标价、预算控制价或最高报价。凡是高于招标控制价的投标报价，招标人应予以拒绝。

对招标人来说，招标控制价是招标人控制工程造价，保障招标成功的有效手段。对投标人来说，招标控制价是其投标报价的上限，直接关系到投标人采取什么样的报价策略。所以说，招标控制价编制的科学与否、准确与否，直接关系到招投标活动的成败，以致可以影响整个建设项目的成效。

（1）一般规定

1）国有资金投资的工程建设项目应实行工程量清单招标，招标人应编制招标控制价。

2）招标控制价超过批准的概算时，招标人应将其报原概算审批部门审核。

3）投标人的投标报价高于招标控制价的，其投标应予以拒绝。

4）招标控制价应由具有编制能力的招标人或受其委托具有相应资质的工程造价咨询人编制和复核。

5）招标控制价应在招标时公布，不应上调或下浮，招标人应将招标控制价及有关资料报送工程所在地工程造价管理机构备查。

（2）编制与复核

1）招标控制价应根据下列依据编制与复核。

①《计价规范》。

② 国家或省级、行业建设主管部门颁发的计价定额和计价办法。

③ 建设工程设计文件及相关资料。

④ 拟定的招标文件及招标工程量清单。

⑤ 与建设项目相关的标准、规范、技术资料。

⑥ 施工现场情况、工程特点及常规施工方案。

⑦ 工程造价管理机构发布的工程造价信息；工程造价信息没有发布的，参照市场价。

⑧ 其他的相关资料。

2）分部分项工程费应根据拟定的招标文件中的分部分项工程量清单项目的特征描述及有关要求计价，并应符合下列规定。

① 综合单价中应包括拟定的招标文件中要求投标人承担的风险费用。拟定的招标文件没有明确的，应提请招标人明确。

② 拟定的招标文件提供了暂估单价的材料和工程设备，按暂估的单价计入综合单价。

3）措施项目费应根据拟定的招标文件中的措施项目清单按《计价规范》“一般规定”中的“计价方式”有关措施项目的规定计价。

4）其他项目费应按下列规定计价。

① 暂列金额应按招标工程量清单中列出的金额填写。

一般由招标人根据工程特点，按有关计价规定进行估算确定，通常可以以分部分项工程量清单费的10%~15%为参考。

② 暂估价中的材料、工程设备单价应按招标工程量清单中列出的单价计入综合单价。

③ 暂估价中的专业工程金额应按招标工程量清单中列出的金额填写。

一般情况下，暂估价中的材料单价应根据工程造价信息或参照市场价格估算；暂估价中的专业工程金额应分不同专业，按有关计价规定估算。

④ 计日工应按招标工程量清单中列出的项目根据工程特点和有关计价依据确定综合单价计算。

⑤ 总承包服务费应根据招标工程量清单列出的内容和要求估算；其中，招标人仅要求对分包的专业工程进行总承包管理和协调时，按分包的专业工程估算造价的1.5%计算；招标人要求对分包的专业工程进行总承包管理和协调，并同时要求提供配合服务时，根据招标文件中列出的配合服务内容和提出的要求，按分包的专业工程估算造价的3%~5%计算；招标人自行供应材料的，按招标人供应材料价值的1%计算。

5）规费和税金应按《计价规范》"一般规定"中的"计价方式"有关税金项目的规定计价。

（3）投诉与处理

1）投标人经复核认为招标人公布的招标控制价未按照《计价规范》的规定进行编制的，应当在招标控制价公布后5天内向招投标监督机构和工程造价管理机构投诉。

2）投诉人投诉时，应当提交书面投诉书，包括以下内容：

① 投诉人与被投诉人的名称、地址及有效联系方式。

② 投诉的招标工程名称、具体事项及理由。

③ 相关请求和主张及证明材料。

投诉书必须由单位盖章和法定代表人或其委托人的签名或盖章。

3）投诉人不得进行虚假、恶意投诉，阻碍投标活动的正常进行。

4）工程造价管理机构在接到投诉书后应在两个工作日内进行审查，对有下列情况之一的，不予受理。

① 投诉人不是所投诉招标工程的投标人。

② 投诉书提交的时间不符合《计价规范》"招标控制价"中"投诉和处理"相关规定的。

③ 投诉书不符合《计价规范》"招标控制价"中"编制与复核"相关规定的。

5）工程造价管理机构决定受理投诉后，应在不迟于次日将受理情况书面通知投诉人、被投诉人以及负责该工程招投标监督的招投标管理机构。

6）工程造价管理机构受理投诉后，应立即对招标控制价进行复查，组织投诉人、被投诉人或其委托的招标控制价编制人等单位人员对投诉问题逐一核对。有关当事人应当予以配合，并保证所提供资料的真实性。

7）工程造价管理机构应当在受理投诉的十天内完成复查（特殊情况下可适当延长），并作出书面结论通知投诉人、被投诉人及负责该工程招投标监督的招投标管理机构。

8）当招标控制价复查结论与原公布的招标控制价误差>±3%的，应当责成招标人改正。

9）招标人根据招标控制价复查结论，需要修改公布的招标控制价的，且最终招标控制价的发布时间至投标截止时间不足十五天的，应当延长投标文件的截止时间。

招标控制价的作用决定了招标控制价不同于标底，无须保密。为体现招标的公平、公正，防止招标人有意抬高或压低工程造价，招标人应在招标文件中如实公布招标控制价，不得对所编制的招标控制价进行上浮或下调。同时，招标人应将招标控制价报工程所在地的工程造价管理机构备查。投标人获得招标文件后若发现招标控制价未按照工程量清单计价法进行编制，有权向主管工程招标的建设主管部门投诉。

6. 投标价

投标价是指投标人结合自身的技术经济条件，按招标文件的规定和要求所计算的，完成招标项目的各项工作内容向招标人填报的项目报价。

（1）一般规定

1）投标价应由投标人或受其委托具有相应资质的工程造价咨询人编制。

2）除《计价规范》中的强制性规定外，投标人应依据招标文件及其招标工程量清单自主确定报价成本。

3）投标报价不得低于工程成本。需要指出的是，这里所指的“工程成本”是投标人的个别成本，而不是社会成本或者平均成本。

4）投标人应按招标工程量清单填报价格。项目编码、项目名称、项目特征、计量单位、工程量必须与招标工程量清单一致。

5）投标人可根据工程实际情况结合施工组织设计，对招标人所列的措施项目进行增补。

（2）编制与复核

1）投标报价应根据下列依据编制和复核：

①《计价规范》。

② 国家或省级、行业建设主管部门颁发的计价办法。

③ 企业定额，国家或省级、行业建设主管部门颁发的计价定额。

④ 招标文件、工程量清单及其补充通知、答疑纪要。

⑤ 建设工程设计文件及相关资料。

⑥ 施工现场情况、工程特点及拟定的投标施工组织设计或施工方案。

⑦ 与建设项目相关的标准、规范等技术资料。

⑧ 市场价格信息或工程造价管理机构发布的工程造价信息。

⑨ 其他的相关资料。

2）分部分项工程费应依据招标文件及其招标工程量清单中分部分项工程量清单项目的特征描述确定综合单价计算，并应符合下列规定：

① 综合单价中应考虑招标文件中要求投标人承担的风险费用。

② 招标工程量清单中提供了暂估单价的材料和工程设备，按暂估的单价计入综合单价。

3）措施项目费应根据招标文件中的措施项目清单及投标时拟定的施工组织设计或施工方案按《计价规范》“一般规定”中的“计价方式”有关的规定自主确定。其中安全文明施工费应按照《计价规范》的此规定确定。

4）其他项目费应按下列规定报价：

① 暂列金额应按招标工程量清单中列出的金额填写。

② 材料、工程设备暂估价应按招标工程量清单中列出的单价计入综合单价。

③ 专业工程暂估价应按招标工程量清单中列出的金额填写。

④ 计日工应按招标工程量清单中列出的项目和数量，自主确定综合单价并计算计日工总额。

⑤ 总承包服务费应根据招标工程量清单中列出的内容和提出的要求自主确定。

5）规费和税金应按《计价规范》“一般规定”中的“计价方式”有关的规定确定。

6）招标工程量清单与计价表中列明的所有需要填写的单价和合价的项目，投标人均应填写且只允许有一个报价。未填写单价和合价的项目，视为此项费用已包含在已标价工程量清单中其他项目的单价和合价之中。竣工结算时，此项目不得重新组价予以调整。

7）投标总价应当与分部分项工程费、措施项目费、其他项目费和规费、税金的合计金额一致。

三、房屋建筑与装饰工程工程量计算规范的主要内容

《房屋建筑与装饰工程工程量计算规范》（GB 50854—2013）（以下简称《计量规范》）内容包括：正文、附录、条文说明三部分，其中正文包括：总则、术语、工程计量、工程量清单编制，共计29项条款；附录部分包括附录A“土石方工程”，附录B“地基处理与边坡支护工程”，附录C“桩基工程”，附录D“砌筑工程”，附录E“混凝土及钢筋混凝土工程”，附录F“金属结构工程”，附录G“木结构工程”，附录H“门窗工程”，附录J“屋面及防水工程”，附录K“保温、热、防腐工程”，附录L“楼地面装饰工程”，附录M“墙、柱面装饰与隔断、幕墙工程”，附录N“天棚工程”，附录P“油漆、涂料、裱糊工程”，附录Q“其他装饰工程”，附录R“拆除工程”，附录S“措施项目”等17个附录，共计557个项目。

1. 总则

1）为规范房屋建筑与装饰工程造价计量行为，统一房屋建筑与装饰工程工程量计算规则、工程量清单的编制方法，制定本《计量规范》。

2）《计量规范》适用于工业与民用的房屋建筑与装饰工程发承包及实施计价活动中的工程计量和工程量清单编制。

3）房屋建筑与装饰工程计价，必须按《计量规范》规定的工程量计算规则进行工程计量。

本条为强制性条款，规定了执行《计量规范》的范围，明确了无论国有投资的资金和非国有资金投资的工程建设项目，其工程计量必须执行《计量规范》。

4）房屋建筑与装饰工程计量活动，除应遵守《计量规范》外，尚应符合国家现行有关标准的规定。

2. 术语

1）工程量计算：指建设工程项目以工程设计图纸、施工组织设计或施工方案及有关技术经济文件为依据，按照相关工程国家标准的计算规则、计量单位等规定，进行工程数量的计算活动，在工程建设中简称工程计量。

2）房屋建筑：在固定地点，为使用者或占用物提供庇护覆盖以进行生活、生产或其他活动的实体，可分为工业建筑与民用建筑。

3）工业建筑：提供生产用的各种建筑物，如车间、厂房建筑、动力站、与厂房相连的生活区、厂区内的库房和运输设施等。

4）民用建筑：非生产性的居住建筑和公共建筑，如住宅、办公楼、幼儿园、学校、食堂、影剧院、商店、体育馆、旅馆、医院、展览馆等。

3. 工程计量

1）工程量计算除依据《计量规范》各项规定外，尚应依据以下文件：

① 经审定的施工设计图纸及其说明。

② 经审定的施工组织设计或施工技术措施方案。

③ 经审定的其他有关技术经济文件。

2）工程实施过程中的计量应按照现行国家标准《建设工程工程量清单计价规范》的相关规定执行。

3）本规范附录中有两个或两个以上计量单位的，应结合拟建工程项目的实际情况，确定其中一个为计量单位。同一工程项目的计量单位应一致。

4）工程计量时每一项目汇总的有效位数应遵守下列规定：

① 以“t”为单位，应保留小数点后三位数字，第四位小数四舍五入。

② 以“m、m^2、m^3、kg”为单位，应保留小数点后两位数字，第三位小数四舍五入。

③ 以“个、件、根、组、系统”为单位，应取整数。

5）《计量规范》各项目仅列出了主要工作内容，除另有规定和说明者外，应视为已经包括完成该项目所列或未列的全部工作内容。

6）房屋建筑与装饰工程涉及电气、给排水、消防等安装工程的项目，按照现行国家标准《通用安装工程工程量计算规范》（GB 50856—2013）的相应项目执行；涉及仿古建筑工程的项目，按现行国家标准《仿古建筑工程工程量计算规则》（GB 50855—2013）的相应项目执行；涉及室外地（路）面、室外给排水等工程的项目，按现行国家标准《市政工程工程量计算规范》（GB 50857—2013）的相应项目执行；采用爆破法施工的石方工程按照现行国家标准《爆破工程工程量计算规范》（GB 50862—2013）的相应项目执行。

4. 工程量清单编制

（1）一般规定

1）编制工程量清单应依据：

①《计量规范》和现行国家标准《建设工程工程量清单计价规范》。

② 国家或省级、行业建设主管部门颁发的计价依据和办法。

③ 建设工程设计文件。

④ 与建设工程项目有关的标准、规范、技术资料。

⑤ 拟定的招标文件。

⑥ 施工现场情况、工程特点及常规施工方案。

⑦ 其他相关资料。

2）其他项目、规费和税金项目清单应按照现行国家标准《建设工程工程量清单计价规范》的相关规定编制。

3）编制工程量清单出现附录中未包括的项目，编制人应作补充，并报省级或行业工程造价管理机构备案，省级或行业工程造价管理机构应汇总报住房和城乡建设部标准定额研究所。

补充项目的编码由《计量规范》的代码01与B和三位阿拉伯数字组成，并应从01B001起顺序编制，同一招标工程的项目不得重码。

补充的工程量清单需附有补充项目的名称、项目特征、计量单位、工程量计算规则和工作内容。不能计量的措施项目，需附有补充项目的名称、工作内容及包含范围。

（2）分部分项工程

1）分部分项工程量清单应包括项目编码、项目名称、项目特征、计量单位和工程量。

2）分部分项工程量清单应根据附录规定的项目编码、项目名称、项目特征、计量单位和工程量计算规则进行编制。

3）分部分项工程量清单的项目编码，应采用前12位阿拉伯数字表示，1~9位应按附录的规定设置，10~12位应根据拟建工程的工程量清单项目名称设置，同一招标工程的项目编码不得有重码。

1~9位为统一编码，其中，1~2位为专业工程代码，3~4位为附录分类顺序码，5~6位为分部工程顺序码，7~9位为分项工程项目名称顺序码，10~12位为清单项目名称顺序码。前9位码不能变动，后3位码，由清单编制人员根据项目设置的清单项目编制。

当同一标段（或合同段）的一份工程量清单中含有多个单位工程且工程量清单是以单位工程为编制对象时，在编制工程量清单时应特别注意对项目编码10~12位的设置不得有重码的规定。例如，一个标段（或合同段）的工程量清单中含有三个单位工程，每一单位工程中都有项目特征相同的实心砖墙砌体，在工程量清单中又需反映三个不同单位工程的实心砖墙砌体工程量时，则第一个单位工程的实心砖墙的项目编码应为010401003001，第二个单位工程的实心砖墙的项目编码应为010401003002，第三个单位工程的实心砖墙的项目编码应为010401003003，并分别列出各单位工程实心砖墙的工程量。

4）分部分项工程量清单的项目名称应按附录的项目名称结合拟建工程的实际确定。

项目名称原则上以形成工程的实体命名，为此，应考虑三个因素：

① 附录中的项目名称，应以附录中的项目名称为主体。

② 附录中的项目特征，应考虑项目的规格、型号、材质等特征要求。

③ 结合拟建工程的实际情况，使工程量项目名称具体化、详细化、反映工程造价的主要影响因素。

5）分部分项工程量清单项目特征应按附录中规定的项目特征，结合拟建工程项目的实际予以描述。

工程量清单的项目特征是确定一个清单项目综合单价不可缺少的重要依据，在编制工程量清单时，必须对项目特征进行准确和全面的描述，但有些项目特征用文字往往又难以准确和全面地描述清楚。因此为达到规范、简捷、准确、全面描述项目特征的要求，在描述工程量清单项目特征时应按以下原则进行：

① 项目特征描述的内容应按附录中的规定，结合拟建工程的实际，能满足确定综合单价的需要。

② 若采用标准图集或施工图纸能够全部或部分满足项目特征描述的要求，项目特征描

述可直接采用详见××图集或××图号的方式。对不能满足项目特征描述要求的部分，仍应用文字描述。

6）分部分项工程量清单中所列工程量应按附录中规定的工程量计算规则计算。

7）分部分项工程量清单的计量单位应按附录中规定的计量单位确定。

8）《计量规范》附录中有两个或两个以上计量单位的，应结合拟建工程项目的实际情况，选择其中一个确定。

再者需要说明的是，在同一个建设项目（或标段、合同段）中，有多个单位工程的相同项目计量单位必须保持一致。

9）工程计量时每一项目汇总的有效位数应遵守下列规定：

① 以“t”为单位，应保留小数点后三位数字，第四位小数四舍五入。

② 以“m、m^2、m^3、kg”为单位，应保留小数点后两位数字，第三位小数四舍五入。

③ 以“个、件、根、组、系统”为单位，应取整数。

10）编制工程量清单出现附录中未包括的项目，编制人应作补充，并报省级或行业工程造价管理机构备案，省级或行业工程造价管理机构应汇总报住房和城乡建设部标准定额研究所。

在编制补充项目时应注意以下两个方面：

① 补充项目的编码由《计量规范》的代码 01 与 B 和三位阿拉伯数字组成，并应从 01B001 起顺序编制，同一招标工程的项目不得重码。

② 工程量清单中应附补充项目的项目名称、项目特征、计量单位、工程量计算规则和工作内容。

5. 措施项目

1）措施项目中列出了项目编码、项目名称、项目特征、计量单位、工程量计算规则的项目，编制工程量清单时，应按照《计量规范》的规定执行。

2）措施项目仅列出项目编码、项目名称，未列出项目特征、计量单位和工程量计算规则的项目，编制工程量清单时，应按《计量规范》附录 Q 措施项目规定的项目编码、项目名称确定。

3）措施项目应根据拟建工程的实际情况列项，若出现《计量规范》未列的项目，可根据工程实际情况补充。编码规则按《计量规范》有关编制“分部分项工程项目清单”的编码的规定执行。

由于影响措施项目设置的因素太多，《计量规范》不可能将施工中可能出现的措施项目一一列出。在编制措施项目清单时，因工程情况不同，出现《计量规范》及附录中未列的措施项目，可根据工程的具体情况对措施项目清单作补充，且补充项目的有关规定及编码的设置应按《计量规范》有关编制“分部分项工程项目清单”补充项目的编码的规定执行。

四、附录

《计量规范》将房屋建筑与装饰工程相关清单项目按结构部位、施工特点或施工任务将若干分部的工程，以附录的形式列出，共 17 条。

本章小结

1. 建筑工程定额的概念

建筑工程定额是指在正常的施工条件下，完成单位合格产品所必须消耗的劳动、材料、机械台班的数量标准。这种量反映了完成建设工程某项合格产品与各种生产消耗之间特定的数量关系。

2. 建筑工程定额的分类

(1) 按生产要素分　建筑工程定额按生产要素可分为劳动定额、材料消耗定额和机械台班使用定额。这三种定额是编制其他各种定额的基础，也称基础定额。

(2) 按编制程序和用途分类　建设工程定额按编制程序和用途可分为工序定额、施工定额、预算定额、概算定额、概算指标、投资估算指标等。

(3) 按编制单位和执行范围分类　建设工程定额按编制单位和执行范围分为全国统一定额、行业统一定额、地区定额、企业定额和补充定额等。通常在工程量的计算和人工、材料、机械台班的消耗量计算中，以全国统一定额为依据，而单价的确定，逐渐为企业定额所替代或完全实现市场化。

(4) 按费用性质分类　建筑工程定额按费用性质可分为直接费定额、间接费定额和其他费定额等。

(5) 按专业不同划分　建设工程定额按适用专业分为建筑工程定额、装饰工程定额、安装工程定额、市政工程定额、园林绿化工程定额等。

3. 施工定额的概念

施工定额是施工企业（建筑安装企业）为组织生产和加强管理在企业内部使用的一种定额，属于企业生产定额的性质。施工定额包括劳动定额、材料消耗定额和机械台班使用定额三部分。

4. 预算定额的定义

(1) 预算定额的概念　其是指在正常合理的施工条件下完成一定计量单位的分部分项工程或结构构件和建筑配件所必需消耗的人工、材料和施工机械台班的数量标准。

(2) 预算定额的种类

1) 按专业性质分：预算定额有建筑工程定额和安装工程定额两大类。

2) 从管理权限和执行范围分：预算定额可分为全国统一定额、行业统一定额和地区统一定额等。

3) 预算定额按物资要素区分：预算定额分为劳动定额、材料消耗定额和机械定额，但它们互相依存形成一个整体，作为预算定额的组成部分，各自不具有独立性。

5. 单位估价表的概念

单位估价表是在预算定额所规定的各项消耗量的基础上，根据所在地区的人工工资、物价水平，确定人工工日单价、材料预算价格、机械台班预算价格，从而用货币形式表达拟定预算定额中每一分项工程的预算定额单价的计算表格。

6. 概算定额的概念

概算定额是为了完成单位扩大分项工程或单位扩大结构构件所必须消耗的人工、材料和机械台班的数量标准。

7. 概算指标的概念

概算指标是比概算定额综合、扩大性更强的一种定额指标，它规定出人工、材料、机械消耗数量标准和费用。

能力训练

1. 建筑工程定额的概念是什么?
2. 建筑工程定额的特点有哪些?
3. 建筑工程定额有什么作用?
4. 建筑工程定额的分类有哪些?
5. 简述施工定额的概念、作用。
6. 施工定额的特性有哪些?
7. 施工定额手册由哪些部分组成?
8. 简述预算定额的构成。
9. 预算定额的分类有哪些?
10. 预算定额的作用有哪些?
11. 预算定额消耗量指标的确定方法有哪些?
12. 简述单位估价表的编制步骤。
13. 施工预算与施工图预算的区别有哪些?
14. 简述概算定额的概念、作用。
15. 概算定额包含的内容有哪些?
16. 概算指标的概念是什么?
17. 概算指标的作用有哪些?
18. 概算指标的内容有哪些?

第三章　工程量计算基本原理

内容提要

本章主要讲解工程量计算的作用与依据以及工程量计算的方法与顺序；建筑面积的概念，《建筑工程建筑面积计算规范》中建筑面积的适用范围、术语、计算建筑面积的范围和不计算建筑面积的范围等内容。

教学目标

知识目标：掌握工程量和工程量计算规则的概念；熟悉工程量计算的原则、依据；掌握工程量计算的方法和顺序；通过学习《建筑工程建筑面积计算规范》掌握各类建筑物的建筑面积计算规则（计算面积的范围、计算 1/2 面积的范围和不计算面积的范围）；熟悉《建筑工程建筑面积计算规范》中的有关术语；掌握建筑面积的计算方法。

重点：工程量计算的方法和顺序。建筑面积的计算方法。

能力目标：有利用本章知识正确合理计算工程量的能力；熟练计算建筑面积的能力。

第一节　工程量的作用和计算依据

一、工程量和工程量计算规则的概念

工程量是指以物理计量单位或自然计量单位表示各分项工程或结构构件的实物数量。物理计量单位是指以物体（分项工程或构件）的物理法定计量单位来表示工程的数量。如实心砖墙的计量单位是 m^3；楼梯栏杆、扶手的计量单位是 m。自然计量单位是以物体自身的计量单位来表示的工程数量，如装饰灯具安装以“套”为计量单位；卫生器具安装以“组”为计量单位。

工程量计算规则是规定在计算分项工程实物数量时，从施工图纸中摘取数值的取定原则。定额不同，工程量计算规则可能就不同。在计算工程量时，必须按照所采用的定额及规定的计算规则进行计算。为统一工业与民用建筑工程预算工程量的计算，1995 年建设部在制定《全国统一建筑工程基础定额（土建工程）》的同时，发布了《全国统一建筑工程预算工程量计算规则（土建工程）》（GJDGZ—101—1995），作为指导预算工程量计算的依据。各个地区采用的定额不同，计算规则也不同，本书中所用土建工程量计算规则，均以甘肃省 2004 年编制的预算定额中的规则为准。

二、计算工程量的意义

计算工程量是编制建筑工程施工图预算的基础工作，是预算文件的重要组成部分，工程量计算得准确与否，将直接影响工程直接费，进而影响整个工程的预算造价。

工程量是施工企业编制施工计划，组织劳动力和供应材料、机具的重要依据；同时，也是基本建设管理职能部门（如计划和统计部门）工作的内容之一。

因此，正确计算工程量，对建设单位、施工企业和管理部门加强管理，对正确确定工程造价，都具有重要的现实意义。

三、工程量计算的依据

1. 经审定的施工设计图纸及其设计说明

施工设计图纸是计算工程量的基础资料，因为施工图纸反映工程的构造和各部位尺寸，是计算工程量的基本依据。在取得施工图纸和设计说明等资料后，必须全面、细致地熟悉和核对有关图纸和资料，检查图纸是否齐全、正确，经过审核、修正后的施工图纸才能作为计算工程量的依据。

2. 建筑工程预算定额

在《全国统一建筑工程基础定额（土建工程)》《全国统一建筑工程预算工程量计算规则》及省、市、自治区颁发的地区性工程定额中，比较详细地规定了各个分部分项工程量的计算规则和计算方法。计算工程量时，必须严格按照定额中规定的计量单位、计算规则和方法进行；否则，将可能出现计算结果数据和单位的不一致。

审定的施工组织设计、施工技术措施方案和施工现场情况计算工程量时，还必须参照施工组织设计或施工技术措施方案进行。例如，计算土方工程量时，只依据施工图纸是不够的，因为施工图纸上并未标明实际施工场地土壤的类别，以及施工中是否采取放坡或用挡土板的方式进行。对这类问题，就需要借助于施工组织设计或者施工技术措施加以解决。计算工程量有时还要结合施工现场的实际情况进行，如平整场地和余土外运工程量，一般在施工图纸上反映不出来，应根据建设基地的具体情况予以计算确定。

3. 经确定的其他有关技术经济文件（略）

四、计算工程量应遵循的原则

1. 原始数据必须和设计图纸相一致

工程量是按每一分项工程根据设计图纸进行计算的，计算时所采用的原始数据都必须以施工图纸所表示的尺寸或能读出的尺寸为准，不得任意加大或缩小各部位尺寸。特别对工程量有重大影响的尺寸（如建筑物的外包尺寸、轴线尺寸等），以及价值较大的分项工程（如钢筋混凝土工程等）的尺寸，其数据的取定，均应根据图纸所注尺寸线及其尺寸数字，通过计算确定。

2. 计算口径必须与预算定额相一致

计算工程量时，根据施工图纸列出的工程子目的口径（指工程子目所包括的工作内容），必须与预算定额中相应的工程子目的口径相一致，不能将定额子目中已包含的工作内容拿出来另列子目计算。

3. 计算单位必须与预算定额相一致

计算工程量时，所计算工程子目的工程量单位必须与预算定额中相应子目的单位相一致。例如，预算定额是 m^3 作单位的，所计算的工程量也必须以 m^3 作单位；定额中用扩大计量单位（如 10m、$100m^2$、$10m^3$ 等）来计量时，也应将计算工程量调整成扩大单位。

4. 工程量计算规则必须与定额相一致

工程量计算必须与定额中规定的工程量计算规则相一致，才符合定额的要求。预算定额中对分项工程的工程量计算规则和计算方法都做了具体规定，计算时必须严格按规定执行。

5. 工程量计算的准确度

工程量的数字计算要准确，一般应精确到小数点后三位。汇总时，其准确度取值要达到：

1）m^3、m^2 及 m 以下取两位小数。

2）t 以下取三位小数。

3）kg、件等取整数。

6. 按施工图纸，结合建筑物的具体情况进行计算

一般应做到主体结构分层计算；内装修按分层分房间计算，外装修分立面计算，或按施工方案的要求分段计算。由几种结构类型组成的建筑，要按不同结构类型分别计算；比较大的由几段组成的组合体建筑，应分段进行计算。

第二节　工程量计算方法和顺序

在掌握了基础资料，熟悉了图纸之后，应先把在计算工程量中需要的数据统计和计算出来，其内容包括以下几个方面。

一、计算出基数

基数是指在工程量计算中需要反复使用的基本数据，如在土建工程预算中主要项目的工程量计算，一般都与建筑物轴线内包面积有关。因此，基数是计算和描述许多分项工程量的基础，在计算中要反复多次地使用。为了避免重复计算，一般都事先将其计算出来，随用随取。常用的基数有“三线”“一面”“两表”。

二、编制统计表

统计表，在土建工程中主要是指门窗洞口面积统计表和墙体埋件体积统计表。另外，还应统计好各种预制混凝土构件的数量、体积及所在的位置。

三、编制预制构件加工委托计划

为了不影响正常的施工进度，一般都需要把预制构件加工或订购计划提前编制出来。这项工作多数由预算员来做，也可由施工技术员来做。需要注意的是，此项委托计划应把施工现场自己加工的、委托预制构件厂加工的或是去厂家订购的分开来编制，以满足施工实际的需要。

四、工程量计算的方法

1. 按施工顺序计算

按施工先后顺序依次计算工程量，即按平整场地、挖地槽、基础垫层、砖石基础、回填土、砌墙、门窗、钢筋混凝土楼板安装、屋面防水、外墙抹灰、楼地面、内墙抹灰、粉刷、油漆等分项工程进行计算。

2. 按定额顺序计算

按当地定额中的分部分项编排顺序计算工程量，即从定额的第一分部第一项开始，对照施工图纸，凡遇定额所列项目，在施工图中有的，就按该分部工程量计算规则算出工程量。凡遇定额所列项目，在施工图中没有的，就忽略，继续看下一个项目，若遇到有的项目，其计算数据与其他分部的项目数据有关，则先将项目列出，其工程量待有关项目工程量计算完成后，再进行计算。例如，计算墙体砌筑，该项目在定额的第三分部，而墙体砌筑工程量为：(墙身长度×高度-门窗洞口面积)×墙厚-嵌入墙内混凝土及钢筋混凝土构件所占体积+垛、附墙烟道等体积。这时可先将墙体砌筑项目列出，工程量计算可暂缓一步，待第四分部混凝土及钢筋混凝土工程及第六分部门窗工程等工程量计算完毕后，再利用该计算数据补算出墙体砌筑工程量。

3. 按图纸拟定一个有规律的顺序依次计算

1）按顺时针方向计算（图 3-1）。

2）按先横后竖，先上后下，先左后右的顺序计算（图 3-2）。

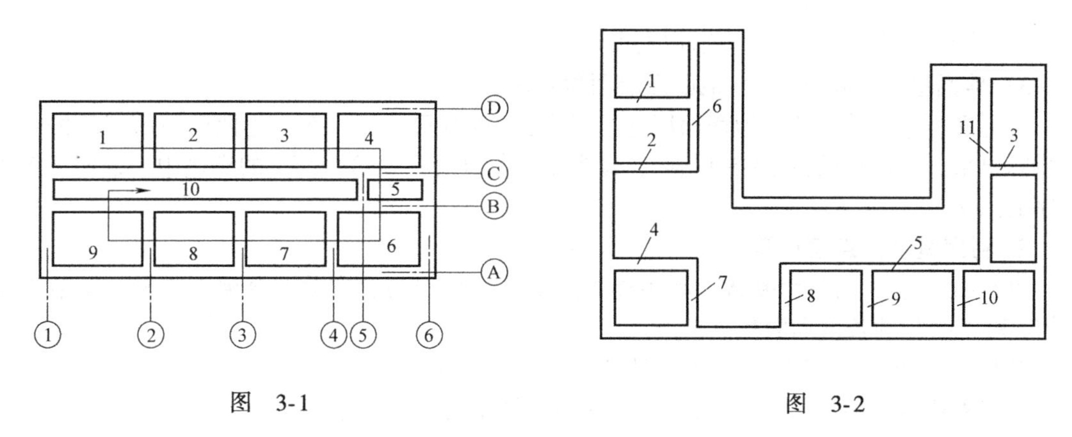

图 3-1　　　　图 3-2

以平面图上的横竖方向分别从左到右或从上到下依次计算。此方法适用于内墙、内墙挖地槽、内墙基础和内墙装饰等工程量的计算。

3）按照图纸上的构、配件编号顺序计算（图 3-3）。

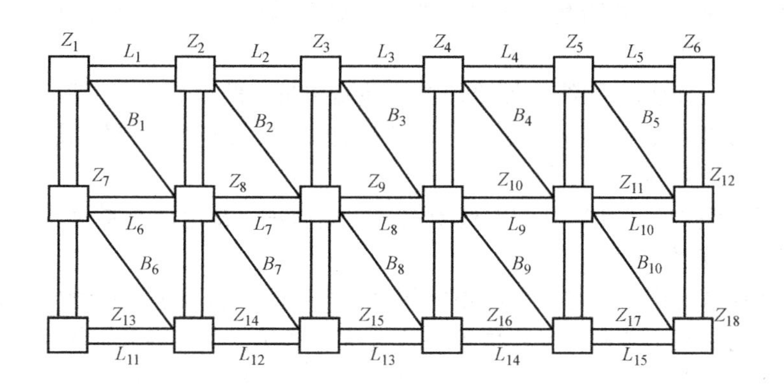

图 3-3

4）根据平面图上的定位轴线编号顺序计算。

五、统筹法计算工程量

1. 统筹程序，合理安排

工程量计算程序的安排是否合理，关系着预算工作的效率高低、进度快慢。按施工顺序或定额顺序进行计算工程量，往往不能充分利用数据间的内在联系而形成重复计算，浪费时间和精力，有时还易出现计算差错。

例如，某室内地面有地面垫层、找平层及地面面层三道工序，如按施工顺序或定额顺序计算则为：

1）地面垫层体积（m^3）= 长×宽×垫层厚

2）找平层面积（m^2）= 长×宽

3）地面面层面积（m^2）= 长×宽

按照统筹法原理，根据工程量自身计算规律，按先主后次统筹安排，把地面面层放在其他两项的前面，利用它得出的数据供其他工程项目使用。即：

1）地面面层面积（m^2）= 长×宽

2）找平层面积（m^2）= 地面面层面积

3）地面垫层体积（m^3）= 地面面层面积×垫层厚

按上面程序计算，抓住地面面层这道工序，长×宽只计算一次，还把后两道工序的工程量带算出来，且计算的数字结果相同，减少了重复计算。从这个简单的实例中，说明了统筹程序的意义。

2. 利用基数，连续计算

以“线”或“面”为基数，利用连乘或加减，算出与它有关的分项工程量。基数就是“线”和“面”的长度和面积。

基数“三线”“一面”的概念与计算：

外墙外边线：用 $L_{外}$ 表示，$L_{外}$ = 建筑物平面图的外围周长之和

外墙中心线：用 $L_{中}$ 表示，$L_{中} = L_{外}$ − 外墙厚×4

内墙净长线：用 $L_{内}$ 表示，$L_{内}$ = 建筑平面图中所有的内墙长度之和

$S_{底}$ = 建筑物底层平面图勒脚以上外围水平投影面积

1）与“线”有关的项目。

$L_{中}$：外墙基挖地槽、外墙基础垫层、外墙基础砌筑、外墙墙基防潮层、外墙圈梁、外墙墙身砌筑等分项工程。

$L_{外}$：平整场地、勒脚、腰线、外墙勾缝、外墙抹灰、散水等分项工程。

$L_{内}$：内墙基挖地槽、内墙基础垫层、内墙基础砌筑、内墙基础防潮层、内墙圈梁、内墙墙身砌筑、内墙抹灰等分项工程。

2）与“面”有关的计算项目：平整场地、天棚抹灰、楼地面及屋面等分项工程。

3. 一次算出，多次使用

在工程量计算过程中，往往有一些不能用“线”“面”基数进行连续计算的项目，如木门窗、屋架、钢筋混凝土预制标准构件等。遇到这种情况，事先将常用数据一次算出，汇编成土建工程量计算手册（即“册”），其次也要把那些规律较明显的如槽、沟断面、砖基础大放脚断面等，都预先一次算出，也编入册。当需计算有关的工程量时，只要查手册就可很

快算出所需要的工程量。这样可以减少那种按图逐项地进行烦琐而重复的计算，也能保证计算的及时与准确性。

4. 结合实际，灵活机动

用“线”“面”“册”计算工程量，是一般常用的工程量基本计算方法，实践证明，在一般工程上完全可以利用。但在特殊工程上，由于基础断面、墙厚、砂浆标号和各楼层的面积不同，就不能完全用“线”或“面”的一个数作为基数，而必须结合实际灵活地计算。

一般常遇到的几种情况及采用的方法如下：

1）分段计算法：当基础断面不同，在计算基础工程量时，就应分段计算。

2）分层计算法：如遇多层建筑物，各楼层的建筑面积或砌体砂浆标号不同时，应分层计算。

3）补加计算法：即在同一分项工程中，遇到局部外形尺寸或结构不同时，为便于利用基数进行计算，可先将其看作相同条件计算，然后再加上多出部分的工程量。如基础深度不同的内外墙基础、宽度不同的散水等工程。

4）补减计算法：与补加计算法相似，只是在原计算结果上减去局部不同部分工程量。例如，在楼地面工程中，各层楼面除每层盥厕间为水磨石面层外，其余均为水泥砂浆面层，则可先按各楼层均为水泥砂浆面层计算，然后补减盥厕间的水磨石地面工程量。

第三节 建筑面积的计算

建筑面积是依据施工平面图和国家建设主管部门统一制定的《建筑工程建筑面积计算规范》计算而来的。2005 年建设部发布了《建筑工程建筑面积计算规范》（GB/T 50353—2005），2013 年国家住房与城乡建设部发布了《建筑工程建筑面积计算规范》（GB/T 50353—2013），自 2014 年 7 月 1 日起实施。建筑面积规范适用于新建、改建、扩建的工业与民用建筑工程的建筑面积计算，建筑面积计算规范除了应遵循建筑面积计算规范，尚应符合国家现行的有关标准规范的规定。

一、建筑面积的概念

建筑面积也称为建筑展开面积，是指建筑物外墙勒脚以上各层结构外围水平面积之和。它包括建筑使用面积、辅助面积和结构面积。

1）使用面积是指建筑物各层平面布置中，可直接为生产或生活使用的净面积和，如居住生活间、工作间和生产间等的净面积。

2）辅助面积是指建筑物各层平面布置中为辅助生产或生活所占净面积的总和，如楼梯间、走道间、电梯井等。使用面积与辅助面积的总和为“有效面积”。

3）结构面积是指建筑物各层平面布置中的墙体、柱、通风道等结构所占面积的总和。

二、建筑面积的作用

1）建筑面积是基本建设投资、建设项目可行性研究、建设项目评估、建设项目勘察设计、建筑工程施工和竣工验收、建筑工程造价管理过程中一系列工作的重要指标。

2）建筑面积是检查控制施工进度、竣工任务的重要指标，如已完工面积、竣工面积、在建面积是以建筑面积为指标表示的。

3）建筑面积是计算单位面积造价、人工工日消耗指标、材料消耗指标、机械台班消耗指标、工程量消耗指标的重要依据。

$$每平方米面积造价=\frac{工程造价}{建筑面积}\ (元/m^2)$$

$$每平方米人工消耗=\frac{单位工程用工量}{建筑面积}\ (工日/m^2)$$

$$每平方米材料消耗=\frac{单位工程某材料用量}{建筑面积}\ (kg/m^2、m^3/m^2\cdots)$$

$$每平方米机械台班消耗=\frac{单位工程某机械台班用量}{建筑面积}\ (台班/m^2\cdots)$$

$$每平方米工程量=\frac{单位工程某项工程量}{建筑面积}\ (m^2/m^2、m^3/m^2\cdots)$$

4）建筑面积是计算有关分项工程量的依据。例如，平整场地、综合脚手架、垂直运输、超高增加费等。

三、《建筑工程建筑面积计算规范》（GB/T 50353—2013）的适用范围

《建筑工程建筑面积计算规范》（GB/T 50353—2013）适用于新建、改建、扩建的工业与民用建筑工程的建筑面积计算，包括工业厂房、仓库、公共建筑、居住建筑。农业生产使用的房屋、粮种仓库、地铁车站等建筑面积的计算。

四、建筑面积计算规范

1. 计算建筑面积的规定

1）建筑物的建筑面积应按自然层外墙结构外围水平面积之和计算。结构层高在2.20m及以上的，应计算全面积；结构层高在2.20m以下的，应计算1/2面积（图3-4）。

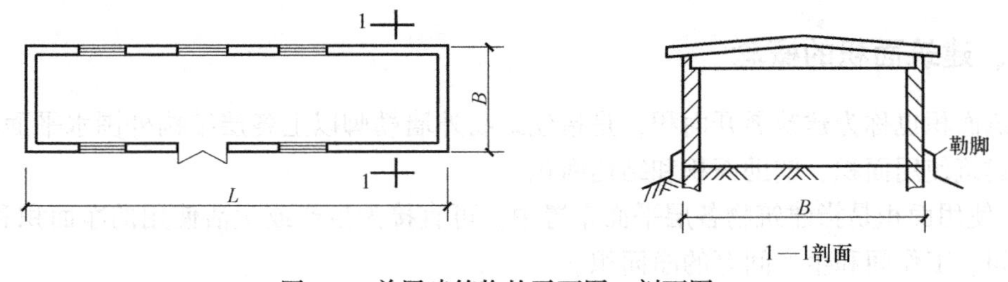

图3-4　单层建筑物的平面图、剖面图

建筑面积可按如下公式计算：

$$S=LB$$

式中　S——建筑物的建筑面积（m^2）；

L——建筑物外边线水平长度（m）；

B——建筑物外边线水平宽度（m）。

2）建筑物内设有局部楼层时，对于局部楼层的二层及以上楼层，有围护结构的应按其围护结构外围水平面积计算，无围护结构的应按其结构底板水平面积计算，且结构层高在2.20m及以上的，应计算全面积，结构层高的2.20m以下的，应计算1/2面积（图3-5）。

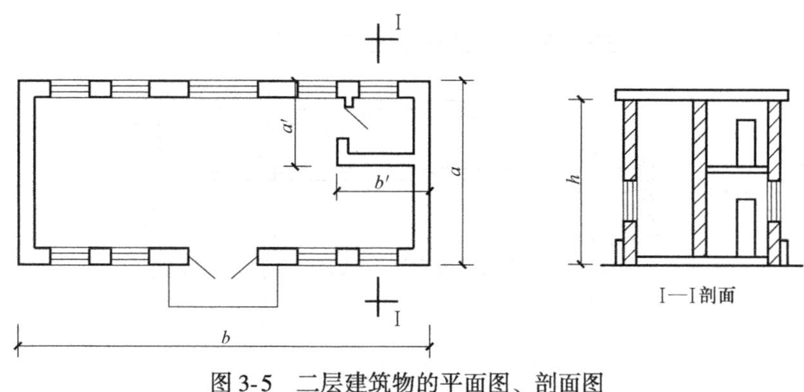

图 3-5 二层建筑物的平面图、剖面图

建筑物内设有局部楼层（二层高度超过 2.20m）的单层建筑物的建筑面积计算公式为

$$S = ab + \sum a'b'$$

式中 a'、b'——分别为二层及以上楼层的两个方向的外边线长度（m）。

3）对于形成建筑空间的坡屋顶（图 3-6），结构净高在 2.10m 及以上的部位应计算全面积；结构净高在 1.20m 及以上至 2.10m 以下的部位应计算 1/2 面积；结构净高在 1.20m 以下的部位不应计算建筑面积。

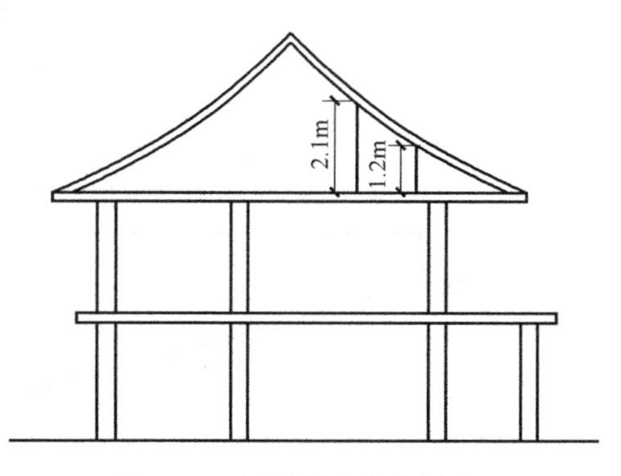

图 3-6 建筑坡屋顶示意图

4）对于场馆看台下的建筑空间，结构净高在 2.10m 及以上的部位应计算全面积；结构净高在 1.20m 及以上至 2.10m 以下的部位应计算 1/2 面积；结构净高在 1.20m 以下的部位不应计算建筑面积（图 3-7a）。室内单独设置的有围护设施的悬挑看台，应按看台结构底板水平投影面积计算建筑面积。有顶盖无围护结构的场馆看台应按其顶盖水平投影面积的 1/2 计算面积（图 3-7b）。

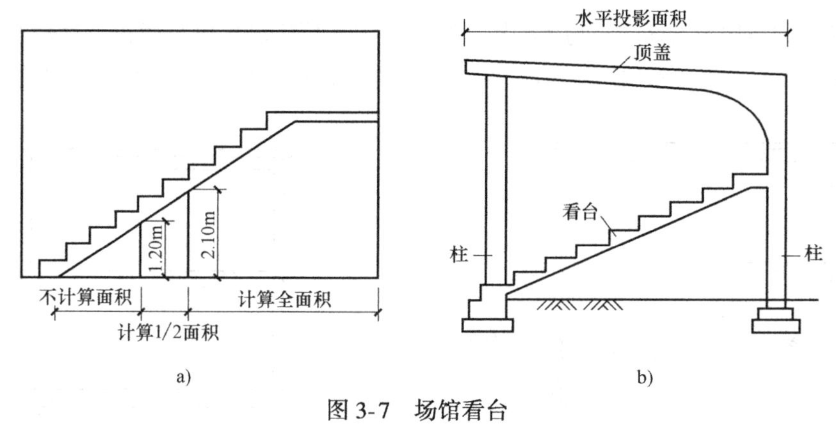

图 3-7 场馆看台

a）场馆看台下空间示意 b）有顶盖的场馆看台示意

5）地下室、半地下室应按其结构外围水平面积计算。结构层高在 2.20m 及以上的，应计算全面积；结构层高在 2.20m 以下的，应计算 1/2 面积（图 3-8）。

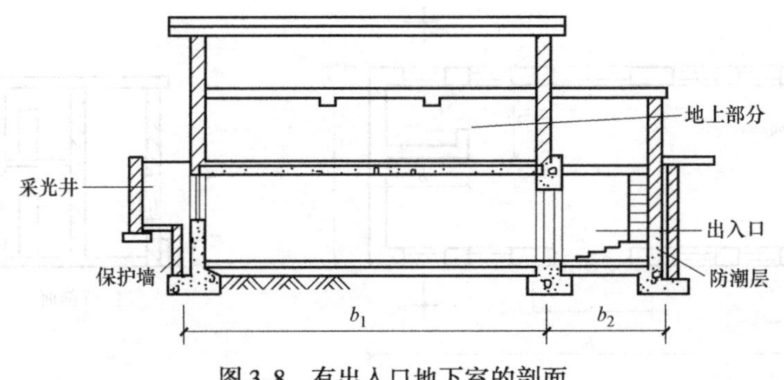

图 3-8 有出入口地下室的剖面

6）出入口外墙外侧坡道有顶盖的部位，应按其外墙结构外围水平面积的 1/2 计算面积（图 3-9）。

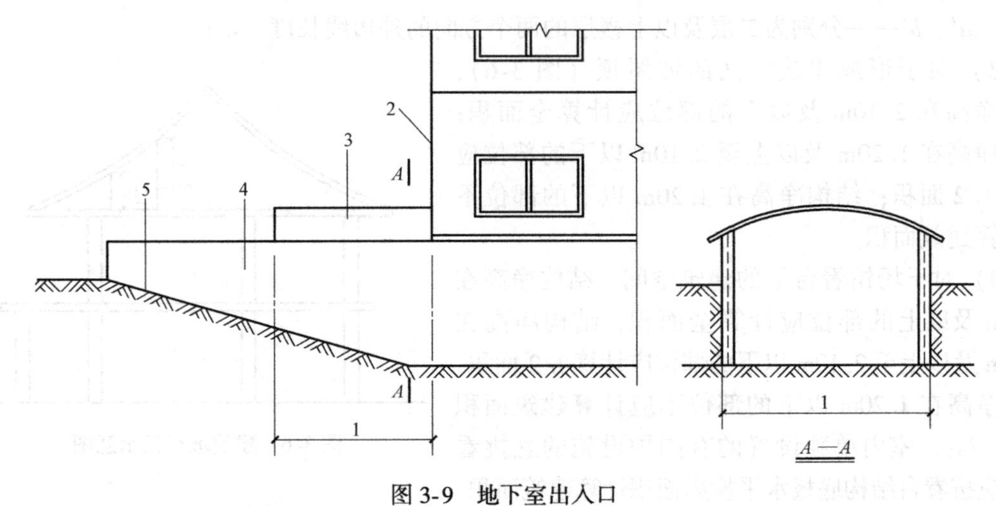

图 3-9 地下室出入口

1—计算 1/2 投影面积部位 2—主体建筑 3—出入口雨篷 4—封闭出入口侧墙 5—出入口坡道

7）建筑物架空层及坡地建筑物吊脚架空层，应按其顶板水平投影面积计算建筑面积。结构层高在 2.20m 及以上的，应计算全面积；结构层高在 2.20m 以下的，应计算 1/2 面积（图 3-10）。

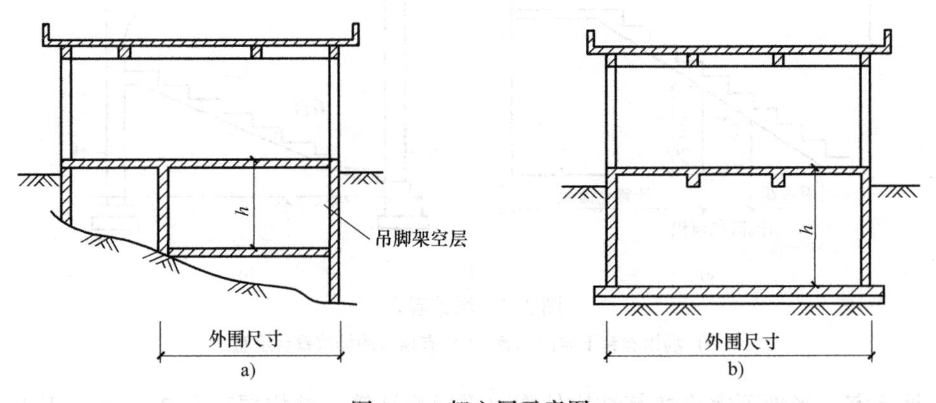

图 3-10 架空层示意图

a）坡地吊脚架空层 b）深基础地下架空层

说明：满堂基础、箱式基础如做架空层，就可以安装一些设备当仓库使用，可以按照建筑面积计算规范计算建筑面积。

8）建筑物的门厅、大厅应按一层计算建筑面积，门厅、大厅内设置的走廊应按走廊结构底板水平投影面积计算建筑面积。结构层高在 2.20m 及以上的，应计算全面积；结构层高在 2.20m 以下的，应计算 1/2 面积（图 3-11～图 3-13）。

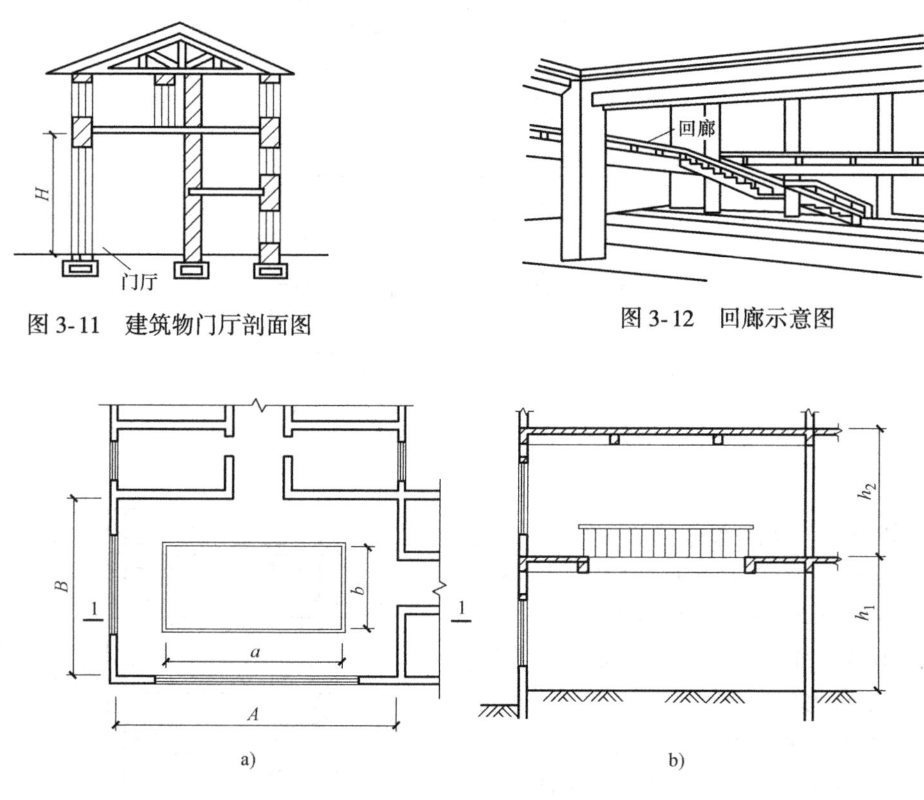

图 3-11 建筑物门厅剖面图

图 3-12 回廊示意图

图 3-13 大厅（门厅）设回廊示意图

a）平面图 b）1—1 剖面图

9）对于建筑物间的架空走廊，有顶盖和围护设施的，应按其围护结构外围水平面积计算全面积；无围护结构、有围护设施的，应按其结构底板水平投影面积计算 1/2 面积（图 3-14）。

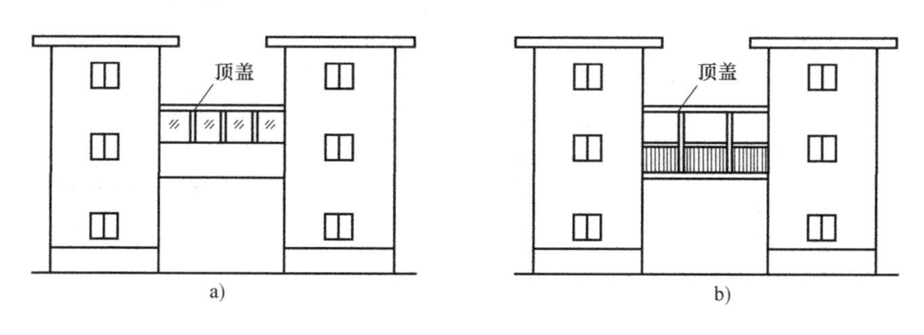

图 3-14 架空走廊示意图

a）有顶盖有围护结构的架空走廊 b）有顶盖无围护结构的架空走廊

10）对于立体书库、立体仓库、立体车库，有围护结构的，应按其围护结构外围水平面积计算建筑面积；无围护结构、有围护设施的，应按其结构底板水平投影面积计算建筑面积。无结构层的应按一层计算，有结构层的应按其结构层面积分别计算。结构层高在 2.20m 及以上的，应计算全面积；结构层高在 2.20m 以下的，应计算 1/2 面积（图 3-15、图 3-16）。

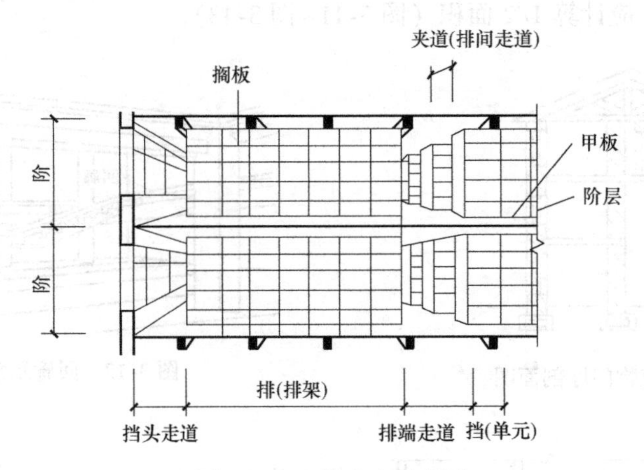

图 3-15 立体书库示意图

说明：

① 立体书库、立体仓库、立体车库不规定是否有围护结构，均按是否有结构层，应区分不同的层高确定建筑面积计算的范围。

② 书架层是指一个完整大书架的承重层，不是指书架上放书的层数。

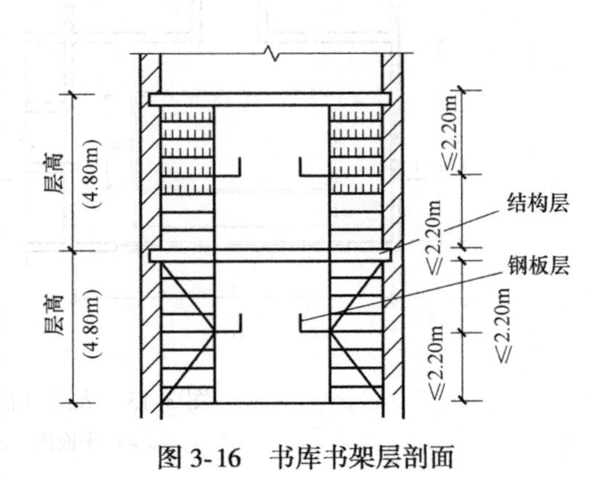

图 3-16 书库书架层剖面

11）有围护结构的舞台灯光控制室，应按其围护结构外围水平投影面积计算。结构层高在 2.20m 及以上的，应计算全面积；结构层高在 2.20m 以下的，应计算 1/2 面积（图 3-17、图 3-18）。

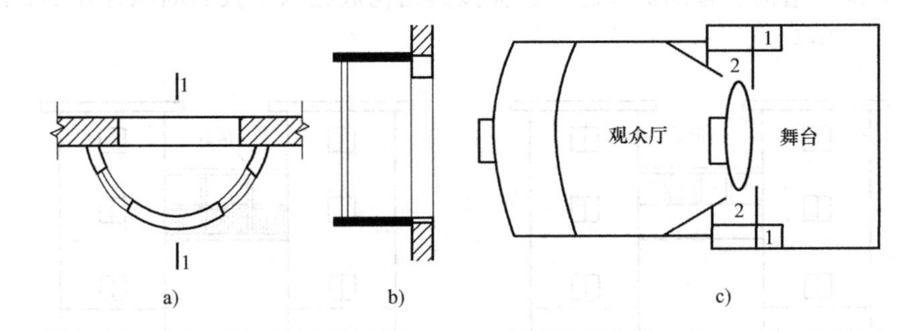

图 3-17 舞台灯光控制室示意图

a）控制室局部平面图 b）1—1 剖面图 c）观演厅平面图

1—内侧夹层 2—耳光室

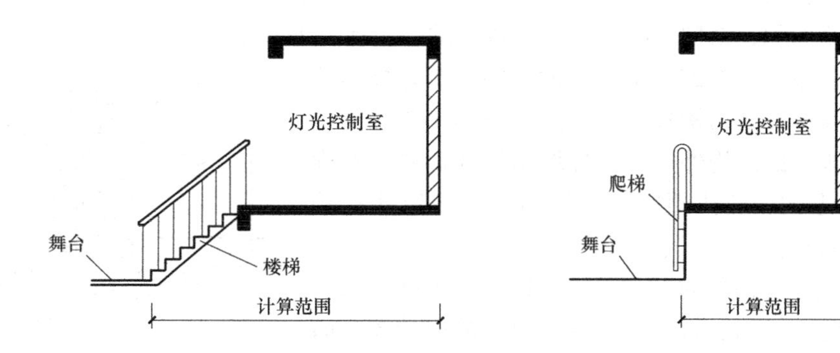

图 3-18　灯光控制室剖面图

说明：如果舞台灯光控制室没有围护结构且只有一层，那么就不能另外计算面积，因为整个舞台的面积计算已经包含了该灯光控制室的面积。

12）附属在建筑物外墙的落地橱窗，应按其围护结构外围水平投影面积计算。结构层高在 2.20m 及以上的，应计算全面积；结构层高在 2.20m 以下的，应计算 1/2 面积（图 3-19）。

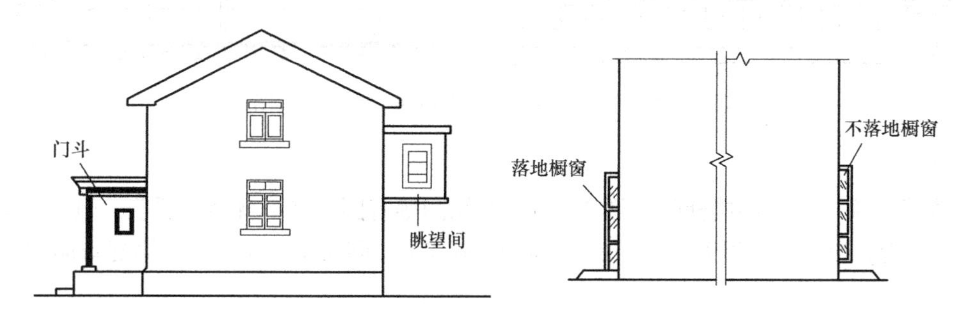

图 3-19　门斗、落地橱窗示意图

13）窗台与室内楼地面高差在 0.45m 以下且结构净高在 2.10m 及以上的凸（飘）窗，应按其围护结构外围水平投影面积计算 1/2 面积。

14）有围护设施的室外走廊（挑廊），应按其结构底板水平投影面积计算 1/2 面积；有围护设施（或柱）的檐廊，应按其围护设施（或柱）外围水平投影面积计算 1/2 面积（图 3-20）。

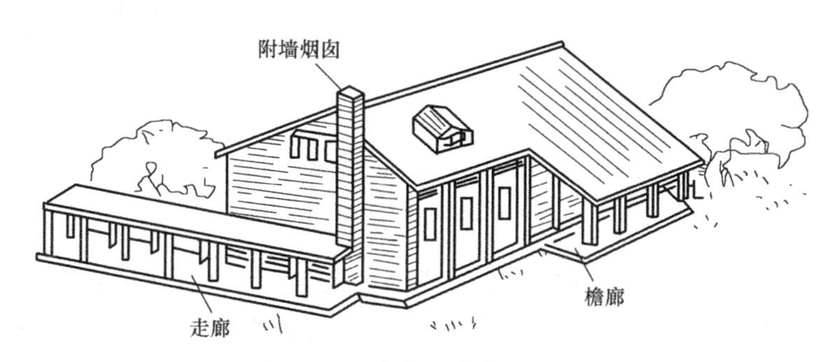

图 3-20　走廊、檐廊透视图

15）门斗应按其围护结构外围水平投影面积计算建筑面积，且结构层高在 2. 20m 及以上的，应计算全面积；结构层高在 2. 20m 以下的，应计算 1/2 面积。

16）门廊应按其顶板的水平投影面积的 1/2 计算建筑面积；有柱雨篷应按其结构板水平投影面积的 1/2 计算建筑面积；无柱雨篷的结构外边线至外墙结构外边线的宽度在 2. 10m 及以上的，应按雨篷结构板的水平投影面积的 1/2计算建筑面积（图 3-21）。

图 3-21　雨篷结构示意图

17）设在建筑物顶部的、有围护结构的楼梯间、水箱间、电梯机房等，结构层高在 2. 20m 及以上的应计算全面积；结构层高在 2. 20m 以下的，应计算 1/2 面积（图 3-22）。

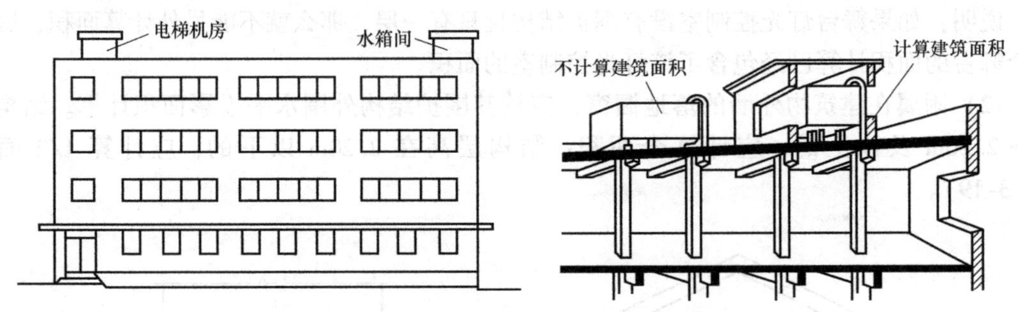

图 3-22　屋面电梯机房、水箱间、水箱示意图

说明：

① 通常，突出屋面的楼梯间（图 3-23）、水箱间等有围护结构就会有顶盖，但有顶盖不一定有围护结构。当其又有顶盖又有围护结构时就构成了一间房屋，所以要计算建筑面积。

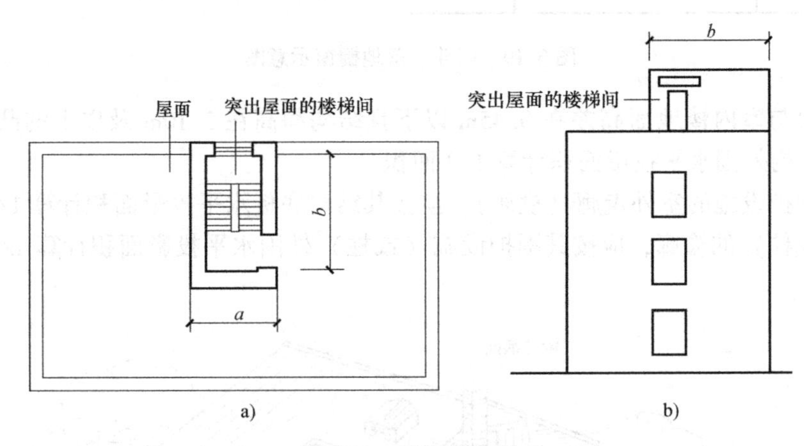

图 3-23　楼梯间示意

a）顶视图　b）立面图

② 单独放置在屋面上的钢筋混凝土水箱或钢板水箱，不计算建筑面积。

18）围护结构不垂直于水平面的楼层，应按其底板面的外墙外围水平投影面积计算（图 3-24）。结构净高在 2. 10m 及以上的部位，应计算全面积；结构净高在 1. 20m 及以上至

2.10m以下的部位，应计算1/2面积；结构净高在1.20m以下的部位，不应计算建筑面积。

19）建筑物的室内楼梯、电梯井、提物井、管道井、垃圾道、通风排气竖井、烟道，应并入建筑物的自然层计算建筑面积（图3-25）。有顶盖的采光井应按一层计算面积，且结构净高在2.10m及以上的，应计算全面积；结构净高在2.10m以下的，应计算1/2面积。

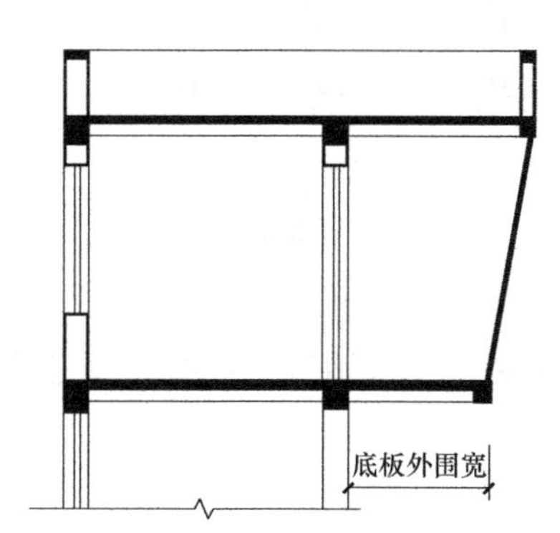

图3-24　围护结构不垂直于水平面的楼层

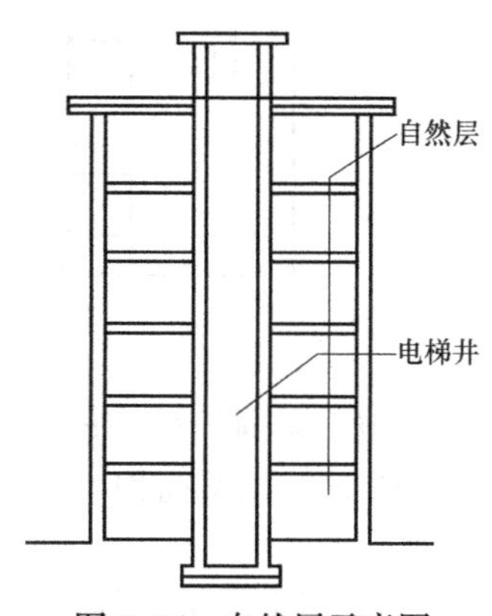

图3-25　自然层示意图

说明：

① 提物井是指图书馆提升书籍、酒店用于提升食物的垂直通道。

② 垃圾道是指住宅或办公楼等每层倾倒垃圾口的垂直通道。

③ 管道井是指宾馆或写字楼内集中安置给水排水、暖通、消防、电线管道用的垂直通道。

④“均按建筑物的自然层计算建筑面积”是指上述通道经过了几层楼，就用通道水平投影面积乘以几层。

20）室外楼梯应并入所依附建筑物自然层，并应按其水平投影面积的1/2计算建筑面积（图3-26）。

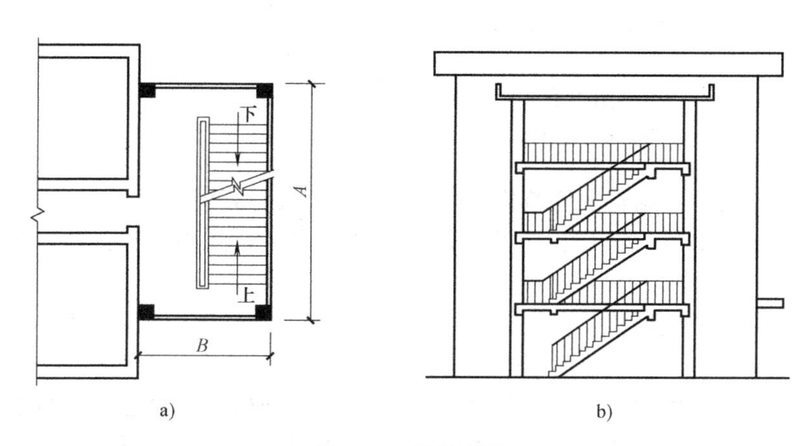

图3-26　室外楼梯

a）平面图　b）立面图

21）在主体结构内的阳台，应按其结构外围水平面积计算全面积；在主体结构外的阳台，应按其结构底板水平投影面积计算1/2面积（图3-27）。

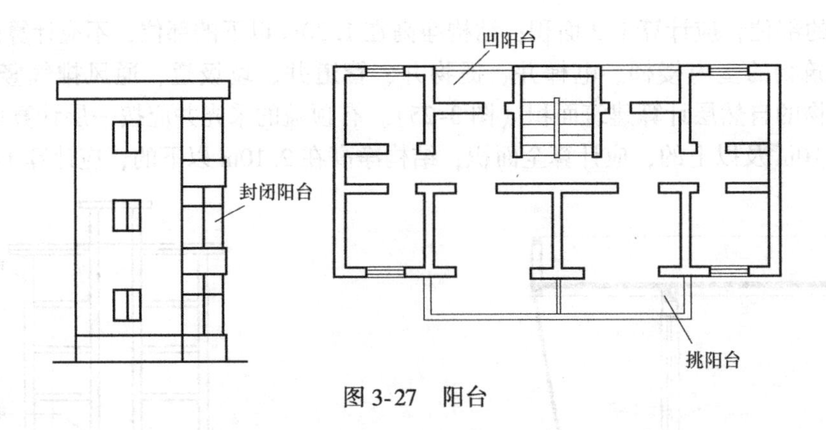

图 3-27　阳台

22）有顶盖无围护结构的车棚、货棚、站台、加油站、收费站等，应按其顶盖水平投影面积的 1/2 计算建筑面积（图 3-28）。

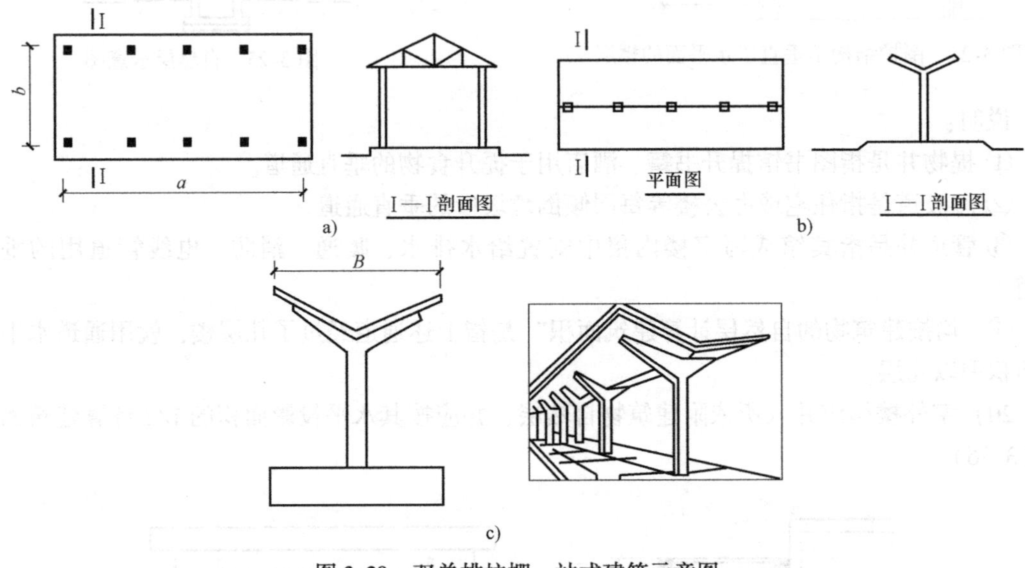

图 3-28　双单排柱棚、站式建筑示意图

a）双排柱示意图　b）单排柱示意图　c）单排柱站台示意图

23）以幕墙作为围护结构的建筑物，应按幕墙外边线计算建筑面积。

24）建筑物的外墙外保温层，应按其保温材料的水平截面积计算，并计入自然层建筑面积。

25）与室内相通的变形缝，应按其自然层合并在建筑物建筑面积内计算（图 3-29）。对于高低联跨的建筑物，当高低跨内部连通时，其变形缝应计算在低跨面积内（图 3-30）。

26）对于建筑物内的设备层、管道层、避难层等有结构层的楼层，结构层高在 2.20m 及以上的，应计算全面积；结构层高在 2.20m 以下的，应计算 1/2 面积（图 3-31）。

说明：高层建筑的宾馆、写字楼等在建筑物中常设置设备管道层，主要用于集中放置水、暖、电、通风管道及设备。

2. 不计算建筑面积的规定

1）与建筑物内不相连通的建筑部件。

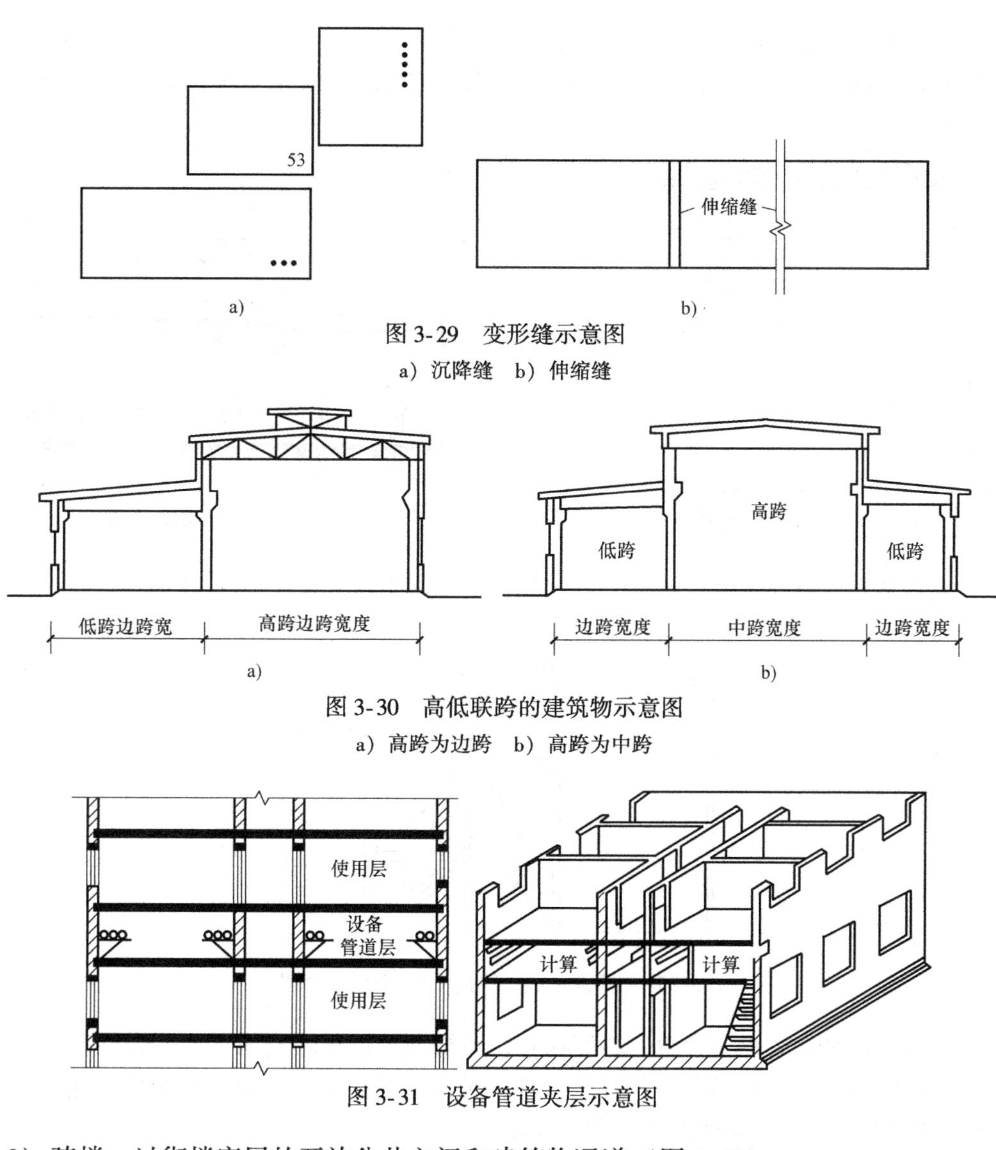

图 3-29　变形缝示意图

a）沉降缝　b）伸缩缝

图 3-30　高低联跨的建筑物示意图

a）高跨为边跨　b）高跨为中跨

图 3-31　设备管道夹层示意图

2）骑楼、过街楼底层的开放公共空间和建筑物通道（图 3-32）。

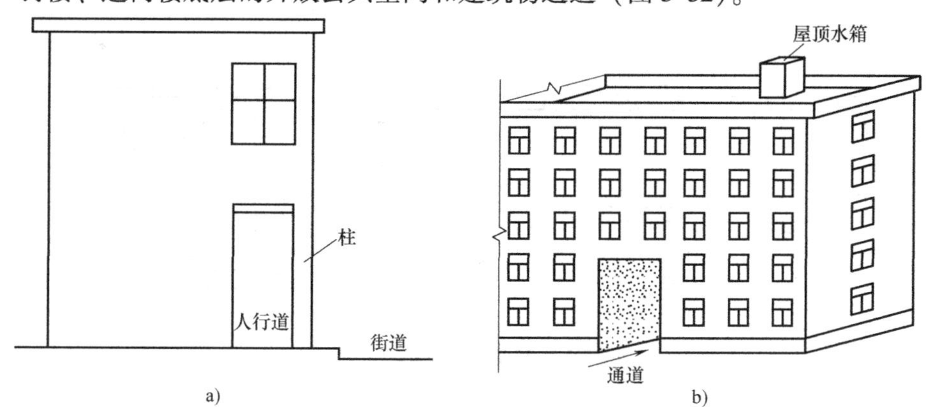

图 3-32　骑楼、过街楼示意图

a）骑楼　b）过街楼

3）舞台及后台悬挂幕布和布景的天桥、挑台等（图 3-33）。

4）露台、露天游泳池、花架、屋顶的水箱及装饰性结构构件（图 3-34）。

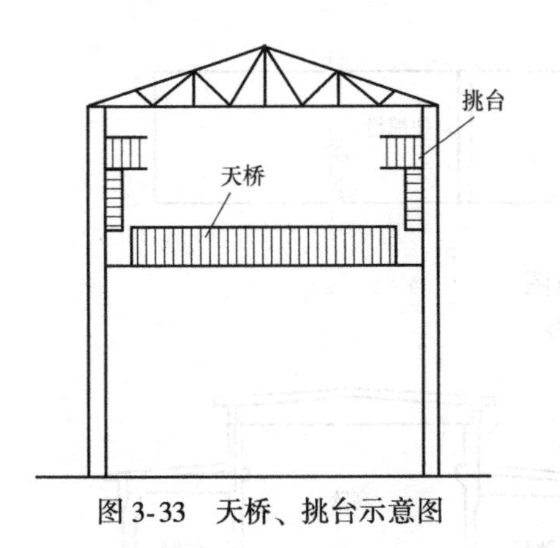

图 3-33 天桥、挑台示意图

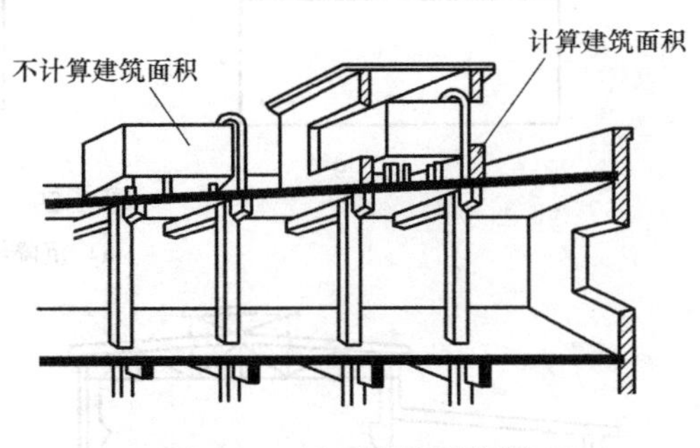

图 3-34 屋顶水箱示意图

5）建筑物内的操作平台、上料平台、安装箱和罐体的平台（图 3-35）。

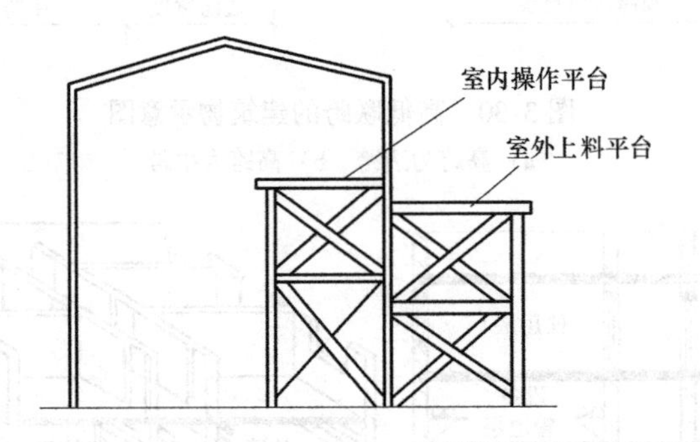

图 3-35 建筑物操作平台、上料平台示意图

6）勒脚、附墙柱、垛、台阶、墙面抹灰、装饰面、镶贴块料面层、装饰性幕墙，主体结构外的空调室外机搁板（箱）、构件、配件，挑出宽度在 2.10m 以下的无柱雨篷和顶盖高度达到或超过两个楼层的无柱雨篷（图 3-36）。

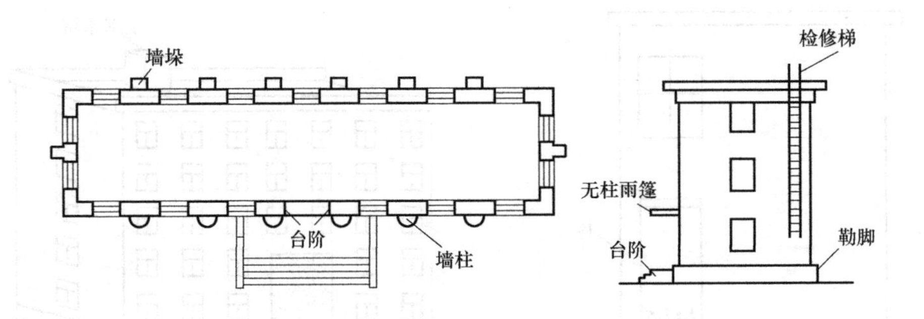

图 3-36 不计算建筑面积的构件

7）窗台与室内地面高差在 0.45m 以下且结构净高在 2.10m 以下的凸（飘）窗，窗台与室内地面高差在 0.45m 及以上的凸（飘）窗。

8）室外爬梯、室外专用消防钢楼梯。

9）无围护结构的观光电梯。

10）建筑物以外的地下人防通道，独立的烟囱、烟道、地沟、油（水）罐、气柜、水塔、贮油（水）池、贮仓、栈桥等构筑物。

第四节 建筑面积计算实例

一、已知某房层平面图（图 3-37），计算该房屋建筑面积

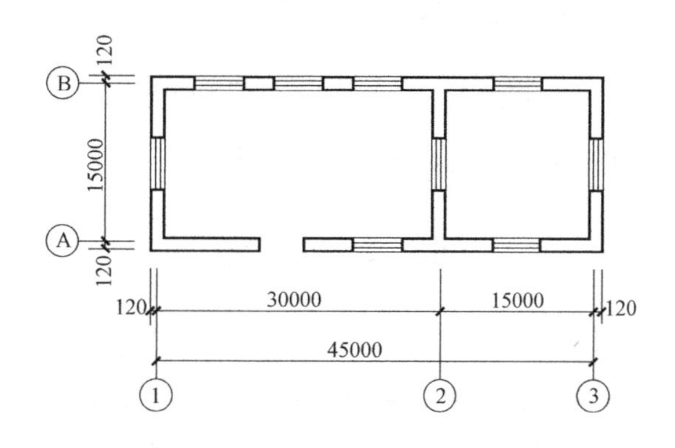

图 3-37 房屋平面图

解：建筑面积 $S=(45+0.24)\text{m}\times(15+0.24)\text{m}=689.46\text{m}^2$

二、已知某房屋平面图和剖面图（图 3-38），计算该房屋建筑面积

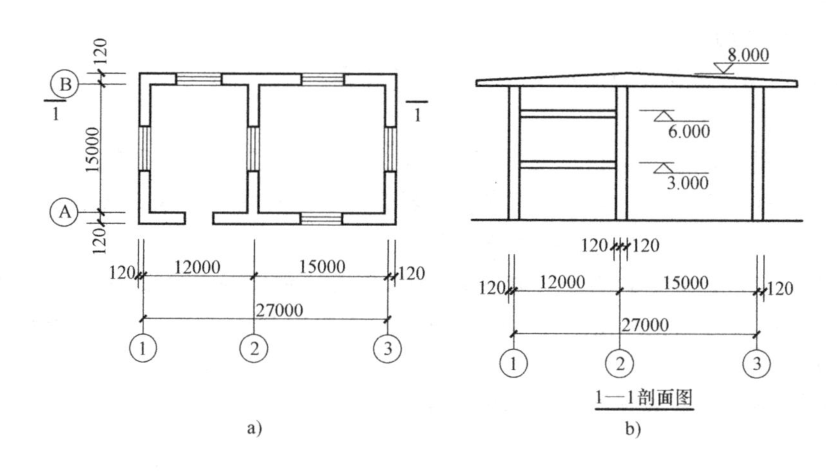

图 3-38 房屋平面图和剖面图

a）平面图 b）剖面图

解：建筑面积 $S=(27+0.24)\text{m}\times(15+0.24)\text{m}+(12+0.24)\text{m}\times(15+0.24)\text{m}\times3/2=694.95\text{m}^2$

三、某建筑物立面图和平面图如图 3-39 所示，计算多层建筑物的建筑面积

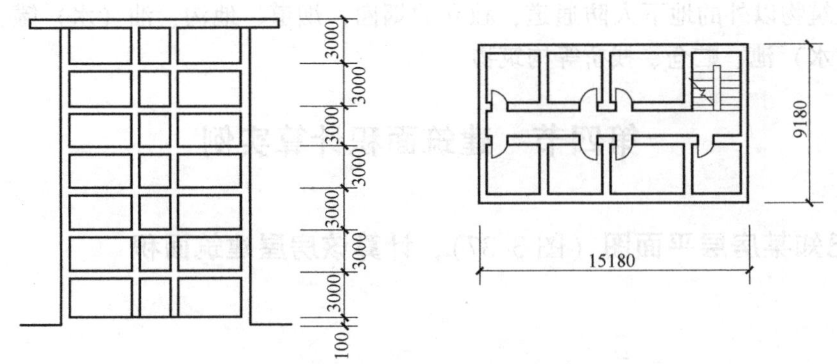

图 3-39 建筑物立面图和平面图

解：建筑面积 $S=15.18\text{m}\times 9.18\text{m}\times 7=975.47\text{m}^2$

本 章 小 结

1. 工程量的概念

工程量是指以物理计量单位或自然计量单位表示各分项工程或结构构件的实物数量。物理计量单位是指以物体（分项工程或构件）的物理法定计量单位来表示工程的数量。

2. 计算工程量应遵循的原则

1）原始数据必须和设计图纸相一致。

2）计算口径必须与预算定额相一致。

3）计算单位必须与预算定额相一致。

4）工程量计算规则必须与定额相一致。

5）工程量计算的准确度。

6）按施工图纸，结合建筑物的具体情况进行计算。

3. 工程量计算的方法

（1）按施工顺序计算　按施工先后顺序依次计算工程量，即按平整场地、挖地槽、基础垫层、砖石基础、回填土、砌墙、门窗、钢筋混凝土楼板安装、屋面防水、外墙抹灰、楼地面、内墙抹灰、粉刷、油漆等分项工程进行计算。

（2）按定额顺序计算　按当地定额中的分部分项编排顺序计算工程量，即从定额的第一分部第一项开始，对照施工图纸，凡遇定额所列项目，在施工图中有的，就按该分部工程量计算规则算出工程量。

（3）按图纸拟定一个有规律的顺序依次计算

1）按顺时针方向计算。

2）按先横后竖，先上后下，先左后右的顺序计算。

3）按照图纸上的构、配件编号顺序计算。

4）根据平面图上的定位轴线编号顺序计算。

4. 建筑面积的概念

建筑面积也称为建筑展开面积，是指建筑物外墙勒脚以上各层结构外围水平面积之和。它包括建筑使用面积、辅助面积和结构面积。

能力训练

1. 工程量和工程量计算规则的概念是什么？
2. 计算工程量应遵循的原则有哪些？
3. 工程量计算的方法有哪些？
4. 建筑面积的概念是什么？
5. 计算建筑面积的规则有哪些？
6. 哪些内容不应计算建筑面积？
7. 某6层砖混结构住宅楼，2~6层建筑平面图均相同，如图3-40所示，墙厚240mm，阳台为不封闭阳台，首层无阳台，其他均与2层相同，计算其建筑面积。

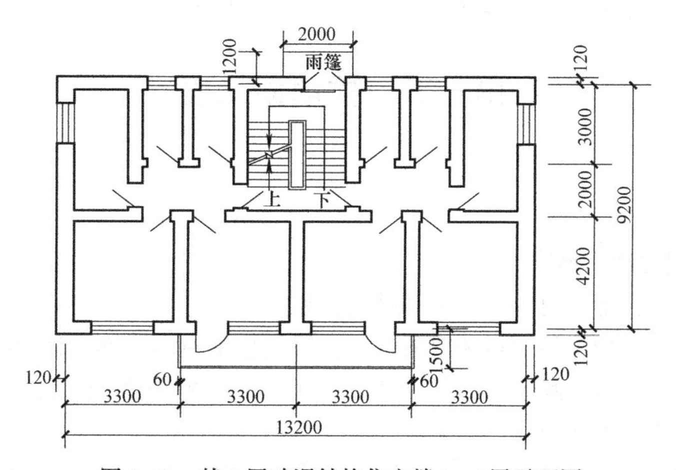

图3-40　某6层砖混结构住宅楼2~6层平面图

8. 某建筑物1~5层建筑平面图均相同，底层外墙尺寸如图3-41所示，墙厚均为240mm，轴线居中，试计算建筑面积。

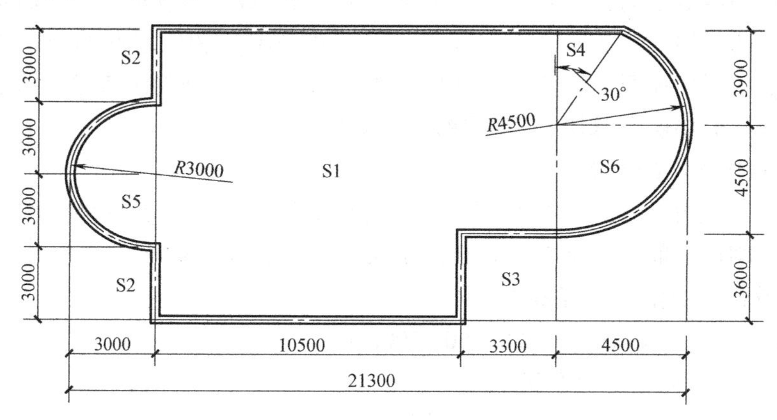

图3-41　某建筑物1~5层建筑平面图

第四章　装饰装修工程量计算

内容提要

本章主要讲解装饰装修工程各分部分项定额内容构成，定额工程量计算规则，工程量计算方法。

教学目标

知识目标：熟悉装饰装修工程各分部分项定额内容构成；掌握定额工程量计算规则；熟练掌握工程量计算方法。

能力目标：会计算装饰装修工程各分部分项工程工程量。

第一节　楼地面工程

一、概述

1. 楼地面工程的结构层次

楼地面工程按所在部位可分为楼面和地面两种。

楼面、地面是建筑物中使用最频繁的部位，因而也是室内装饰工程中的重要部位。它不仅应有耐磨、防水、防滑、易于清洁等功能，对于高级的室内楼面、地面，还应具有隔声、吸声、保温以及刚柔兼有等特点。

地面的基本构造层为地基（基土）、垫层和面层；楼面的基本构造层分为楼板和面层。当基本构造层不能满足使用要求或构造要求时，可增设填充层、隔离层、找平层、结合层等其他构造层；楼地面构造层的总称则为“基层”或“面层”。

楼面是楼层的承重结构，一般由钢筋混凝土或木材构成，现在所说的楼面是指在钢筋混凝土楼板上所做的面层。一般来说它包括结合层（找平层）和面层两部分。地面是指建筑物底层的地坪。为了使地面上的荷载均匀地传递到土层上，地面的组成除了结合层及面层之外，还有承受荷载的垫层（基层），其结构如图 4-1 所示。

2. 楼地面结构层次的做法

（1）垫层　承受并传递地面荷载于基土上的构造层。地面垫层按材料性能可分为刚性和非刚性两种。刚性一般为混凝土，非刚性垫层一般有素土、砂石、炉渣（矿渣）、毛石、碎（砾）石、碎砖、级配砂石等做法。

1）混凝土垫层：一般用 C5~C20，50~100mm。

2）素土垫层：室内回填土夯实。

3）灰土垫层：通常用生石灰和黏土的拌合料进行铺设，常用的配合比有 2∶8 或 3∶7，厚度不小于 100mm。

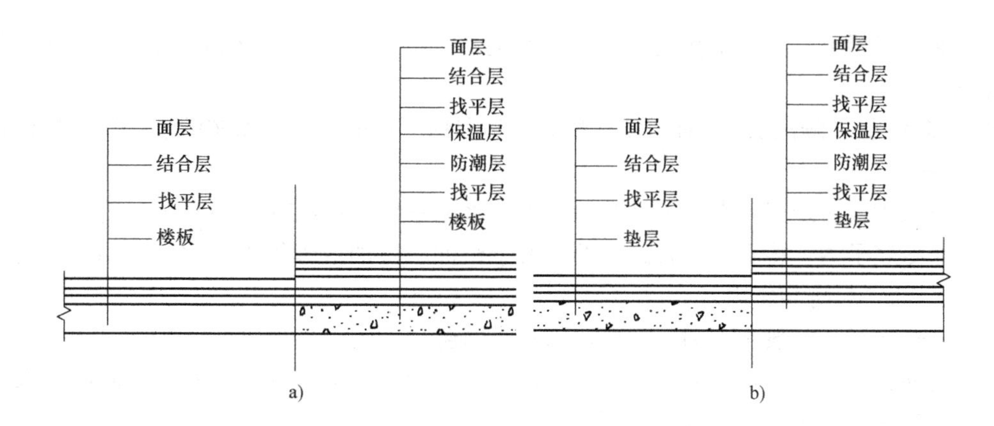

图 4-1 楼地面构造图

a）楼面构造 b）地面构造

4）级配砂石垫层：砂夹石作为垫层材料，可以用砾石、碎石（40mm 以上），厚度不小于 100mm。

5）砂垫层：以砂作为垫层材料，厚度不小于 60mm。

6）毛石垫层：以毛石作为垫层材料，分为干铺和灌浆两种。

7）碎砖垫层：分为干铺和灌浆两种。

8）碎砖三合土垫层：指石灰、碎砖、砂加水拌和后，经浇捣、夯实而成。配合比为 1∶3∶6 或 1∶4∶8。

9）碎（砾）石垫层：用碎（砾）石铺设而成，其厚度不小于 60mm，分干铺和灌浆两种情况。

10）炉渣（矿渣）垫层：可分为炉渣垫层（干铺）、水泥石灰炉渣垫层、水泥炉渣和石灰炉渣四种做法。

（2）找平层 找平层一般使用在保温层或粗糙的结构层表面，填平孔眼、表面抹平，以使面层和基层很好地结合。

找平层可以用水泥砂浆（常用 1∶3）、细石混凝土（一般用于找坡要求的地面找平层，常用的配合比为 1∶2∶4）、沥青砂浆（由沥青、滑石粉和砂组成，一般 $1m^3$ 砂中掺入沥青 235kg、滑石粉 438kg）铺设而成，其厚度视基层表面的平整程度而定，一般为 20~30mm。

（3）保温层 地面常用的保温材料一般以松散的为多。常用的有：

1）炉（矿）渣混凝土：由水泥、石灰、炉（矿）渣和水拌和而成。

2）石灰炉渣：用石灰和炉渣拌和而成。配合比常为 1∶3 或 1∶4。

3）蛭石：一种类似云母的矿石，经高温焙烧，体积膨胀，成为一种质轻的高效保温材料，全称为膨胀蛭石。蛭石保温浆是由水泥和蛭石加水拌成的。

4）泡沫混凝土：由水泥、泡沫剂（由松香、水胶、火碱和水制成）搅拌而成。保温效果较好。

5）膨胀珍珠岩：简称珍珠岩，是一种矿石，破碎后经高温焙烧体积膨胀，成为内部具有多孔结构的白色颗粒。是一种高效保温材料。珍珠岩保温浆是由水泥和珍珠岩加水拌和而成。

6）加气混凝土：又叫多孔混凝土。由水泥、细砂、铝粉、NaOH 溶液及水配成，保温效果较好。

（4）防潮层（隔离层） 对于较潮湿的房间和地下室的地面应做防潮层。防潮层的做法有以下几种：

1）防水砂浆防潮层：在水泥砂浆中掺入占水泥重量3%或5%的防水剂（粉）。

2）涂冷底子油：将石油沥青或煤沥青溶于汽油、煤油或苯等溶剂中，涂刷于水泥砂浆或混凝土表面，起防潮作用。

3）刷热沥青：一般刷一遍，也可增刷一至两遍。

4）刷沥青玛蹄脂：在沥青中掺入滑石粉和石棉粉拌和而成的黏稠液体或固体（又叫沥青胶），具有黏结、防水、防腐的作用。

5）卷材防潮层：以沥青（或沥青胶）和油毡做防水材料。它的施工顺序为：在找平层上先涂刷一层沥青或沥青胶，然后铺油毡，再刷一层沥青或沥青胶。

这叫一毡二油做法。根据设计要求，如需再铺一层油毡，就需再涂刷一层沥青或沥青胶，这叫二毡三油做法。同理，也可做成三毡四油等。

卷材防潮层的卷材，除油毡外还有麻布、玻璃布等。玻璃布是指用普通玻璃塑料或其他人工合成物质制成的布。

（5）面层 面层分为整体面层和块料面层两大类。

1）整体面层。

① 水泥砂浆面层：一般用1∶2或1∶2.5的水泥砂浆铺设，经拍实、提浆、压光而成。

当用混凝土做垫层又做面层时，也可采用“随打随抹”的办法，即在混凝土浇灌好后，经找平、捣实、提浆，随即撒上干水泥并抹光。现浇钢筋混凝土楼板层的楼面也有采用这种方法施工的。

② 混凝土面层：一般采用C7.5~C20混凝土浇筑，然后找平、提浆、抹光。

③ 水磨石面层：用水泥白石子浆铺筑，白石子又叫米粒石、色石渣，是用方解石、花岗石破碎成粒，有大八厘、中八厘和小八厘之分。规格要求较严。特大八厘一分半：15mm；大八厘：8mm；中八厘：6mm；小八厘：4mm；米粒石：2~6mm。

在铺设水磨石面层前，先用1∶3水泥砂浆做找平层，并在找平层上嵌玻璃条或金属条，将面层分成方格，然后铺水泥石子浆，铺平压实后，再提浆抹平，待其凝结到一定程度后，用金刚石加水磨光，在磨光的地面上可擦草酸、打蜡，以保护面层增加光泽。

水磨石面层可分为普通水磨石、彩色水磨石和高级水磨石三种。

a. 普通水磨石楼地面又叫本色水磨石楼地面，简称水磨石楼地面。其面层磨光采用“两浆三磨”，即补两次白水泥浆，打磨三次。水磨石楼地面分带嵌条和不带嵌条两种定额，嵌条又分为玻璃嵌条和金属嵌条两种。

b. 彩色水磨石楼地面又叫水磨石楼地面分格调色，即用白水泥配以彩色石子而做成。其与普通水磨石楼地面的区别在于使用的水泥石子浆不同，彩色水磨石楼地面使用的是“水泥彩色石子浆”，普通水磨石楼地面使用的是“水泥白石子浆”，此外，其他的都相同。

c. 彩色镜面水磨石楼地面即高级水磨石楼地面，面层磨光采用“五浆六磨”，即补五次白水泥浆打磨六次。

2）菱苦土、剁假石、彩色水泥、彩色聚氨酯。

① 菱苦土地面：主要以菱苦土（主要成分为氯化镁）和锯末为原料，按 1∶0.7~4 比例配合，用密度 1.14~1.24 的氯化镁溶液调剂，并根据需要，掺入适量石屑、石英砂和滑石粉等。

② 剁假石：又叫斩假石、剁斧石，指将掺有小石子及颜料的水泥砂浆涂抹在混凝土或砖墙、柱面或地面上，经抹压达到表面平整，待硬化后再斩凿，使之成为石料式样。

③ 彩色水泥及彩色聚氨酯：均为在地面基层上涂刷涂料。彩色水泥是用 108 胶、水泥和颜料调剂而成的涂料。彩色聚氨酯地面是具有多功能的弹性地面，具有耐磨、耐压、美观、耐酸、耐碱、阻燃等多种功能。

（6）块料面层　块料面层是指采用一定规格的块状材料，用相应的胶结料或胶黏结剂铺砌而成。这种面层的优点是施工方便，外形美观、清洁卫生，不起灰、抗老化。

1）预制水磨石面层。

预制水磨石板是以水泥和大理石粒为主要原料，掺入适量颜料和钢丝加强筋网，经成形、养护、研磨、抛光等加工而成的人造石材。它具有施工方便、价格低、美观适用、强度较高等优点。

2）彩釉砖与水泥花砖面层。

彩釉砖是彩色釉面陶瓷墙地砖的简称，是一种建筑陶瓷地砖，它具有色泽柔和、美观光滑、耐酸耐碱、抗腐蚀、易清洗、施工简便等优点，在装饰工程中得到广泛的应用。

水泥花砖面层，又叫花阶砖。它只适用于楼地面及台阶等部位。

3）缸砖地面。

缸砖，又叫地砖或铺地砖。是用是黏土成形入窑焙烧而成。常用的规格有 200mm×200mm，250mm×250mm，颜色有棕红色、青灰色等，砖面画有 9 个或 16 个方格以防滑。一般只用于人行便道或庭院通道。100mm×100mm×8mm，150mm×150mm×10mm 小规格的红地砖，常称为防滑砖，质坚体轻、耐压耐磨，有防潮作用，最适用于厨房、浴厕的楼地面使用。

4）陶瓷锦砖（马赛克）面层。

5）大理石面层。

大理石面层分为天然大理石和人造大理石两种。预算定额中没有按此分。

天然大理石具有组织细密、质地坚实、色彩鲜艳、抗压性强、吸水率小等优点。但它的化学稳定性较差，不耐酸，易受含酸和盐类物质的腐蚀，故不适用于室外装饰工程。

人造大理石是以大理石碎料、石英砂、石粉等为骨料，以合成树脂、聚酯或水泥等为胶黏结剂掺入适量颜料拌和后经加压浇注、打磨抛光、切割加工而成的板材，可制成各种色彩和花纹，具有色泽均匀、结构紧密、耐磨耐水、耐寒耐热、耐酸耐碱等优点，但在色彩和纹理上不及天然石材柔和自然。

6）花岗岩楼地面。

花岗岩板材具有结构致密、质地坚硬、抗压强度大、耐磨性能好、吸水率小、抗冻性强、抗酸碱腐蚀性能强、抗风性能好、耐用年限长等优点，故广泛用于室内外装饰。

花岗石板材根据加工情况不同，分为以下四种类型：

① 剁斧板材：荒料经剁斧加工，表面粗糙，具有规则的条状斧纹。

② 机刨板材：荒料经机械加工，表面平整，具有平行的机械刨纹。

③ 粗磨板材：荒料经机械粗磨，表面平整光滑，但无光泽。

④ 磨光板材：将粗磨板材再行细磨加工和抛光，使其表面光亮平滑，色彩鲜明。

装饰工程预算定额没有分光面和麻面，均采用统一定额，由此可以注意到，在编制预算时应注意板材类型的价格换算。

7）镭射玻璃楼地面。

镭射玻璃地砖抗老化、抗冲击，其耐磨性、硬度指标等优于大理石，与高档花岗石相仿，但安装成本较低。其价格相当于中档花岗石板，而效果则优于花岗石，因此，受到高级宾馆等建筑的青睐。

8）玉石板面层及块料面层打蜡。

玉石板材是指汉白玉和蓝田玉板材。价格较大理石板材高，多用于较豪华的建筑装饰工程。

块料面层打蜡：在楼地面工程定额中，块料面层均未包括酸洗打蜡的工料，故设计要求酸洗打蜡的，应另列项目计算。

因某些块料面层（如大理石、光面花岗石等）经过施工操作后受到污染，表面失去原有光泽，这是需进行擦拭抛光，使其更加明亮，此过程称为打蜡。打蜡可使表面更加光亮滑润，同时也使表面易于保洁。

9）塑料板与橡胶板面层。

塑料地板具有质轻耐磨，隔声隔热、耐腐蚀、脚感好、表面光滑、色泽鲜艳等特点。

橡胶板面层具有吸声、耐磨、绝缘、防滑和弹性好等特点，主要用于对保温要求不高的防滑地面。

10）木板（条）面层。

① 木板条楼地面一般是用厚 15~20mm、宽 50~150mm、长 400mm 以上的刨光条板，铺在宽 40~60mm、厚 25~40mm 的木楞上，或者铺钉在厚 22~25mm 的毛地板上（毛地板又铺钉在木楞上），然后经刨光打磨洁面而成。

木楞之间的空间可铺填炉渣或石灰炉渣以利用来隔声隔热。木楞与木楞本身用横撑或剪刀撑连接起来，以加强所有木楞的整体性。木楞与基层之间，用 8 号钢丝与预埋在基层上的铁件绑扎牢固。

面层条板的拼缝可采用平头缝或企口缝。平头缝简易而行，但整体性差，企口缝费工费时，但整体性强。

毛板地面及木楞表面，均应涂刷臭油水加以防腐处理。

② 拼花木楼面。拼花板是将 8~23mm、宽 23~50mm、长 115~300mm 的窄木条，用胶粘剂拼成席纹花或人字纹图案，经刨平磨光而成。这种面层可事先拼成方形块料，也可现场按图拼接，其面板可直接粘贴在水泥基面上，也可铺粘在毛地板上，操作灵活，图案多样，得到广泛使用，如图 4-2 所示。

11）防静电楼地板。

防静电楼地板又叫抗静电活动地板，它的面板是以金属材料或特制木制材料为基材，表面覆以高压三聚氰胺装饰板（经胶合剂胶合），配以专制钢梁、橡胶垫条和可调金属支架而成。它具有抗静电、耐老化、耐磨耐烫、下部串通、高低可调、装拆方便、脚感舒适等特

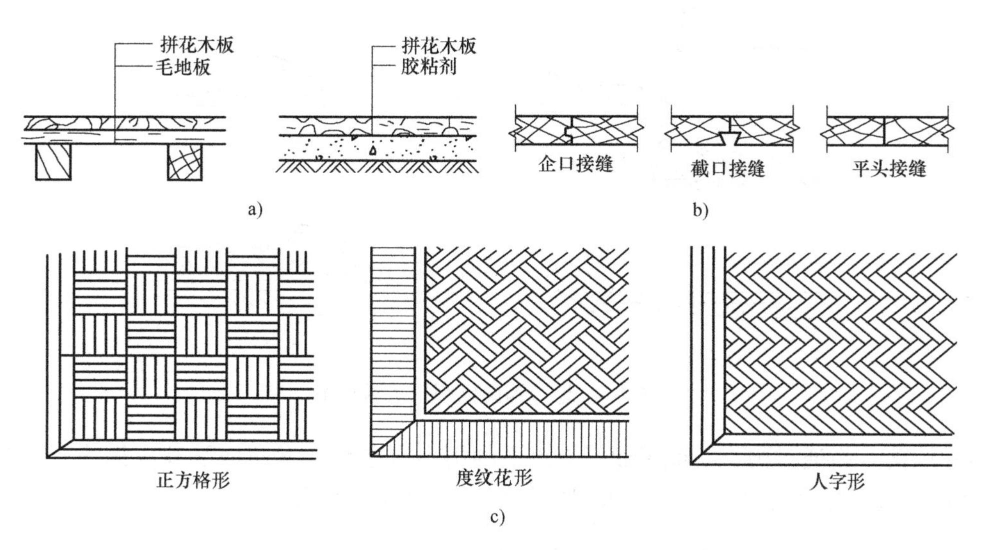

图 4-2 拼花木地板样式

a）拼花木板面层 b）拼花木板接缝 c）拼花木板图案

点，适用于电子计算机房、通信中心、程控机房、实验室、电化教室等，如图 4-3 所示。

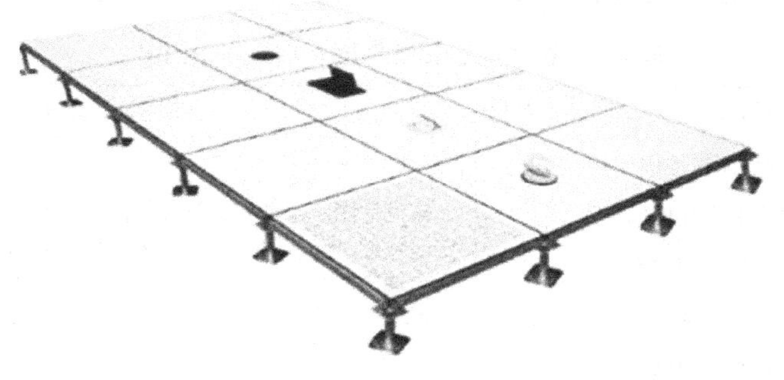

图 4-3 防静电楼地板

12）地毯面层。

楼地面地毯分为固定式铺设和不固定式铺设两种方式。

固定式铺设是将地毯进行裁边、拼缝、黏结成一块整片，然后用胶粘剂或倒刺压条固定在地面基层上的一种铺设方法。倒刺压条形式如图 4-4 所示。

固定式铺设地毯分为单层和双层两项定额。单层铺设一般用于装饰性工艺地毯，这种地毯有正反两面，反面一般加有衬底。双层铺设的地毯无反正面，两面可调换使用，即为无底垫地毯，这种地毯需要另铺垫料，可用塑料胶垫，也可用棉织毡垫。

3. 散水、坡道、台阶、明沟

1）散水：指在建筑物四周所做的护坡，其作用是排泄屋面积水、保护建筑物四周地基土的稳定。预算定额中分为混凝土一次抹光和平铺砖两个定额子目。

2）坡道：指防滑坡道。方便车辆出入。

3）台阶：在房屋的入口处，如果不是坡道就是台阶。

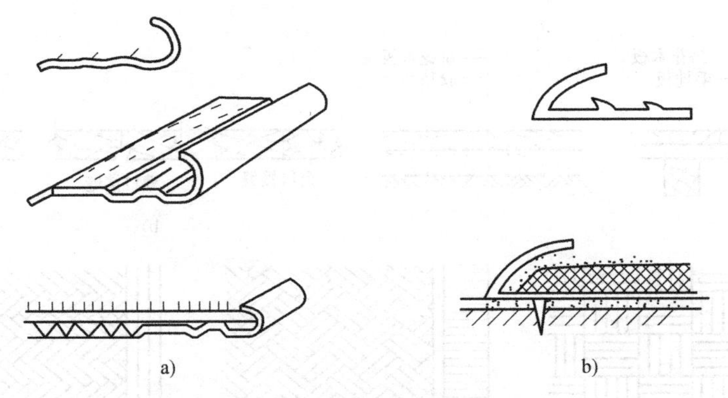

图 4-4 地毯铺设倒刺压条示意图

4）明沟：指通过雨水管或屋面檐口流下的雨水有组织地导向地下排水集井，一般为素混凝土抹水泥砂浆面层或用砖砌抹水泥砂浆面层，也有毛石明沟。

二、楼地面装饰工程清单项目及工程量计算规则

楼地面装饰工程主要包括：整体面层及找平层、块料面层、橡塑面层、其他材料面层、踢脚线、楼梯装饰、台阶装饰和零星装饰项目。

1. 楼地面装饰工程工程量清单项目设置及工程量计算规则（表 4-1~表 4-8）

表 4-1 整体面层及找平层（编码：011101）

项目编码	项目名称	计量单位	工程量计算规则
011101001	水泥砂浆楼地面	m^2	按设计图示尺寸以面积计算。扣除凸出地面构筑物、设备基础、室内铁道、地沟等所占面积，不扣除间壁墙和 0.3m^2 以内的柱、垛、附墙烟囱及孔洞所占面积。门洞、空圈、暖气包槽、壁龛的开口部分不增加面积
011101002	现浇水磨石楼地面		
011101003	细石混凝土楼地面		
011101004	菱苦土楼地面		
011101005	自流坪楼地面		
011101006	平面砂浆找平层		按设计图示尺寸以面积计算

表 4-2 块料面层（编码：011102）

项目编码	项目名称	计量单位	工程量计算规则
011102001	石材楼地面	m^2	按设计图示尺寸以面积计算。门洞、空圈、暖气包槽、壁龛的开口部分并入相应的工程量内
011102002	碎石材楼地面		
011102003	块料楼地面		

表 4-3 橡塑面层（编码：011103）

项目编码	项目名称	计量单位	工程量计算规则
011103001	橡胶板楼地面	m^2	按设计图示尺寸以面积计算。门洞、空圈、暖气包槽、壁龛的开口部分并入相应的工程量内
011103002	橡胶卷材楼地面		
011103003	塑料板楼地面		
011103004	塑料卷材楼地面		

表 4-4　其他材料面层（编码：011104）

项目编码	项目名称	计量单位	工程量计算规则
011104001	楼地面地毯	m^2	按设计图示尺寸以面积计算。门洞、空圈、暖气包槽、壁龛的开口部分并入相应的工程量内
011104002	竹、木(复合)地板		
011104003	金属复合地板		
011104004	防静电活动地板		

表 4-5　踢脚线（编码：011105）

项目编码	项目名称	计量单位	工程量计算规则
011105001	水泥砂浆踢脚线	1. m^2 2. m	1. 以平方米计量，按设计图示长度乘高度以面积计算 2. 以米计量，按延长米计算
011105002	石材踢脚线		
011105003	块料踢脚线		
011105004	塑料板踢脚线		
011105005	木质踢脚线		
011105006	金属踢脚线		
011105007	防静电踢脚线		

表 4-6　楼梯面层（编码：011106）

项目编码	项目名称	计量单位	工程量计算规则
011106001	石材楼梯面层	m^2	按设计图示尺寸以楼梯(包括踏步、休息平台及≤500mm 的楼梯井)水平投影面积计算。楼梯与楼地面相连时，算至梯口梁内侧边沿；无梯口梁者，算至最上一层踏步边沿加 300mm
011106002	块料楼梯面层		
011106003	拼碎块料面层		
011106004	水泥砂浆楼梯面		
011106005	现浇水磨石楼梯面		
011106006	地毯楼梯面		
011106007	木板楼梯面		
011106008	橡胶板楼梯面层		
011106009	塑料板楼梯面层		

表 4-7　台阶装饰（编码：011107）

项目编码	项目名称	计量单位	工程量计算规则
011107001	石材台阶面	m^2	按设计图示尺寸以台阶(包括最上层踏步边沿加 300mm)水平投影面积计算
011107002	块料台阶面		
011107003	拼碎块料台阶面		
011107004	水泥砂浆台阶面		
011107005	现浇水磨石台阶面		
011107006	剁假石台阶面		

表 4-8 零星装饰项目（编码：011108）

项目编码	项目名称	计量单位	工程量计算规则
011108001	石材零星项目	m^2	按设计图示尺寸以面积计算
011108002	拼碎石材零星项目		
011108003	块料零星项目		
011108004	水泥砂浆零星项目		

2. 楼地面工程清单项目计算实例

某库房地面做 20mm 厚 1∶2.5 水泥砂浆地面，如图 4-5 所示，墙厚均为 240mm。

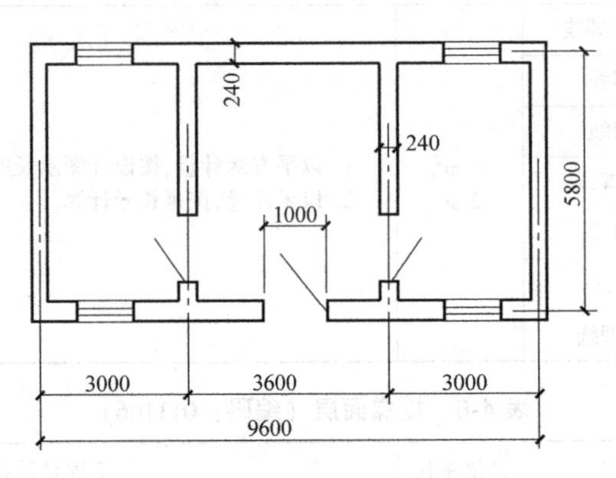

图 4-5 某库房平面示意图

根据以上背景资料，试计算该库房工程地面水泥砂浆面层的清单工程量，并填写清单工程量计算表（表 4-9）、分部分项工程和单价措施项目清单与计价表（表 4-10）。

表 4-9 清单工程量计算表

序号	清单项目编码	清单项目名称	计算式	工程量	计量单位
1	011002002001	水泥砂浆地面	(5.8−0.24)×(9.6−0.24×3)	49.37	m^2

表 4-10 分部分项工程和单价措施项目清单与计价表

序号	项目编码	项目名称	项目特征描述	计量单位	工程量	金额/元	
						综合单价	合价
1	011002002001	水泥砂浆地面	1. 面层厚度：20mm 2. 砂浆种类、配合比：1∶2.5 水泥砂浆	m^2	49.37		

三、楼地面工程及装饰楼地面工程定额工程量计算规则及相关说明

1. 普通楼地面工程定额工程量计算规则及相关说明

（1）普通楼地面工程定额工程量计算规则

1）地面垫层工程量除原土夯卵石按主墙间设计尺寸的面积以 m^2 计算外，其他均按主墙间设计尺寸的面积乘以设计厚度以 m^3 计算，相应扣除凸出地面的构筑物、设备基础、室内铁道、地沟等所占体积，不扣除柱、墙垛、间壁墙、附墙烟囱及面积在 0.3m^2 以内孔洞

所占面积或体积。

2）基础、地沟垫层按设计规定放坡后的断面积乘长度以 m^3 计算；不放坡按设计断面尺寸乘长度以 m^3 计算。混凝土垫层按设计图示尺寸以 m^3 计算。

3）地面整体面层、找平层工程量按主墙间图示尺寸的面积以 m^2 计算，应扣除凸出地面的构筑物、设备基础、室内铁道、地沟等所占面积，不扣除附墙柱、墙垛、间壁墙、附墙烟囱及面积在 0.3m^2 以内孔洞所占面积，门洞、空圈、暖气包槽、壁龛开口部分的面积也不增加。

4）楼梯面层工程量按水平投影面积以 m^2 计算，包括踏步、平台、楼层连接梁及宽度在 500mm 以内的楼梯井。

5）台阶、防滑坡道面层工程量（不包括翼墙、花池和侧面）按最上层踏步外沿加 0.3m 水平投影面积计算。

6）踢脚线工程量按延长米计算，洞口、空圈长度不予扣除，洞口、空圈、墙垛、附墙烟囱等侧壁长度亦不增加。

7）阳台地面的面层，并入相应楼地面工程量内计算。

（2）调整系数

1）采用螺旋形楼梯时，应将相应面层的楼梯定额人工用量乘系数 1.2，整体面层材料用量乘系数 1.05；采用剪刀楼梯时，应将相应面层的楼梯定额人工用量乘系数 1.15，整体面层材料用量乘系数 1.15；楼梯踏步带三角形的按相应定额项目人工、材料、机械用量乘系数 1.5。

2）踢脚线定额内，踢脚板的高度是按 15cm 计算的，设计规定高度与定额计算高度不同时，定额内的材料用量可进行换算，人工和机械用量不再调整。

（3）说明

1）整体地面的楼地面定额项目及楼梯定额项目内，均不包括踢脚板工料。

2）楼梯定额项目内不包括楼梯板底抹灰，应按《甘肃省建筑与装饰工程预算定额》第十二章天棚抹灰项目另行计算。

3）楼梯踏步、台阶设计有防滑条时，应按《甘肃省建筑与装饰工程预算定额》第十四章装饰楼地面工程相应项目计算。

2. 装饰楼地面工程定额工程量计算规则及相关说明

（1）装饰楼地面工程定额工程量计算规则

1）楼地面块料面层、橡胶板、塑胶板、聚氨酯弹性安全地砖及球场面层、木地板（龙骨、基层、面层）、防静电地板、地毯工程量按设计图示的实铺面积以 m^2 计算。

2）楼地面水磨石、现浇式塑胶、水泥复合浆工程量按设计图示尺寸的面积以 m^2 计算。应扣除凸出地面的构筑物、设备基础、室内铁道、地沟等所占面积，不扣除柱、墙垛、间壁墙、附墙烟囱及面积在 0.30m^2 以内孔洞所占面积，门洞、空圈、暖气包槽、壁龛开口部分的面积也不增加。

3）楼梯面层工程量（包括踏步、休息平台、宽度 500mm 以内楼梯井）按楼梯最上一层踏步外沿加 300mm 以水平投影面积计算。

4）台阶面层工程量按最上层踏步外沿加 300mm 以水平投影面积计算（不包括翼墙、花池和侧面）。

5）踢脚板。

① 块料面层踢脚板工程量按设计图示实贴面积以 m^2 计算。

② 橡胶板、塑胶板、成品踢脚板工程量按设计图示实贴长度以延长米计算。

③ 水磨石踢脚板工程量按延长米计算，洞口空圈长度不予以扣除，洞口、空圈、墙垛、附墙烟囱等侧壁长度也不增加。

6）点缀块料面层按“个”计算，楼地面块料面层计算工程量时不扣除点缀所占的面积。

7）防滑条、嵌条工程量按设计长度以 m 计算；楼梯、台阶踏步及坡道防滑条长度设计未注明时，按楼梯、台阶踏步及坡道两端长度距离减 300mm 以延长米计算。

8）梯级拦水线按设计图示长度以 m 计算。

9）楼梯踏步地毯配件，按配件设计图示数量以长度或套计算。

（2）调整系数

1）地面块料斜拼，人工、块料消耗量乘系数 1.15。

2）楼梯、台阶大理石、花岗岩刷养护液、保护液时，按相应定额子目乘如下系数：楼梯 1.36、台阶 1.48。

3）使用螺旋楼梯时，应将相应面层的楼梯定额人工消耗量乘系数 1.2。

4）阶梯教室、体育看台等装饰，梯级平面部分套相应楼地面定额子目，人工、材料消耗量乘系数 1.05；立面部分按高度划分：300mm 以内的套踢脚板定额子目，300mm 以上的套墙面定额子目。

5）楼梯踢脚板按相应定额项目乘系数 1.25 计算。

6）拼花地毯，人工、材料消耗量乘系数 1.2。

（3）说明

1）定额中的水泥砂浆、普通水泥白石子、白水泥石子浆等配合比，如设计规定与定额不同时，可进行换算。

2）大理石、花岗岩楼地面拼花按成品考虑。

3）水磨石面层包括找平层；其余楼地面定额项目不包括找平层，设计有找平层时按找平层相应项目计算。

4）现浇水磨石定额项目已包括楼地面酸洗打蜡，其余项目不包括。

5）楼梯面层不包括踢脚板、楼梯侧面及底板，应另行计算。

6）铺贴面积在 $0.015m^2$ 以内的块料面层执行点缀定额。

7）定额中零星项目适用于楼梯侧面、台阶的牵边、小便池、蹲台、池槽以及单个面积在 $1m^2$ 以内的装饰项目。

8）铜条厚度不同时可以换算。

9）白水泥彩色石子水磨石项目中，无加颜料内容，设计要求加颜料者，颜料费用应另行计算，定额中人工、机械消耗量不变。

10）面层材料的规格、材质与定额不同时，可以换算。

四、楼地面工程定额工程量的计算方法

1. 计算公式及说明

（1）地面垫层工程量计算

垫层工程量=地面面层面积×垫层厚度-沟道所占体积

（2）整体面层、找平层工程量计算

找平层、整体面层工程量=主墙间净长×主墙间净宽

（3）块料面层工程量计算

块料面层工程量=实贴面积+门洞、空圈、暖气包槽和壁龛的开口部分面积

（4）楼梯面层工程量计算　楼梯面层（包括踏步、平台以及小于500mm宽的楼梯井）按水平投影面积计算。

（5）台阶面层工程量计算　各台阶面层（包括踏步及最上一层踏步沿300mm）按水平投影面积计算。

（6）其他

1）水泥砂浆和水磨石踢脚板按延长米计算，洞口、空圈长度不予扣除，洞口、空圈、垛、附墙烟囱等侧壁长度也不增加；块料面层踢脚板工程量按设计图示实贴面积以 m^2 计算；橡塑板、塑料板、成品踢脚板工程量按设计图示实贴长度以延长米计算。

2）散水、防滑坡道按图示尺寸以 m^2 计算。

散水面积=[（建筑物外墙边线长+散水设计宽度×4）-台阶、花池、阳台等所占宽度]×散水设计宽度

3）防滑条按楼梯踏步两端距离减300mm以延长米计算。

2. 计算实例

某办公楼门厅外台阶平面图如图4-6所示，台阶面贴花岗岩，请根据《甘肃省建筑与装饰工程预算定额》计算花岗岩台阶面定额工程量，并填写工程量计算表。

解：花岗岩台阶面定额工程量=[（4.5+0.3×4）×（0.3×3）+（2.5-0.3）×（0.3×3）×2] m^2=9.09 m^2 工程量计算表见表4-11。

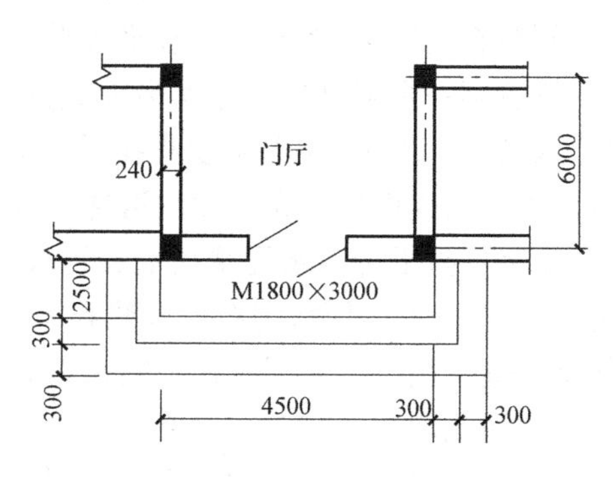

图4-6　某办公楼门厅外台阶平面图

表4-11　工程量计算表

定额编号	项目名称	单位	工程量	计算式
14-20	花岗岩台阶	m^2	9.09	S=（4.5+0.3×4）×（0.3×3）+（2.5-0.3）×（0.3×3）×2

第二节　墙、柱面工程

一、概述

墙、柱面工程是在墙柱结构上进行表层装饰的工程，分为内墙面装饰工程和外墙面装饰工程，主要是指抹灰、油漆、喷漆、喷塑、裱糊、镶贴、幕墙等工程。

1. 抹灰工程

建筑工程的抹灰工程主要是保护墙身不受风、雨、湿气的侵蚀，增强墙身的耐久性，提

高建筑美观，改善室内的清洁卫生条件。

为了保证抹灰表面平整，避免裂缝、脱落、便于操作，抹灰一般要分层施工。各层所使用的砂浆也不相同。

1）石灰砂浆。抹石灰砂浆分普通、中级、高级抹灰，其标准如下：

普通抹灰：一遍底层，一遍面层。

中级抹灰：一遍底层，一遍中层，一遍面层。

高级抹灰：一遍底层，一遍中层，二遍面层。

底层砂浆种类可以是石灰砂浆、石灰草筋浆、石灰麻刀浆、混合砂浆。

中层砂浆种类可以是石灰砂浆、石灰麻刀浆、混合砂浆等。

面层砂浆种类可以是纸筋灰浆或石膏浆。

2）水泥砂浆：即底层采用水泥砂浆或混合砂浆，中层和面层为水泥砂浆的抹灰种类。

3）混合砂浆：即底、面层均采用混合砂浆抹灰的种类。

4）其他砂浆：包括石膏砂浆、TG 胶砂浆、水泥珍珠岩砂浆以及石英砂浆搓沙墙面等。

5）水刷石：用 1∶2.5 水泥砂浆找平，上抹 1∶1.5~1∶2 水泥白石子浆，待达到一定强度后，用人工或机械将表面的浮水泥浆刷掉，使白石子外露 1mm 左右。

6）干粘石：在 1∶2.5 水泥砂浆找平上抹水泥浆 2~3mm，再将洗净的白石子粘上。

7）剁假石：用 1∶2.5 水泥砂浆找平，上抹 1∶1.5 水泥白石子浆（或 1∶1.25 水泥石屑浆），待达到一定强度后，用斧沿垂直方向斩剁修整。

8）水磨石：用 1∶3 水泥砂浆找平，上抹 1∶1.5~1∶2.5 水泥白石子浆，待达到一定强度后，用人工或机械磨光，然后清洗、打蜡、擦光。

9）拉毛：拉毛分为水泥浆拉毛和石灰浆拉毛两种。

① 水泥浆拉毛：用水泥石灰砂浆找平，上抹 1∶1∶2 水泥石灰砂浆，随即用棕刷蘸上砂浆往墙上垂直拍拉，或用铁抹子贴在墙面上立即抽回，如此往复抽拉，就可在表面拉出像山峰形的水泥毛刺儿。

② 石灰浆拉毛：也是用水泥石灰砂浆找平，再用麻刀石灰浆罩面拉毛。

2. 喷涂、辊涂、弹涂

1）喷涂：用挤压式砂浆泵或喷斗将砂浆或涂料、油漆喷成雾状涂在墙体表面、木材面和金属面上形成装饰层。

2）辊涂：先将砂浆抹或喷在墙体表面，然后用辊子滚出花纹，再喷罩甲基硅酸钠疏水剂。

3）弹涂：利用弹涂器将不同色彩的聚合物、水泥浆，弹在已涂刷的水泥涂层上或水泥砂浆基层上，形成 3~5mm 扁花点的施工工艺。

3. 镶贴块料面层

镶贴块料面层就是将各种块体饰面材料用胶粘剂，依照设计图纸镶贴在各种基层上。用于镶贴的块体饰面材料很多，主要有大理石、花岗石、各种面砖及陶瓷锦砖等；所用胶粘剂主要有水泥浆、聚酯类水泥浆及各种特殊胶粘剂等。

（1）大理石　大理石板材是由大理石岩经开采、机械加工而成的建筑装饰材料，应用极为广泛。大理石有各种颜色，但硬度不大，抗风化性差，主要用于室内装修。

1）挂贴大理石板。挂贴法又称为镶贴法，先在墙柱基面上预埋铁件，固定钢筋网，同时在石板的上下部位钻孔打眼，穿上铜丝与钢筋网扎结。用木楔调节石板与基面之间的缝隙宽度，待一排石板的石面调整平整并固定好后，用1：2或1：2.5水泥砂浆分层灌缝，待面层全部挂贴完成后，用白水泥浆嵌缝，最后洁面、打蜡、抛光。

2）粘贴大理石板。粘贴法是在清洁基面后用1：3水泥砂浆打底，然后抹1：2.5水泥砂浆中层，再用胶粘剂涂刷大理石背面，按设计分块要求将其镶贴到砂浆面上，整平洁面，最后用白水泥嵌缝，去污、打蜡、抛光。

3）干挂大理石板。干挂法不用水泥砂浆，而是在基层墙面上按设计要求设置膨胀螺栓，将不锈钢角钢固定在基面上，然后用不锈钢连接螺栓和插棍将打有空洞的石板和角钢连接起来进行固定，整平面板后，洁面、嵌缝、抛光即成。这种方法多用于大型板材。

干挂大理石板如图4-7所示。

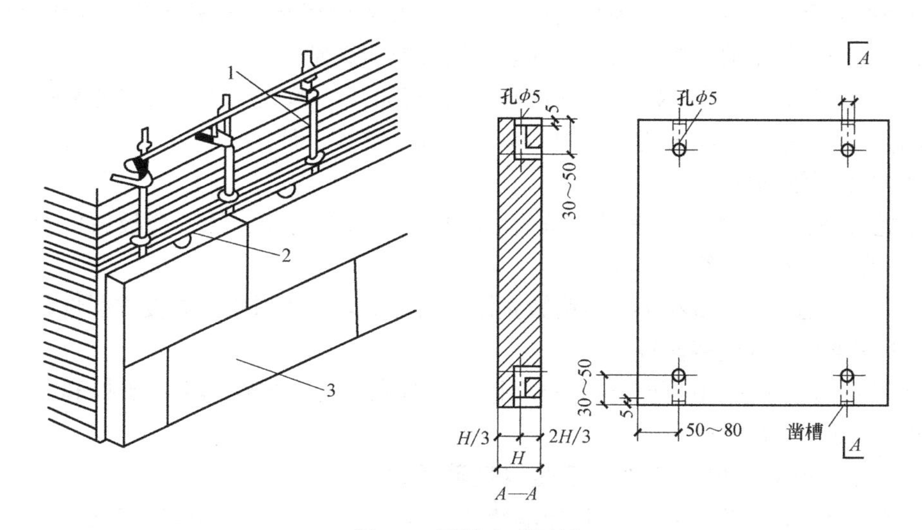

图4-7 干挂大理石板

1—膨胀螺栓 2—角栓 3—石材

（2）花岗石 由花岗岩经开采、加工而成的装饰材料。由于其耐冻性、耐磨性均较好，具有良好的抗风化性能，因此，常用于建筑物的勒脚及墙身部位，磨光的花岗石板材常用于室内外墙面、地面的装饰。

（3）建筑陶瓷 凡用于装饰墙面、铺设地面、安装上下水管、装备卫生间等的各种陶瓷材料与制品，均称为建筑陶瓷。常用的有：

1）瓷砖。适用于建筑物室内装饰的薄型精陶制品。常用于室内墙面，主要有浴室、厨房、实验室、医院、精密仪器车间等的墙面及工作台、墙裙等处，也可用来砌筑水池、水槽、卫生设施等。它是用颜色洁白的瓷土或耐火黏土经焙烧而成，表面光洁平整，不易粘污，耐水性、耐湿性好。

2）陶瓷锦砖。又叫马赛克、纸皮砖。主要用于墙面及地面。品种有挂釉和不挂釉两种，目前常用不挂釉产品。这种砖质地坚硬、经久耐用、色泽多样、耐酸、耐碱、耐火、耐磨、不渗水、易清洗。陶瓷锦砖是由不同形状小块，拼成一定要求的图案，单块尺寸有矩形、方形、菱形、不规则多边形等。

陶瓷锦砖的镶贴主要是将其用水泥浆粘贴在水泥砂浆找平层上。其操作工艺如下：检查基层有无尺寸偏差、预留洞及预埋件的位置是否正确；修补和处理基层；抹砂浆找平层；放线；刮素水泥浆、镶贴、撕纸、擦缝、清理。

3）面砖。采用品质均匀而耐火度较高的黏土制成，砖的表面有平滑的、粗糙的、带线条或图案的，正面有上釉与不上釉的，背面多带有凹凸不平的条纹，便于与砂浆牢固粘贴。常用于大型公共建筑，如展览馆、宾馆、饭店、影剧院以及商店等饰面。

4. 油漆、涂料

建筑工程进行油漆装饰是为了抵抗外界空气、水分、日光、酸碱等腐蚀性化学物质的侵蚀，防止腐朽、霉柱、锈蚀，并使表面美观，起到装饰和保护的作用。

油漆、涂料工程预算编制将在第五节进行讲解。

5. 饰面

饰面是指以金属或木质材料为骨架或框架，在其表面用装饰面板所形成的墙面和柱面。它与以砖墙柱和混凝土墙柱为基层进行的表面装饰有所区别。

（1）不锈钢饰面　不锈钢饰面是指将不锈钢板研压、抛光、蚀刻而成的装饰薄板。不锈钢板根据其反光率的大小分为镜面板、亚光板和浮雕板三种。

1）圆柱不锈钢饰面。

① 木龙骨圆柱。这种圆柱是用不易变形的杉方做成柱骨架，用三合板做柱面基层，整平光面后，在其上安装不锈钢面板。

② 钢龙骨圆柱。用∟63×40×4 角钢做立杆，用−30×4 扁钢做横撑焊接成圆形骨架，将不锈钢饰面板用螺钉与其连接而成。

2）方柱圆形面不锈钢饰面。这种饰面以木龙骨做柱芯，再在其上用支撑和龙骨固定为圆柱面而成。如图 4-8 所示。

（2）铝合金玻璃幕墙　玻璃幕墙是以玻璃板片做墙面板材，与金属构件组成大面积玻璃维护墙体，连接固定在建筑物主体结构上，形成一种特殊的外墙装饰墙面。它除具有光亮、华丽的装饰效果外，还具有隔声、隔热、保温、气密、防火等性能。

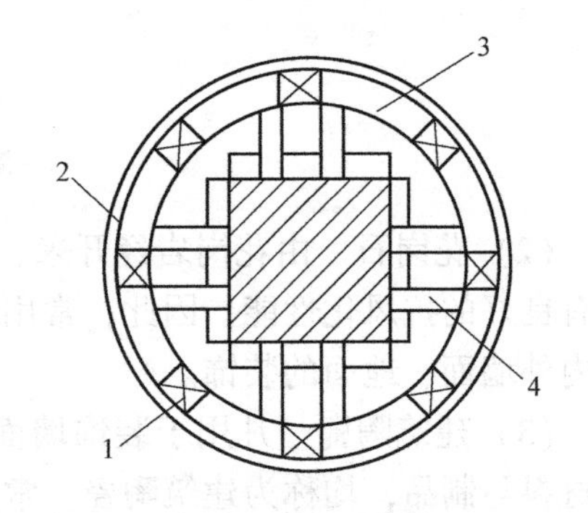

图 4-8　方柱圆形面不锈钢饰面示意图

1—竖向龙骨　2—不锈钢板

3—横向龙骨　4—支撑

铝合金玻璃幕墙是以铝合金型材为骨架，框内镶以功能性玻璃，以此来作为建筑物的一面维护墙体的整体构造。玻璃幕墙按外观形式可分为明框式、隐框式和半隐框式三种。明框式是指玻璃安装好后，骨架外露。隐框式是指玻璃直接与骨架连接，即用高强胶粘剂将玻璃粘到铝合金封框上，而不是镶嵌在凹槽内，骨架不外露，这种类型的玻璃幕墙在立面上看不见骨架和窗框，使玻璃幕墙外观更显得简洁、明快。半隐框式分竖隐横不隐（玻璃安放在横档的玻璃镶嵌槽内，槽外加铝合金压板）和横隐竖不隐（玻璃安放在立柱镶嵌槽内，外加铝合金压板）。

（3）硬木板条墙面及硬木条吸声墙面

1）硬木板条墙面是以硬木薄板作为饰面板镶拼而成。

2）硬木条吸声墙面，其也称为灰板条钢板网隔声墙面，它是用宽度为 20~40mm，厚度为5~10mm的木板条间隔8~12mm铺钉在木龙骨上（内衬油毡和玻璃棉），然后将钢板网片铺钉在木板条上，经整平固紧后抹1：1：4混合砂浆。

3）石膏板隔声墙面，其实际上是一种镶嵌石膏板的墙面，它是在基层墙（一般为砖墙）面上剔洞埋木砖，按照石膏板宽做成木框架与木砖连接，然后在木框架上嵌以石膏板钉上木压条而成。

（4）丝绒饰面与胶合板饰面

1）丝绒饰面：是指用纺织物品（平绒、墙毡等）包饰的墙面。它是在基层墙面上预埋木砖，经粘贴油毡防潮处理后钉上木骨架，在骨架上满铺胶合板并嵌好拼接缝，然后用压条包铺好丝绒布而成。

2）胶合板饰面墙：是轻质薄层木饰面板的一种最简单的墙面装饰。它是在基层墙面上剔洞埋木砖，粘贴油毡，装订木骨架，铺钉胶合板，并安装压顶条和踢脚板而成。

（5）镜面玻璃和镭射玻璃墙面　这两种墙面均可安装在木基层面上或者粘贴在砂浆层面上。

1）木基层安装法是在砖基层上剔洞埋木砖，粘贴油毡，安装木骨架，钉装胶合板，然后用不锈钢压条将玻璃饰面钉压在木骨架上并用玻璃胶嵌缝收边而成。

2）砂浆面粘贴法是将基面打扫干净后，涂刷108胶素水泥浆一道，接着抹20mm厚1：2.5水泥砂浆罩面；待水泥砂浆罩面干燥后，用双面强力弹性胶带将玻璃饰面沿周边粘贴到砂浆面上，随即将铝合金压条涂上XY-508胶紧压住饰面边框，使之粘贴在砂浆面上，并在交角处铺钉钢钉以加强紧固。

此外，还有镁铝曲板柱面、电化铝板和铝合金装饰板墙面、石膏板隔墙以及玻璃砖隔断等。

二、墙、柱面装饰与隔断、幕墙工程工程量清单项目及工程量计算规则

墙、柱面装饰与隔断、幕墙工程主要包括墙面抹灰、柱（梁）面抹灰、零星抹灰、墙面块料面层、柱（梁）面镶贴块料、零星镶贴块料、墙饰面、柱（梁）饰面、隔断和幕墙。

1. 墙、柱面装饰与隔断、幕墙工程工程量清单项目设置及工程量计算规则（表4-12~表4-21）

表4-12　墙面抹灰（编码：011201）

<table>
<tr><th>项目编码</th><th>项目名称</th><th>计量单位</th><th>工程量计算规则</th></tr>
<tr><td>011201001</td><td>墙面一般抹灰</td><td rowspan="4">m²</td><td rowspan="4">按设计图示尺寸以面积计算。扣除墙裙、门窗洞口及单个≥0.3m²的孔洞面积，不扣除踢脚线、挂镜线和墙与构件交接处的面积，门窗洞口和孔洞的侧壁及顶面不增加面积。附墙柱、梁、垛、烟囱侧壁并入相应的墙面面积内
1. 外墙抹灰面积按外墙垂直投影面积计算
2. 外墙裙抹灰面积按其长度乘以高度计算
3. 内墙抹灰面积按主墙间的净长乘以高度计算
(1)无墙裙的，高度按室内楼地面至天棚底面计算
(2)有墙裙的，高度按墙裙顶至天棚底面计算
(3)有吊顶天棚抹灰，高度算至天棚底
4. 内墙裙抹灰面按内墙净长乘以高度计算</td></tr>
<tr><td>011201002</td><td>墙面装饰抹灰</td></tr>
<tr><td>011201003</td><td>墙面勾缝</td></tr>
<tr><td>011201004</td><td>立面砂浆找平层</td></tr>
</table>

表 4-13 柱（梁）面抹灰（编码：011202）

项目编码	项目名称	计量单位	工程量计算规则
011202001	柱、梁面一般抹灰	m^2	1. 柱面抹灰：按设计图示柱断面周长乘以高度以面积计算 2. 梁面抹灰：按设计图示梁断面周长乘长度以面积计算
011202002	柱、梁面装饰抹灰		
011202003	柱、梁面砂浆找平		
011202004	柱面勾缝		

表 4-14 零星抹灰（编码：011203）

项目编码	项目名称	计量单位	工程量计算规则
011203001	零星项目一般抹灰	m^2	按设计图示尺寸以面积计算
011203002	零星项目装饰抹灰		
011203003	零星项目砂浆找平		

表 4-15 墙面块料面层（编码：011204）

项目编码	项目名称	计量单位	工程量计算规则
011204001	石材墙面	m^2	按镶贴表面积计算
011204002	拼碎石材墙面		
011204003	块料墙面		
011204004	干挂石材钢骨架	t	按设计图示尺寸以质量计算

表 4-16 柱（梁）面镶贴块料（编码：011205）

项目编码	项目名称	计量单位	工程量计算规则
011205001	石材柱面	m^2	按镶贴表面积计算
011205002	块料柱面		
011205003	拼碎块柱面		
011205004	石材梁面		
011205005	块料梁面		

表 4-17 零星镶贴块料（编码：011206）

项目编码	项目名称	计量单位	工程量计算规则
011206001	石材零星项目	m^2	按镶贴表面积计算
011206002	块料零星项目		
011206003	拼碎块零星项目		

表 4-18 墙饰面（编码：011207）

项目编码	项目名称	计量单位	工程量计算规则
011207001	墙面装饰板	m^2	按设计图示墙净长乘以净高以面积计算。扣除门窗洞口及单个 $0.3m^2$ 以上的孔洞所占面积
011207002	墙面装饰浮雕		按设计图示尺寸以面积计算

表 4-19　柱（梁）饰面（编码：011208）

项目编码	项目名称	计量单位	工程量计算规则
011208001	柱(梁)面装饰	m^2	按设计图示饰面外围尺寸以面积计算。柱帽、柱墩并入相应柱饰面工程量内
011208002	成品装饰柱	1. 根 2. m	1. 以根计量,按设计数量计算 2. 以米计量,按设计长度计算

表 4-20　幕墙工程（编码：011209）

项目编码	项目名称	计量单位	工程量计算规则
011209001	带骨架幕墙	m^2	按设计图示框外围尺寸以面积计算。与幕墙同种材质的窗所占面积不扣除
011209002	全玻(无框玻璃)幕墙		按设计图示尺寸以面积计算。带肋全玻幕墙按展开面积计算

表 4-21　隔断（编码：011210）

项目编码	项目名称	计量单位	工程量计算规则
011210001	木隔断	m^2	按设计图示框外围尺寸以面积计算。不扣除单个≤0.3 m^2 的孔洞所占面积;浴厕门的材质与隔断相同时,门的面积并入隔断面积内
011210002	金属隔断		
011210003	玻璃隔断		按设计图示框外围尺寸以面积计算。不扣除单个≤0.3 m^2 的孔洞所占面积
011210004	塑料隔断		
011210005	成品隔断	1. m^2 2. 间	1. 以平方米计量,按设计图示框外围尺寸以面积计算 2. 以间计量,按设计间的数量以间计算
011210006	其他隔断	m^2	按设计图示框外围尺寸以面积计算。不扣除单个≤0.3 m^2 的孔洞所占面积

2. 计算实例

如图 4-9 所示，某建筑物为实心砖墙，内墙面为 1∶2 水泥砂浆，外墙面为普通水泥白石子水刷石，门窗尺寸分别为：M-1：900mm×2000mm；M-2：1200mm×2000mm；M-3：1000mm×2000mm；C-1：1500mm×1500mm；C-2：1800mm×1500mm；C-3：3000mm×1500mm。根据以上背景资料，试计算该建筑物外墙面普通水泥白石子水刷石清单工程量，并填写清单工程量计算表（表 4-22）、分部分项工程和单价措施项目清单与计价表（表 4-23）。

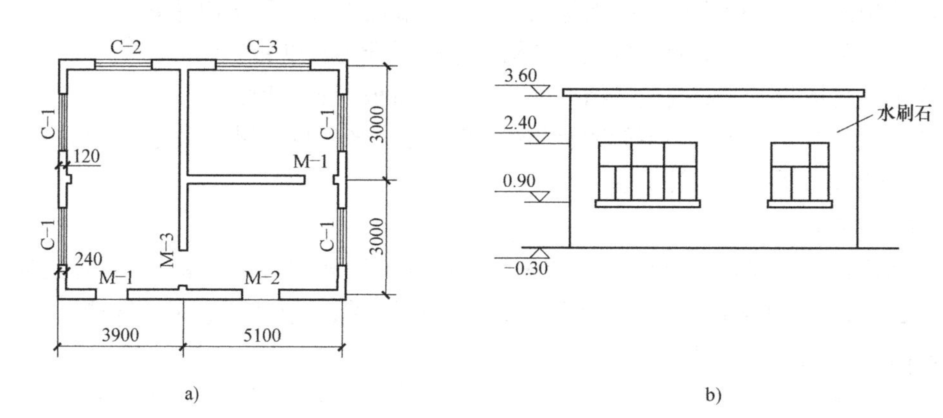

图 4-9　某建筑物示意图
a）平面图　b）立面图

解：外墙水刷石清单工程量＝墙面面积－门窗洞口面积

$=(3.9+5.1+0.24+3\times2+0.24)\times2\times(3.6+0.3)m^2-(1.5\times1.5\times4+1.8\times1.5+3\times1.5+0.9\times2+1.2\times2)m^2$

$=15.48\times2\times3.9m^2-(9+2.7+4.5+1.8+2.4)m^2$

$=100.34m^2$

表 4-22 清单工程量计算表

序号	清单项目编码	清单项目名称	计算式	工程量	计量单位
1	011201002001	外墙面装饰抹灰	$S=(3.9+5.1+0.24+3\times2+0.24)\times2\times(3.6+0.3)-(1.5\times1.5\times4+1.8\times1.5+3\times1.5+0.9\times2+1.2\times2)$	100.34	m^2

表 4-23 分部分项工程和单价措施项目清单与计价表

序号	项目编码	项目名称	项目特征描述	计量单位	工程量	金额/元	
						综合单价	合价
1	011201002001	外墙面装饰抹灰	1. 墙体类型：实心砖墙 2. 装饰面材料种类：普通水泥白石子水刷石	m^2	100.34		

三、普通抹灰工程项目定额工程量计算规则及相关说明

1. 内墙、柱抹灰

1）内墙面抹灰工程量按内墙设计结构尺寸的抹灰面积以 m^2 计算，应扣除门窗洞口和空圈所占的面积，不扣除踢脚板、挂镜线、$0.3m^2$ 以内的孔洞和墙与构件交界处的面积，洞口侧壁、顶面、墙垛和附墙烟囱侧壁的面积应并入相应墙面抹灰工程量内。

2）内墙面和内墙裙抹灰长度以墙体间结构尺寸长度计算。

3）内墙面抹灰高度无墙裙时，其高度按室内地面或楼面至天棚底面的高度计算；有墙裙时，其高度按墙裙顶面至天棚底面的高度计算；有顶板天棚时，按室内地面或楼面至天棚底面另加 0.1m 计算。内墙裙的高度以室内地面或楼面至墙裙顶面计算。

4）砖墙中嵌入的混凝土梁、柱面抹灰，并入砖墙面抹灰工程量内计算。

5）独立柱和单梁抹灰工程量按设计结构尺寸的展开面积以 m^2 计算。

6）零星项目抹灰工程量按设计结构尺寸的展开面积以 m^2 计算。

7）线条展开宽度在 0.3m 内按设计结构尺寸以延长米计算，展开宽度在 0.3m 以外按设计结构尺寸的展开面积以 m^2 计算。

2. 外墙、柱抹灰

1）外墙面抹灰工程量按外墙设计结构尺寸的抹灰面积以 m^2 计算。应扣除门窗洞口、外墙裙和大于 $0.3m^2$ 孔洞所占面积，洞孔侧壁、顶面面积、附墙垛、梁、柱侧面抹灰面积并入外墙面抹灰工程量内计算。

2）外墙裙抹灰工程量按其长度乘高度以 m^2 计算。扣除门窗洞口和大于 $0.3m^2$ 孔洞所占面积，门窗洞口及孔洞的侧壁并入外墙抹灰面积。

3）零星抹灰定额项目按设计结构尺寸的展开面积以 m^2 计算。

4）柱脚、柱帽抹线脚者，柱帽以设计结构尺寸的展开面积按天棚装饰线定额项目以 m^2 计算；柱脚以设计结构尺寸的展开面积按墙柱抹灰的装饰线条定额项目以 m^2 计算。其长度均以柱脚、柱帽最外层的线脚长度计算。

5）勾缝工程量按墙面垂直投影面积以 m^2 计算，应扣除墙裙、墙面抹灰的面积，不扣除门窗洞口、门窗套及腰线等零星抹灰所占的面积，附墙柱和门窗洞口侧壁的勾缝面积也不增加。独立柱、房上烟筒勾缝，按图示尺寸以 m^2 计算。

6）墙面分格按分格范围的墙面垂直投影面积以 m^2 计算。

7）线条展开宽度在 0.3m 以内按设计结构尺寸以延长米计算，展开宽度在 0.3m 以外按设计结构尺寸的展开面积以 m^2 计算。

3. 天棚抹灰

1）天棚抹灰工程量按设计结构尺寸的抹灰面积以 m^2 计算，应扣除独立柱及天棚相连窗帘盒的面积，不扣除间壁墙、墙垛、附墙烟囱、检查口和管道所占的面积。带梁天棚，梁两侧抹灰面积并入天棚抹灰工程量内计算。斜天棚按斜长乘宽度以 m^2 计算。

2）天棚抹灰如带有装饰线时，按延长米计算，线数以阳角的道数计算。

3）檐口、阳台及雨篷的天棚抹灰，并入相应的天棚抹灰工程量内计算。

4）天棚中的折线、灯槽线、圆弧形线、拱形线等艺术形式的抹灰，按展开面积以 m^2 计算。

4. 调整系数

1）抹灰定额是按手工操作和机械喷涂综合制定的，操作方法不同时不再另行调整。

2）计算圆形、锯齿形、不规则形的墙面抹灰，应将相应定额项目的人工乘系数 1.15。

3）横孔连锁混凝土空心砌块砖，墙面抹灰按不同砂浆的混凝土墙面定额项目乘系数 1.15。

4）洞口侧壁、顶面的抹灰工程量按设计结构尺寸的抹灰面积乘系数 0.7。

四、墙柱面抹灰工程项目定额工程量计算规则及相关说明

1. 说明

1）墙柱面抹灰定额中包括护角线工料用量。

2）一般抹灰项目中的“零星项目”适用于屋面构架、栏板、空调板、飘窗板、装饰性阳台、挑檐、天沟、通风道口、窗台线、门窗套、压顶、栏板、扶手、遮阳板、雨篷周边、楼梯边梁、各种壁柜、碗柜、过人洞，暖气壁、池槽、花台、展开宽度 0.3m 以外的线条等以及 $1m^2$ 以内的零星抹灰。

3）线条抹灰适用于内外墙抹灰展开宽度 0.3m 以内的竖、横线条抹灰及腰线、宣传板边框等。

4）抹灰厚度增加 10mm 定额项目，是适用于设计梁宽与空心砖、多孔砖砌体规格不一致时，如设计要求梁、墙面抹灰为同一平面，除按各抹灰定额项目计算外，另按抹灰厚度增加 10mm 定额项目计算。

2. 装饰墙柱面工程项目定额工程量计算规则及相关说明

1）墙、柱面块料面层工程量按设计图示尺寸实贴面面积以 m^2 计算。带龙骨的墙、柱面块料面层按饰面外围尺寸的实贴面积以 m^2 计算。

2）干挂石材钢骨架按设计图示尺寸乘以单位理论质量以 t 计算。

3）后置预埋件按数量以个计算。

4）墙、柱（梁）龙骨、基层、面层均按设计图示尺寸的面层外围展开面积以 m^2 计算。

5）零星项目块料面层工程量按设计图示的实贴面积以 m^2 计算。

6）花岗岩、大理石柱墩、柱帽工程量按最大外围周长以 m 计算。

7）隔断、隔墙、屏风工程量按设计图示尺寸以 m^2 计算应扣除门窗洞口面积和大于 $0.30m^2$ 以内的孔洞所占面积。

8）墙面灯槽按设计图示尺寸以 m 计算。

9）幕墙工程量按设计图示尺寸的外围面积以 m^2 计算。

① 幕墙上悬窗增加费，按窗扇设计图示尺寸的外围面积以 m^2 计算。

② 幕墙防火层按设计图示尺寸以幕墙镀锌铁皮的展开面积以 m^2 计算。

③ 通风器按设计图示尺寸以 m^2 计算。

3. 调整系数

1）计算圆弧形、锯齿形等不规则的墙、柱面装饰抹灰及镶贴块料项目时，应将相应定额的人工消耗量乘系数 1.15。

2）弧形幕墙人工消耗量乘系数 1.10，材料弯弧费另行计算。

4. 其他说明

1）装饰抹灰工程量应按《甘肃省建筑与装饰工程预算定额》第十二章普通抹灰工程规定的工程量计算规则进行计算。

2）饰面材料的规格、材质与定额不同时，可以换算。

3）零星项目适用于挑檐、天沟、腰线、窗台线、门窗套、压顶、扶手、遮阳板、雨篷周边及面积小于 $0.5m^2$ 以内的项目。

4）石材幕墙定额消耗量内已综合考虑骨架制作安装，不再另行计算。

5）干挂石材的钢骨架制作安装，另按本章相应定额项目计算。

6）主龙骨为 50mm×100mm 及以上规格的钢方管时，按石材幕墙定额项目计算；主龙骨为其他型材时，按干挂石材定额项目计算。

7）墙面石材设计要求刷石材保护液的，按《甘肃省建筑与装饰工程预算定额》第十四章装饰楼地面工程相应定额项目计算。

5. 墙柱面工程定额工程量的计算方法

（1）计算公式及说明

1）外墙面装饰抹灰工程量=抹灰长度×抹灰高度+附墙、垛、梁、柱侧面抹灰面积-门窗洞口、外墙裙和大于 $0.30m^2$ 孔洞所占的面积

2）内墙面装饰抹灰工程量=抹灰长度×抹灰高度+附墙、垛侧面抹灰面积-门窗洞口、空圈所占的面积

3）独立柱装饰抹灰工程量=独立柱展开面积

4）墙、柱面块料面层工程量=实贴面积

5）零星项目抹灰工程量=展开面积

（2）实例计算　某建筑平面、剖面示意图如图 4-10 所示，其外墙为清水墙水泥砂浆勾缝，请根据《甘肃省建筑与装饰工程预算定额》计算墙面勾缝的定额工程量，并填写工程

量计算表。

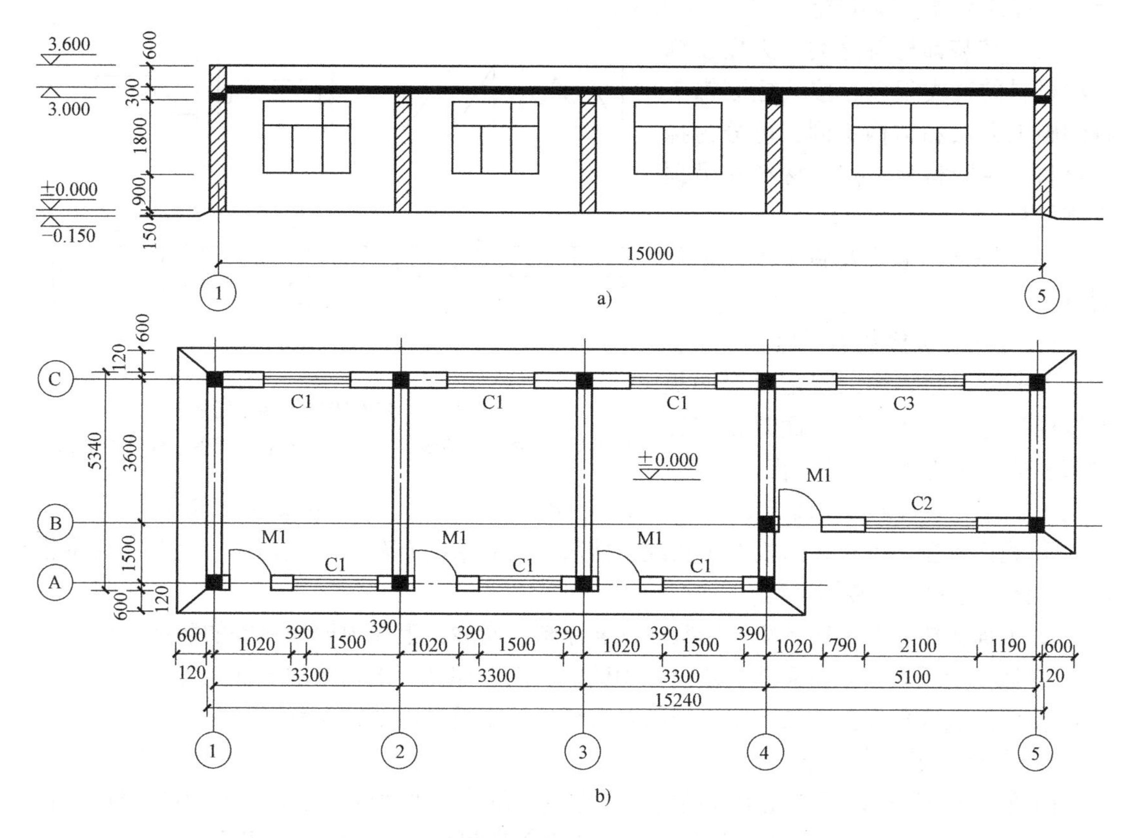

图 4-10　某建筑平面、剖面示意图

a）建筑物剖面图　b）建筑物平面图

解： 墙面勾缝定额工程量 = [(15. 24+5. 34)×(3. 6+0. 15)] m^2 = 77. 18m^2

工程量计算表见表 4-24。

表 4-24　工程量计算表

定额编号	项目名称	单位	工程量	计算式
12-86	水泥砂浆墙面勾缝	m^2	77. 18	S = (15. 24+5. 34)×(3. 6+0. 15)

第三节　天 棚 工 程

一、概述

天棚工程是在楼板、屋架下弦或屋面板的下面进行的装饰工程。

1. 天棚工程的分类

(1) 按造型划分　天棚按其造型可分为平面天棚、迭级天棚和艺术造型天棚。

1）平面天棚：天棚标高在同一平面。

2）跌级天棚：天棚面层不在同一标高。跌级天棚通常可做成天井式和凹槽式两种。

3）艺术造型天棚：是指那些带有弧线或造型复杂的天棚，如锯齿形天棚、阶梯形天棚、吊挂式天棚、藻井式天棚等，如图4-11所示。

（2）按装饰材料分类　天棚装饰工程材料的种类很多，按天棚装饰工程的施工方法和结构不同，可分为抹灰材料、涂刷材料、裱糊材料和吊顶天棚材料。

（3）按结构形式及施工工艺进行划分

1）无吊顶天棚装饰工程。

无吊顶天棚装饰工程是以屋面板或楼板为基层，在其下表面直接进行涂饰、抹面或裱糊的天棚装饰工程。按施工工艺又可划分为光面天棚、毛面天棚、裱糊壁纸天棚、铺贴装饰板天棚等。

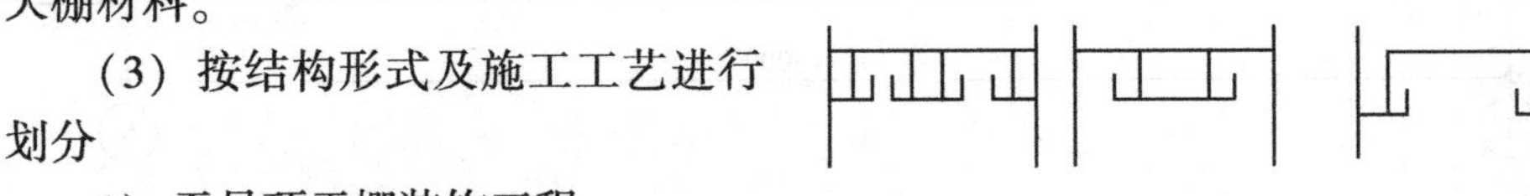

图4-11　艺术造型天棚示意图

a）锯齿形天棚　b）阶梯形天棚　c）吊挂式天棚　d）藻井式天棚

① 光面天棚：可在结构板上抹灰或不抹灰，表面涂刷石灰浆、大白浆、色浆、可赛银、油漆、涂料等的天棚装饰工程。

② 毛面天棚：在天棚上喷涂膨胀珍珠岩涂料、彩砂、毛面顶棚涂料等的装饰工程。

③ 裱糊壁纸天棚：在天棚上裱糊各种壁纸、锦缎和高级织物等的装饰工程。

④ 铺贴装饰板天棚：在天棚上铺贴石膏板、钙塑板等的装饰工程。

2）吊顶天棚装饰工程。

吊顶天棚是利用楼板或屋架等结构为支撑点，吊挂各种龙骨，在龙骨上镶铺装饰面板或装饰面层，而形成的装饰天棚。吊顶天棚一般由龙骨和装饰板材两部分组成。

按材料不同，龙骨又分为木龙骨、铝合金龙骨、轻钢龙骨、型钢龙骨等，装饰板材又分为木质装饰板材、塑料装饰板材、金属装饰板材、非金属装饰吸声板材等。

2. 吊顶天棚构造简介

与直接在建筑结构上施工的无吊顶天棚装饰工程不同，吊顶天棚的装饰施工基本在吊挂的龙骨上，龙骨是吊顶天棚主要的构造。下面简要介绍几种常见的龙骨和饰面。

（1）圆木天棚龙骨　圆木天棚龙骨又称为对剖圆木楞，是将圆木剖成对半形作为主龙骨，将小方木作为次龙骨钉固在其下而成。根据支撑方式的不同，分为主龙骨搁在砖墙上和吊在梁（板）下两种方式。预算定额分为单层楞和双层楞两种形式。其中，双层楞又按面板规格划分为300mm×300mm、450mm×450mm、600mm×600mm以及600mm×600mm以上几个档次。单层楞是指大龙骨下面不设小方木次龙骨；双层楞是指大龙骨下面根据面板规格设置小方木龙骨，龙骨间距应与面板规格相适应。

（2）方木天棚龙骨　方木天棚龙骨又称为天棚方木楞，采用锯材作为主次龙骨，可做成平面、迭级和艺术造型等形式。平面式龙骨又有采用单层木楞和双层木楞两种安装方式。单层木楞是指大龙骨和中龙骨的底面处在同一水平面上的一种结构，双层木楞是指在大龙骨的下面钉有一层中小龙骨的一种结构形式。一般双层结构能够载重，可以上人。

（3）U形轻钢龙骨　轻钢龙骨是采用冷轧薄钢板或镀锌铁板，经剪裁冷弯辊扎而成，根据连接面板的龙骨的断面形状，分为U形和T形龙骨，它们由主龙骨（大龙骨）、次龙骨

（中小龙骨）和各种连接件等组成系列型，适合施工现场装配。U 形轻钢龙骨如图 4-12 所示。

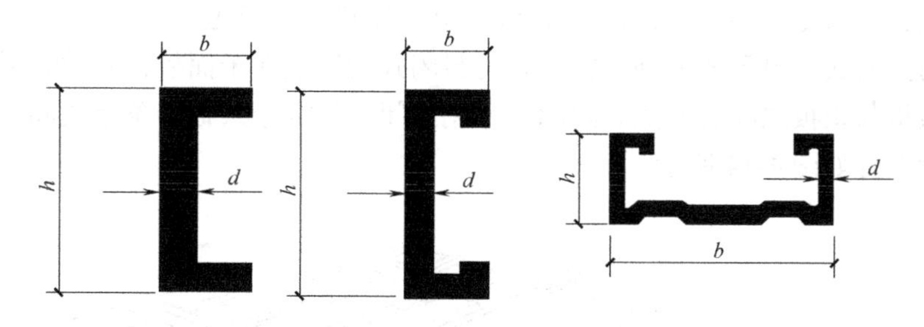

图 4-12　U 形轻钢龙骨

U 形轻钢龙骨按照天棚龙骨与天棚面板的连接关系，天棚装配分为活动式装配和隐蔽式装配两种方式。活动式装配又叫浮搁式、嵌入式，是将面板直接浮搁在次龙骨上，龙骨底缘外露，这样更换面板方便。隐蔽式装配是将面板装配在次龙骨底缘下边，使面板包住龙骨，这样天棚面层平整一致。U 形轻钢龙骨适于隐蔽式装配，如图 4-13 所示。

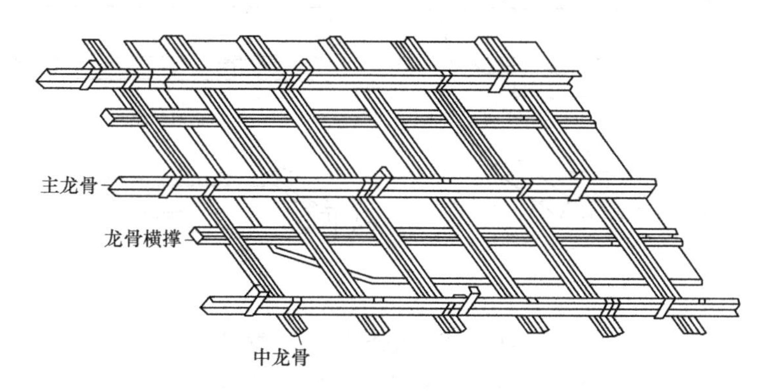

图 4-13　U 形轻钢龙骨安装示意图

此外，预算定额中 U 形轻钢龙骨还分为上人型天棚和不上人型天棚两种。在设计中有的已作说明，有的未作说明。凡上人型天棚，主龙骨断面尺寸大，如 h=60mm，另外吊筋一般为全预埋或预埋铁件焊接。凡不上人型天棚，主龙骨断面尺寸小，如 h=38~45mm 等，吊筋一般为射钉固定或钻孔预埋。

（4）T 形铝合金天棚龙骨　T 形铝合金天棚龙骨与轻钢龙骨相比较，质地更轻，耐腐蚀性能更好。T 形铝合金天棚龙骨适于活动式装配面板，可直接将面板搁置在⊥形中小龙骨的翼缘上。中小龙骨表面经处理后，光泽明亮，不易生锈，使天棚表面形成整齐的条格分块线条而增添装饰效果。

T 形铝合金天棚的大龙骨断面，仍同 U 形轻钢天棚大龙骨的断面一样，其与吊杆连接的方式和吊挂件形式也基本相同。

（5）铝合金方板天棚龙骨　铝合金方板天棚龙骨是专门为铝合金“方形饰面板”配套的龙骨，它包括 T 形断面龙骨（正 T 形用于嵌入式，倒 T 形用于浮搁式）和 Π 形断面龙骨（有的称为格栅龙骨、轻方板天棚龙骨）。常用配套铝合金板规格为 500mm×500mm、600mm×600mm。与装配式 T 形铝合金龙骨相比较，质地更轻、装饰效果更好，并具有立体造型感等特点。

(6) 铝合金条板天棚龙骨　铝合金条板天棚龙骨是采用1mm厚铝合金板，经冷弯、辊轧、阳极而成，它与专用铝合金饰面板配套使用。其龙骨断面为倒U形，其褶边形状根据吊板方式分为开敞式和封闭式两种。开敞式与封闭式的区别在于面板，开敞式采用开敞式铝合金条板，条板与条板之间有缝隙。封闭式采用封闭式铝合金条板，条板之间没有缝隙。铝合金条板顶棚龙骨如图4-14所示。

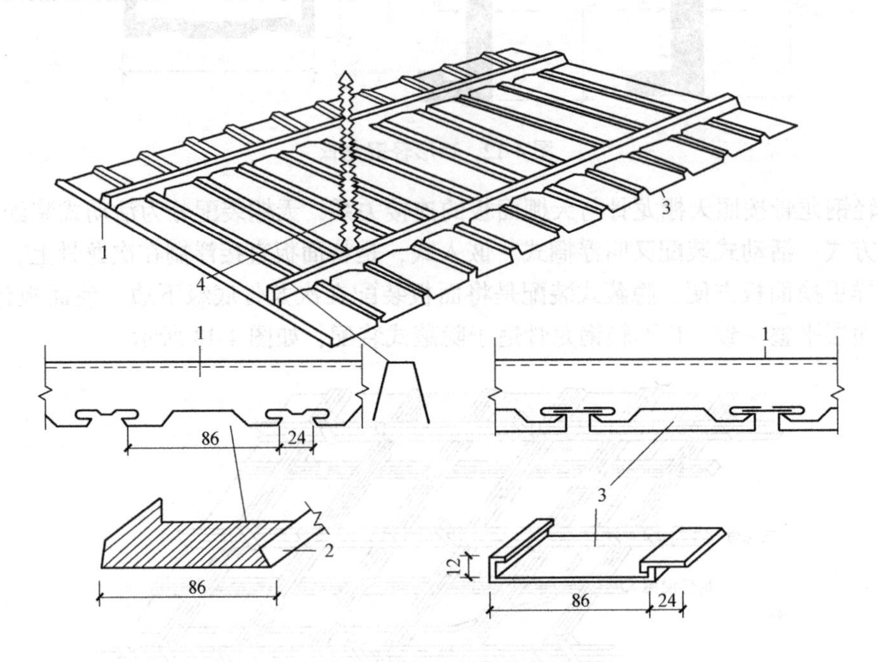

图4-14　铝合金条板天棚示意图

1—铝合金条板龙骨　2—长5~8m开敞式铝合金条板
3—长5~8m封闭式铝合金条板　4—螺纹钢丝吊筋

(7) 铝合金格片式天棚龙骨　铝合金格片式天棚龙骨也是用薄型铝合金板经冷轧弯制而成，是专与叶片式天棚饰板配套的一种龙骨。因此这种天棚又叫窗叶式天棚，或假格栅天棚。龙骨断面为倒U形，褶边轧成三角形缺口卡槽，供卡装叶片用，如图4-15所示。

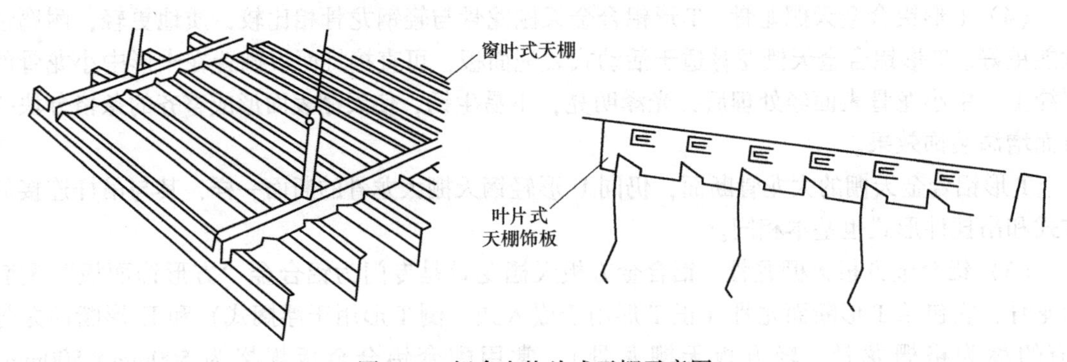

图4-15　铝合金格片式天棚示意图

（8）天棚面层饰面　天棚面层饰面是与天棚龙骨架相配套，处于天棚安装的最后一个部位，一般称为天棚板。由于新材料、新工艺的不断出现，饰面的类型很多，主要有板条天棚面层、胶合板、木丝板和刨花木屑板天棚面层、吸声板天棚面层、埃特板与玻璃纤维天棚饰面、塑料天棚饰面、钢板网和铝板网天棚饰面、铝塑板与钙塑板天棚饰面、矿棉板与石膏板天棚饰面、不锈钢板及镜面玻璃天棚饰面、镜面玲珑胶板天棚饰面、宝丽板及柚木夹板天棚饰面、铝合金条板与铝合金方板天棚饰面、铝栅假天棚等。

二、天棚工程工程量清单项目及工程量计算规则

天棚工程包括天棚抹灰、天棚吊顶、采光天棚工程和天棚其他装饰。

1. 天棚工程工程量清单项目设置及工程量计算规则（表 4-25～表 4-28）

表 4-25　天棚抹灰（编码：011301）

项目编码	项目名称	计量单位	工程量计算规则
011301001	天棚抹灰	m^2	按设计图示尺寸以水平投影面积计算，不扣除间壁墙、垛、柱、附墙烟囱、检查口和管道所占的面积。带梁天棚、梁两侧抹灰面积并入天棚面积内，板式楼梯底面抹灰按斜面积计算，锯齿形楼梯底板抹灰按展开面积计算

表 4-26　天棚吊顶（编码：011302）

<table>
<tr><th>项目编码</th><th>项目名称</th><th>计量单位</th><th>工程量计算规则</th></tr>
<tr><td>011302001</td><td>天棚吊顶</td><td rowspan="6">m^2</td><td>按设计图示尺寸以水平投影面积计算。天棚面中的灯槽及跌级、锯齿形、吊挂式、藻井式天棚面积不展开计算。不扣除间壁墙、检查口、附墙烟囱、柱垛和管道所占面积，扣除单个>0.3 m^2的孔洞、独立柱及与天棚相连的窗帘盒所占的面积</td></tr>
<tr><td>011302002</td><td>格栅吊顶</td><td rowspan="5">按设计图示尺寸以水平投影面积计算</td></tr>
<tr><td>011302003</td><td>吊筒吊顶</td></tr>
<tr><td>011302004</td><td>藤条造型悬挂吊顶</td></tr>
<tr><td>011302005</td><td>织物软雕吊顶</td></tr>
<tr><td>011302006</td><td>装饰网架吊顶</td></tr>
</table>

表 4-27　采光天棚工程（编码：011303）

项目编码	项目名称	计量单位	工程量计算规则
011303001	采光天棚	m^2	按框外围展开面积计算

表 4-28　天棚其他装饰（编码：011304）

项目编码	项目名称	计量单位	工程量计算规则
011304001	灯带(槽)	m^2	按设计图示尺寸以框外围面积计算
011304002	送风口、回风口	个	按设计图示数量计算

2. 计算实例

某工程天棚做法如图 4-16 所示，采用铝合金轻钢龙骨，计算该天棚吊顶清单工程量，并填写清单工程量计算表（表 4-29）、分部分项工程和单价措施项目清单与计价表（表 4-30）。

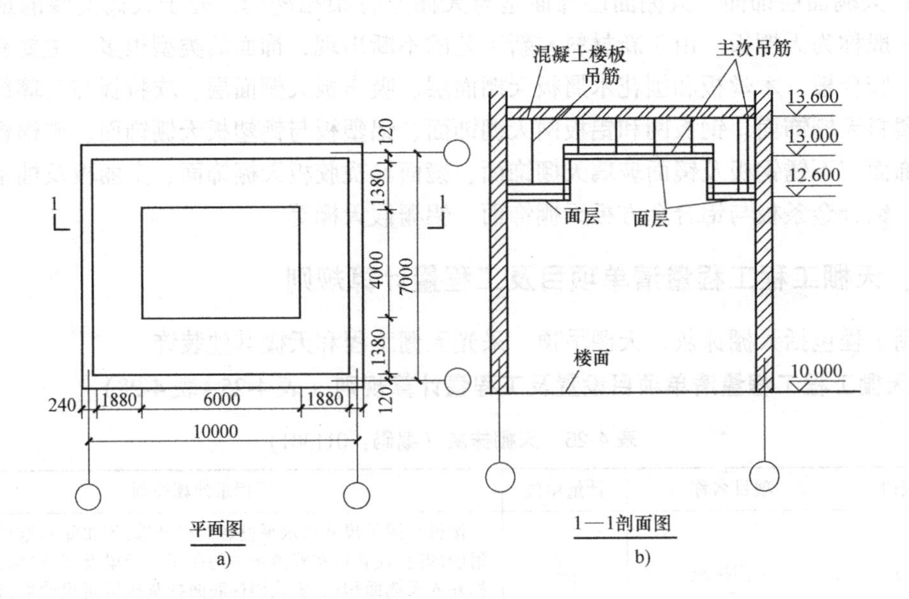

图 4-16 天棚做法示意图

a）天棚平面图 b）1—1 剖面图

解：天棚吊顶清单工程量 $=[(10-0.24)\times(7-0.24)]\text{m}^2=65.98\text{m}^2$

表 4-29 清单工程量计算表

序号	清单项目编码	清单项目名称	计算式	工程量	计量单位
1	011302001001	天棚吊顶	$S=(10-0.24)\times(7-0.24)$	65.98	m^2

表 4-30 分部分项工程和单价措施项目清单与计价表

序号	项目编码	项目名称	项目特征描述	计量单位	工程量	金额/元	
						综合单价	合价
1	011302001001	天棚吊顶	龙骨材料种类：铝合金轻钢龙骨	m^2	65.98		

三、天棚工程定额工程量计算规则及相关说明

1. 天棚抹灰工程项目定额工程量计算规则及相关说明

1）天棚抹灰工程量按设计结构尺寸的抹灰面积以 m^2 计算，应扣除独立柱及天棚相连窗帘盒的面积，不扣除间壁墙、墙垛、附墙烟囱、检查口和管道所占的面积。带梁天棚、梁两侧抹灰面积，并入天棚抹灰工程量内计算。斜天棚按斜长乘宽度以 m^2 计算。

2）天棚抹灰如带有装饰线时，按延长米计算，线数以阳角的道数计算。

3）檐口、阳台及雨篷的天棚抹灰，并入相应的天棚抹灰工程量内计算。

4）天棚中的折线、灯槽线、圆弧形线、拱形线等艺术形式的抹灰，按展开面积以 m^2 计算。

5）调整系数：抹灰定额是按手工操作和机械喷涂综合制定的，操作方法不同时不再另行调整。

2. 装饰天棚工程项目定额工程量计算规则及相关说明

1）天棚龙骨工程量按主墙间设计图示尺寸以 m^2 计算，不扣除隔断、墙垛、附墙烟囱、检查口和管道所占的面积。

2）天棚面层和基层工程量按主墙间设计图示尺寸的实铺展开面积以 m^2 计算，不扣除隔断、墙垛、附墙烟囱、检查口和管道所占的面积；扣除独立柱、灯槽和天棚相连的窗帘盒及大于 0.30m^2 的孔洞所占的面积。

3）其他天棚按设计图示尺寸水平投影面积以 m^2 计算。

4）采光棚、雨篷工程量按设计图示尺寸以 m^2 计算。

5）灯槽按延长米计算。

6）天棚铺设的保温吸声层分不同厚度按实铺面积以 m^2 计算。

7）送（回）风口安装按设计图示数量以个计算。

8）灯具开孔按个计算。

9）雨篷拉杆按设计图示长度以 m 计算。

3. 调整系数

1）跌级天棚基层、面层人工消耗量乘系数 1.1。

2）天棚基层为两层时，应分别计算工程量，并套用相应基层定额项目，第二基层的人工消耗量乘系数 0.8。

4. 说明

1）平面天棚、造型天棚按龙骨、基层、面层分别编制，其他天棚综合考虑。

2）天棚龙骨的种类、间距、规格及基层、面层的材料品种、规格与设计要求不同时可进行调整。

3）平面天棚不包括灯槽制作安装。造型天棚（其示意图见定额附图）已包括灯槽制作。

4）天棚龙骨、基层、面层均不包括防火处理，如设计有要求时，应按油漆涂料裱糊工程相应定额项目计算。

四、天棚分项工程工程量的计算方法

1. 计算公式

1）天棚龙骨工程量＝主墙之间净面积

2）天棚面层和基层工程量＝主墙间实铺展开面积－独立柱、灯槽和天棚相连的窗帘盒及大于 0.30m^2 的孔洞所占的面积

2. 实例应用

如图 4-17、图 4-18 所示，轻钢龙骨纸面石膏板隔墙厚度为 100mm，天棚做法：不上人型 45 系列平面双层 T 形铝合金龙骨平顶，矿棉板搁放在龙骨上。面层规格 450mm×450mm，请根据《甘肃省建筑与装饰工程预算定额》计算天棚龙骨和面层工程量，并填写工程量计算表。

解： 天棚龙骨工程量＝$[(8-0.12\times2-0.1)\times(5-0.12\times2)]m^2 = 36.46m^2$

天棚面层工程量＝$36.46m^2$。

工程量计算表见表 4-31。

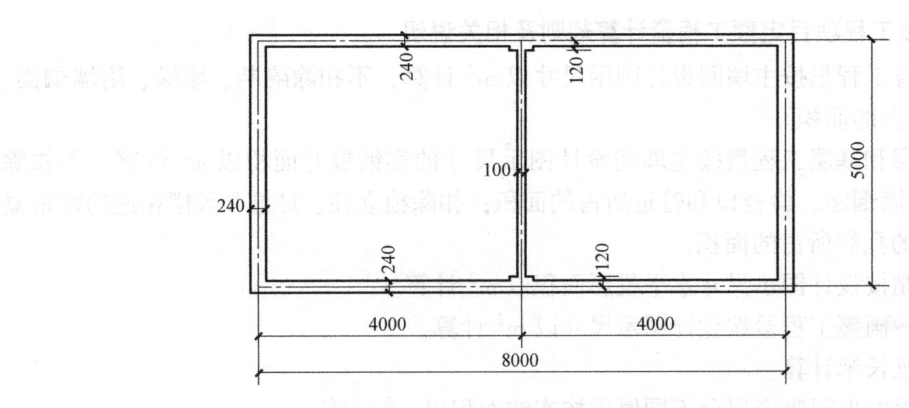

图 4-17　某天棚平面图

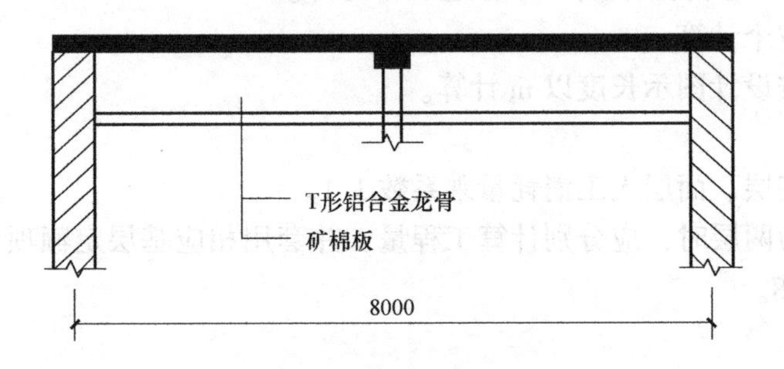

图 4-18　某天棚吊顶图

表 4-31　工程量计算表

定额编号	项目名称	单位	工程量	计算式
16-27	铝合金龙骨装配式 T 形	m^2	36.46	$S=(8-0.12\times2-0.1)\times(5-0.12\times2)$
16-65	矿棉板面层	m^2	36.46	$S=(8-0.12\times2-0.1)\times(5-0.12\times2)$

第四节　门窗工程

一、概述

装饰门窗区别于一般的木门窗和钢门窗，它具有造型别致、装饰效果好、造价较高等特点。例如，装饰木门是指对装饰有较高要求的门，其门框、门扇框料及门芯板是由材质较坚硬的阔叶树种木材，如水曲柳、柚木、榉木等制作，胶合板夹板门面贴装饰面板或真皮、合成革等，所选用的五金与门相适应，其加工难度大，制作精细，耗工多；而普通木门是指没有特殊要求的木门，由材质较软的针叶树种如红松、白松、落叶松等制成，夹板门面板一般也不贴饰面材料，加工较容易，耗工少。

装饰门窗包括装饰木门、异形木窗、铝合金门窗、彩板组角钢门窗、塑料门窗、卷闸门、电子感应门、不锈钢电动伸缩门以及以门窗相连的木装修，如门窗套、门窗贴脸、门窗筒子板、窗帘盒、窗台板等。常用的有以下几种：

1. 铝合金门窗

铝合金门窗是采用铝合金型材作为框架，中间镶嵌玻璃而成的门窗。铝合金型材规格很多，不同的规格将影响到工程造价的高低。

(1) 铝合金门

1) 铝合金地弹门。地弹门是弹簧门的一种，弹簧门为开启后会自动关闭的门。弹簧门一般装有弹簧铰链（合页），常用的弹簧铰链有单面弹簧、双面弹簧和地弹簧。单（双）面弹簧铰链装在门侧边；地弹簧安装在门扇边挺下方的地面内。门扇下方安装弹簧框架，内有座套，套在底板的地轴上。在门扇上部也安装有定轴和定轴套板，门扇可绕轴转动。当门扇开启角度小于90°时，可使门保持不关闭。地弹门根据其组扇形式的不同分为单扇、双扇、四扇、双扇全玻等形式，可带有侧亮和上亮。上亮指的是门上面的玻璃窗；侧亮指双扇门两边不能开启的固定玻璃门扇。

2) 铝合金推拉门。推拉门分为四扇无上亮、四扇带上亮、双扇无上亮、双扇带上亮四种形式。

3) 平开门。平开门分为单扇平开门（带上亮或不带上亮）、双扇平开门（带上亮或不带上亮或带顶窗）等几种形式。

(2) 铝合金窗。按照组扇形式分为单扇平开窗（无上亮、带上亮、带顶窗）、双扇平开窗（无上亮、带上亮、带顶窗）、双（三、四）扇推拉窗（不带亮、带亮）、固定窗等。

铝合金窗的型号按窗框厚度尺寸确定，目前有40系列（包括38系列）、50系列、55系列、60系列、70系列和90系列推拉窗，如60TL表示60系列的推拉窗。某系列是指框料铝合金型材的总厚（高）度尺寸，由于门窗的边框、边挺、横框、冒头等的断面形式有所不同，但型材总厚（高）度应有一个标准尺寸以便定型生产，在这个标准尺寸控制下，根据使用部位不同，有不同的断面形式。

2. 彩板组角钢门窗

彩板组角钢门窗是将镀锌钢板轧制成0.7~1mm厚钢板，表面经脱脂化学处理后涂敷各种防腐蚀涂层和装饰面漆成为彩色涂层钢板，再用这些涂层钢板经辊压、轧制或冷弯等工艺，制成各种门窗型材和各种形式的接插件，而后按门窗规格组合装配而成。它以螺钉连接工艺取代闪光对焊和手工电焊，且在外框与扇框、扇框与玻璃之间均用胶条做密封，因此具有重量轻、强度高、密封好、耐腐蚀、保温隔声、色彩鲜艳、采光面积大等优点。

3. 塑料门窗

塑料门窗又称为塑钢门窗，它是以硬质聚氯乙烯为主要原料，加入适量耐老化剂、增塑剂、稳定剂等助剂，经专门加工而成。其具有重量轻、耐水、耐腐蚀、耐热性能好，气密性和水密性好，装饰性好和保养方便等优点。门窗采用柔性方式安装以适应因温度变化而引起的涨缩性。安装方法是用固定铁件固定门窗框，框与墙间的空隙填入框面之类的隔热材料。

4. 装饰木门

装饰木门是指对装饰有较高要求的门，一般造价较高。

1) 花饰木门：是指在门扇上由装饰线条组成各种图案，以增强装饰效果。

2) 夹板实心门：是指中间由厚细木板实拼代替方木龙骨架，细木板面贴柚木等。

3) 双面夹板门、双面防火板门和双面塑料夹板门：这三种门均属于夹板门，其中间骨架构造是相同的，主要不同在于面板。双面夹板门的面板是三层胶合板，而双面防火板门则在胶合板外再贴一层防火板。

5. 隔声门

隔声门是用吸声材料做成门扇，门缝用海绵橡皮条等具有弹性的材料封严，一般用于音像室、播音室等有隔声要求的房间。隔声门常见的做法有填芯隔声门和外包隔声门，填芯隔声门是用玻璃棉丝或岩棉填充在门芯内，门扇缝用海绵橡皮条封严。外包隔声门是在门扇外面包一层人造革（或真皮），人造革内填塞海绵，并将通长的人造革压条用泡钉钉牢，四周缝隙用海绵橡皮条封严。

二、门窗工程工程量清单项目及工程量计算规则

门窗工程包括木门、金属门、金属卷帘门、厂库房大门、特种门、其他门、木窗、金属窗、门窗套、窗帘盒、窗帘轨和窗台板。

1. 门窗工程工程量清单项目设置及工程量计算规则（表4-32~表4-41）

表4-32 木门（编码：010801）

项目编码	项目名称	计量单位	工程量计算规则
010801001	木质门	1. 樘 2. m^2	1. 以樘计量,按设计图示数量计算 2. 以平方米计量,按设计图示洞口尺寸以面积计算
010801002	木质门带套		
010801003	木质连窗门		
010801004	木质防火门		
010801005	木门框	1. 樘 2. m	1. 以樘计量,按设计图示数量计算 2. 以米计量,按设计图示框的中心线以延长米计算
010801006	门锁安装	个/套	按设计图示数量计算

表4-33 金属门（编码：010802）

项目编码	项目名称	计量单位	工程量计算规则
010802001	金属(塑钢)门	1. 樘 2. m^2	1. 以樘计量,按设计图示数量计算 2. 以平方米计量,按设计图示洞口尺寸以面积计算
010802002	彩板门		
010802003	钢质防火门		
010802004	防盗门		

表4-34 金属卷帘门（编码：010803）

项目编码	项目名称	计量单位	工程量计算规则
010803001	金属卷帘(闸)门	1. 樘 2. m^2	1. 以樘计量,按设计图示数量计算 2. 以平方米计量,按设计图示洞口尺寸以面积计算
010803002	防火卷帘(闸)门		

表4-35 厂库房大门、特种门（编码：010804）

项目编码	项目名称	计量单位	工程量计算规则
010804001	木板大门	1. 樘 2. m^2	1. 以樘计量,按设计图示数量计算 2. 以平方米计量,按设计图示洞口尺寸以面积计算
010804002	钢木大门		
010804003	全钢板大门		
010804004	防护铁丝门		1. 以樘计量,按设计图示数量计算 2. 以平方米计量,按设计图示门框或扇以面积计算

（续）

项目编码	项目名称	计量单位	工程量计算规则
010804005	金属格栅门	1. 樘 2. m^2	1. 以樘计量,按设计图示数量计算 2. 以平方米计量,按设计图示洞口尺寸以面积计算
010804006	钢质花饰大门		1. 以樘计量,按设计图示数量计算 2. 以平方米计量,按设计图示门框或扇以面积计算
010804007	特种门		1. 以樘计量,按设计图示数量计算 2. 以平方米计量,按设计图示洞口尺寸以面积计算

表 4-36　其他门（编码：010805）

项目编码	项目名称	计量单位	工程量计算规则
010805001	电子感应门	1. 樘 2. m^2	1. 以樘计量,按设计图示数量计算 2. 以平方米计量,按设计图示洞口尺寸以面积计算
010805002	旋转门		
010805003	电子对讲门		
010805004	电动伸缩门		
010805005	全玻自由门		
010805006	镜面不锈钢饰面门		
010805007	复合材料门		

表 4-37　木窗（编码：010806）

项目编码	项目名称	计量单位	工程量计算规则
010806001	木质窗	1. 樘 2. m^2	1. 以樘计量,按设计图示数量计算 2. 以平方米计量,按设计图示洞口尺寸以面积计算
010806002	木飘(凸)窗		1. 以樘计量,按设计图示数量计算 2. 以平方米计量,按设计图示尺寸以框外围展开面积计算
010806003	木橱窗		
010806004	木纱窗		1. 以樘计量,按设计图示数量计算 2. 以平方米计量,按框的外围尺寸以面积计算

表 4-38　金属窗（编码：010807）

项目编码	项目名称	计量单位	工程量计算规则
010807001	金属(塑钢、断桥)窗	1. 樘 2. m^2	1. 以樘计量,按设计图示数量计算 2. 以平方米计量,按设计图示洞口尺寸以面积计算
010807002	金属防火窗		
010807003	金属百叶窗		
010807004	金属纱窗		1. 以樘计量,按设计图示数量计算 2. 以平方米计量,按框的外围尺寸以面积计算
010807005	金属格栅窗		1. 以樘计量,按设计图示数量计算 2. 以平方米计量,按设计图示洞口尺寸以面积计算
010807006	金属(塑钢、断桥)橱窗		1. 以樘计量,按设计图示数量计算 2. 以平方米计量,按设计图示尺寸以框外围展开面积计算
010807007	金属(塑钢、断桥)飘(凸)窗		
010807008	彩板窗		1. 以樘计量,按设计图示数量计算 2. 以平方米计量,按设计图示洞口尺寸或框外围以面积计算
010807009	复合材料窗		

表 4-39 门窗套（编码：010808）

项目编码	项目名称	计量单位	工程量计算规则
010808001	木门窗套	1. 樘 2. m^2 3. m	1. 以樘计量，按设计图示数量计算 2. 以平方米计量，按设计图示尺寸以展开面积计算 3. 以米计量，按设计图示中心以延长米计算
010808002	木筒子板		
010808003	饰面夹板筒子板		
010808004	金属门窗套		
010808005	石材门窗套		
010808006	门窗木贴脸	1. 樘 2. m	1. 以樘计量，按设计图示数量计算 2. 以米计量，按设计图示以延长米计算
010808007	成品木门窗套	1. 樘 2. m^2 3. m	1. 以樘计量，按设计图示数量计算 2. 以平方米计量，按设计图示尺寸以展开面积计算 3. 以米计量，按设计图示中心以延长米计算

表 4-40 窗台板（编码：010809）

项目编码	项目名称	计量单位	工程量计算规则
010809001	木窗台板	m^2	按设计图示尺寸以展开面积计算
010809002	铝塑窗台板		
010809003	金属窗台板		
010809004	石材窗台板		

表 4-41 窗帘盒、窗帘轨（编码：010810）

项目编码	项目名称	计量单位	工程量计算规则
010810001	窗帘	1. m^2 2. m	1. 以米计量，按设计图示尺寸以成活后长度计算 2. 以平方米计量，按图示尺寸以成活后展开面积计算
010810002	木窗帘盒	m	按设计图示尺寸以长度计算
010810003	饰面夹板、塑料窗帘盒		
010810004	金属窗帘盒		
010810005	窗帘轨		

2. 计算实例

计算图 4-19 所示住宅实木镶板门及塑钢窗的清单工程量。设分户门洞 FDM-1 尺寸 800mm×2000mm，室内门 M-2 洞口尺寸 800mm×2100mm，M-4 洞口尺寸 700mm×2100mm，塑钢窗洞口高度均为 1600mm。并填写清单工程量计算表（表 4-42）、分部分项工程和单价措施项目清单与计价表（表 4-43）。

解：清单工程量计算：

1）计算方法：实木镶板门工程量=设计图示数量

分户门 FDM-1 工程量=1 樘

室内门 M-2 工程量=2 樘

室内门 M-4 工程量=1 樘

2）计算方法：塑钢窗工程量=设计图示数量

塑钢窗 C-9 工程量=1 樘

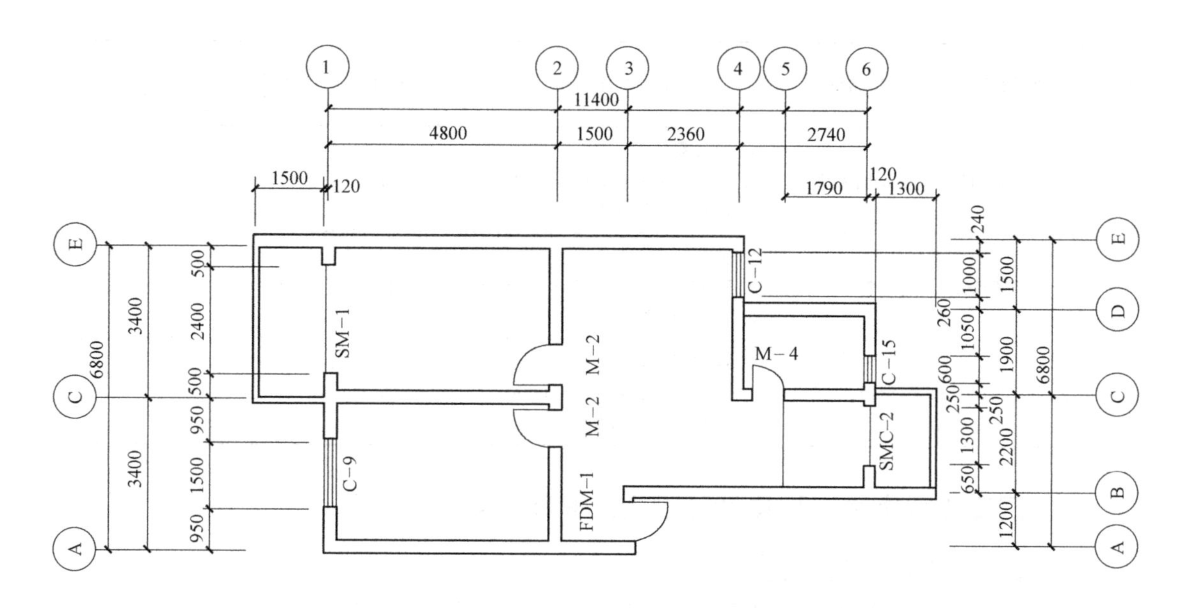

图 4-19　某住宅平面示意图

塑钢窗 C-12 工程量 = 1 樘

塑钢窗 C-15 工程量 = 1 樘

表 4-42　清单工程量计算表

序号	清单项目编码	清单项目名称	计算式	工程量	计量单位
1	010801001001	木质门 FDM-1		1	樘
2	010801001002	木质门 M-2		2	樘
3	010801001003	木质门 M-4		1	樘
4	010807001001	塑钢窗 C-9		1	樘
5	010807001002	塑钢窗 C-12		1	樘
6	010807001002	塑钢窗 C-15		1	樘

表 4-43　分部分项工程和单价措施项目清单与计价表

序号	项目编码	项目名称	项目特征描述	计量单位	工程量	金额/元	
						综合单价	合价
1	010801001001	木质门 FDM-1	1. 门代号：FDM-1 2. 门洞尺寸：800mm×2000mm 3. 门材质：实木镶板门	樘	1		
2	010801001002	木质门 M-2	1. 门代号：M-2 2. 门洞尺寸：800mm×2100mm 3. 门材质：实木镶板门	樘	2		
3	010801001003	木质门 M-4	1. 门代号：M-4 2. 门洞尺寸：700mm×2100mm 3. 门材质：实木镶板门	樘	1		

（续）

序号	项目编码	项目名称	项目特征描述	计量单位	工程量	金额/元	
						综合单价	合价
4	010807001001	塑钢窗 C-9	1. 窗代号:C-9 2. 窗洞尺寸：1500mm×1600mm 3. 窗材质:塑钢窗	樘	1		
5	010807001002	塑钢窗 C-12	1. 窗代号:C-12 2. 窗洞尺寸：1000mm×1600mm 3. 窗材质:塑钢窗	樘	1		
6	010807001002	塑钢窗 C-15	1. 窗代号:C-15 2. 窗洞尺寸：600mm×1600mm 3. 窗材质:塑钢窗	樘	1		

三、门窗工程定额工程量计算规则及其他说明

1. 门窗工程工程量计算规则

1）各类门窗工程量均按设计洞口尺寸以 m^2 计算，无框者按扇外围尺寸计算。

2）纱窗扇安装工程量按扇外围尺寸以 m^2 计算。

3）防火卷帘门工程量按楼面或地面距端板顶点的高度乘门的宽度以 m^2 计算。

4）卷帘门安装工程量按门洞口高度增加 0.6m 乘以门洞宽度以 m^2 计算。电动装置安装以套计算，活动小门以个计算。

5）电子感应门、旋转门、电子刷卡智能门的安装按樘计算，电动伸缩门按 m 计算，电动装置安装以套计算。

6）门连窗应分别计算工程量。窗的宽度应计算至门框外边。

7）不锈钢格栅门、防盗门窗工程量按设计洞口尺寸以 m^2 计算。

8）防盗栅栏按展开面积以 m^2 计算。

9）飘窗按外边框展开面积以 m^2 计算。

10）钢木大门安装工程量按扇外围面积以 m^2 计算。

11）钢板大门、铁栅门安装工程量按质量以 t 计算。

2. 说明

1）门窗安装所用的小五金（普通合页、螺钉）费用已包括在《甘肃省建筑与装饰工程预算定额》内，不再另行计算。其他五金配件按《甘肃省建筑与装饰工程预算定额》第十七章门窗配套装饰及其他相应定额项目计算。

2）顶橱窗，壁柜门定额项目中已包括橱内的隔断、格板、地板、挂衣架等工料，不再另行计算。

3）木门窗中的玻璃门适用于木框玻璃门，全玻璃门窗中有框全玻门适用于钢框、不锈钢玻璃门。

4）无框、有框全玻门包括不锈钢板门夹、拉手、地弹簧等。

5）附框的材质、规格实际使用与定额不同时，可进行换算。

3. 门窗饰面及五金配件工程量计算规则

1）门饰面工程量按设计图示尺寸的贴面面积以 m^2 计算。

2）门窗钉橡胶密封条工程量按门窗扇外围尺寸以 m 计算。

3）木作门窗套、不锈钢门窗套及石材门窗套工程量按设计图示尺寸的展开面积以 m^2 计算；成品门窗套按设计图示尺寸以 m 计算。

4）窗台板工程量按设计图示尺寸的实铺面积以 m^2 计算。

5）门窗贴脸、窗帘盒、窗帘轨道工程量按设计图示尺寸以 m 计算。

6）门窗五金按设计图示数量计算。

4. 调整系数及说明

1）《甘肃省建筑与装饰工程预算定额》中门窗除第九节无框全玻璃门窗和第十节钢木大门、钢板大门项目外均按工厂制作成品编制的。

2）《甘肃省建筑与装饰工程预算定额》中门按“甘肃省工程建设标准设计《02 系列建筑标准设计图集》”的分类进行编制。

3）门窗筒子板及窗台板定额项目不包括装饰线条，另按《甘肃省建筑与装饰工程预算定额》第六章相应项目计算。

4）门窗安装玻璃厚度及品种与定额规定不同时，可以进行换算。

5）顶橱门，壁橱门定额项目中已包括橱内的隔断、格板、地板、挂衣架等工料，不再另外计算。

四、门窗分项工程工程量的计算方法

1. 计算公式及说明

1）各类有框门窗安装工程量=框外围面积

2）各类无框门窗安装工程量=扇外围面积

3）纱门纱扇安装工程量=扇外围面积

4）防火卷帘门工程量=楼面或地面距端板顶点的高度×门的宽度

5）卷帘门工程量=(门洞口高度+0. 6m)×门洞宽度

6）门连窗的工程量=门的工程量+窗的工程量

7）门窗筒子板工程量=实贴面积

8）窗台板工程量=实贴面积

9）门窗贴脸、窗帘盒、窗帘轨道、披水条、盖口条工程量按设计长度以 m 计算。

2. 计算实例

某工程有如图 4-20 所示铝合金平开门 3 樘，镶 6mm 厚平板玻璃，请根据《甘肃省建筑与装饰工程预算定额》计算铝合金平开门工程量，并填写工程量计算表。

解：该铝合金平开门工程量计算按洞口面积计算：

$$S=(2.65\times2.675\times3)\mathrm{m}^2=21.266\mathrm{m}^2$$

工程量计算表见表 4-44。

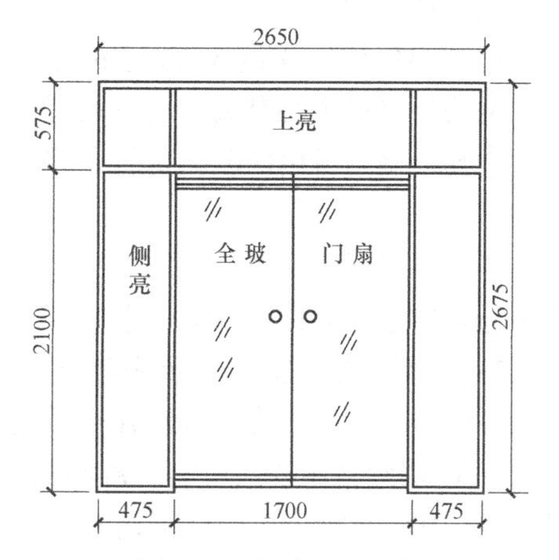

图 4-20　铝合金平开门

表 4-44　工程量计算表

定额编号	项目名称	单位	工程量	计算式
13-56	全玻铝合金平开门	m^2	21.266	$S=2.65\times2.675\times3$

第五节　油漆、涂料、裱糊工程

一、概述

1. 常用材料

(1) 油漆材料

1) 油脂漆类。该类油漆是以天然植物油、动物油等为主要成膜物质的一种底子涂料。其靠空气中的氧化作用结膜干燥，故干燥速度慢，不耐酸、碱和有机溶剂，耐磨性也差。

2) 天然树脂漆类。该类油漆是以天然树脂为主要成膜物质的一种普通树脂漆。该类油漆的品种中有酯胶清漆、各色酯胶漆、无光漆、半无光调和漆、大漆（生漆）、酯胶地板漆和酯胶防锈漆等。

3) 酚醛树脂清漆。该类油漆是以甲酚类和醛类缩合而成的酚醛树脂，加入有机溶剂等物质组成，具有良好的耐水、耐候、耐腐蚀性。

4) 醇酸树脂漆类。该类油漆是以醇酸树脂为主要成膜物质的一种树脂类油漆。其具有优良的耐久、耐气候性和保光性、耐汽油性，刷、喷、涂均可。该类油漆的品种有醇酸清漆、醇酸酯胶调和漆、醇酸磁漆、红丹醇酸防锈漆等。

5) 硝基漆类。该类油漆是以硝基纤维素加合成树脂、增塑剂、有机溶液等配制而成，具有干燥迅速，耐久性、耐磨性好等特点。该类油漆品种有硝基清漆（腊克）、硝基磁漆等。

6) 丙烯酸树脂漆。该类油漆是以丙烯酸酯为主要原料制成的漆类，分为溶剂型、水溶型、乳胶型三种，具有保光、保色、装饰性好、用途广泛等特点。该类油漆的品种有丙烯酸清漆、丙烯酸木器漆、各色丙烯酸磁漆等。

(2) 喷涂材料

1) 刷浆材料。刷浆材料基本上可分为胶凝材料、胶料以及颜料等三种。

①胶凝材料主要有大白粉（白垩粉）、可赛银（酪素涂料）、干墙粉、熟石灰、水泥等。

②胶料刷浆所用的胶料品种很多，常用的有龙须菜、牛皮胶、108 胶、乳胶、羧甲基纤维素等。

③颜料根据装饰效果的需要，可以在浆液中掺入适量的颜料配制成所需要的色浆，常用的颜色有白色、乳白色、乳黄色、浅绿色、浅蓝色等。

2) 涂料。建筑涂料近年来随着建筑业发展的需求，新品种越来越多，涂料的性质、用途也各有差异，并且在实际应用中取得了良好的技术经济效果。其中常用的有：

① 内墙涂料主要品种有 106 涂料、803 涂料、改进型 107 耐擦洗内墙涂料、FN-841 涂料、206 内墙涂料（氯偏乳液内墙涂料）、过氯乙烯内墙涂料等。

② 外墙涂料主要品种有 JGY822 无机外墙涂料、104 外墙涂料、乳液涂料（丙烯酸乳液

涂料、乙丙乳液厚质涂料、氯—醋—丙共聚乳液涂料、彩砂涂料)、苯乙烯外墙涂料、彩色滩涂涂料等。

(3) 裱糊材料 油色是一种裱糊包括在墙面、柱面及顶棚面裱贴墙纸或墙布。预算定额分为墙纸、金属壁纸和织锦缎墙布三类。

1) 墙纸。墙纸又叫壁纸，有纸质壁纸和塑料壁纸两大类。纸质壁纸透气、吸声性能好；塑料壁纸光滑、耐擦洗。

2) 金属壁纸。金属壁纸是用金属薄箔（一般为铝箔），经表面化学处理后进行彩色印刷，并涂以保护膜，然后与防水纸粘贴压合分卷而成。它具有表面光洁、耐水耐磨、不发斑、不变色、图案清晰、色泽高雅等优点。

3) 织锦缎墙布。织锦缎墙布是用棉、毛、麻、丝等天然纤维或玻璃纤维制成的各种粗细纱或织物，经不同纺纱编制工艺和花色捻线加工，再与防水防潮纸粘贴复合而成。它具有耐老化、无静电、不反光、透气性能好等特点。

2. 常见油漆、涂料、裱糊工艺简介

(1) 底油一遍，刮腻子、调和漆二遍的木材面油漆

1) 底油。底油的作用是防止木材受潮、增强防腐能力、加深与后道工序黏结性。底油是由清油和油漆溶剂油配置而成。

2) 腻子。腻子是平整基体表面、增强基层对油漆的附着力、机械强度和耐老化性能的一道底层。故一般称刮腻子为打底、打底子、刮灰、打底灰等，这是决定油漆质量好坏的一道重要工序。

腻子的种类应根据基层和油漆的性质不同而配套调制。刮腻子的操作一般分 2~3 次，油漆等级越高，刮腻子次数越多。第一遍刮腻子称为“嵌腻子”或“嵌补腻子”，主要是嵌补基层的洞眼、裂缝和缺损处使之平整，干燥后经砂纸磨平刮第二遍。第二遍刮腻子称为“批腻子”或“满批腻子”，即对基层表面进行全面批刮；干燥磨平后即可刷涂底漆，也称为头道漆；待漆干燥后用细砂纸磨平，此时个别地方出现的缺损，需再补一次腻子，称为“找补腻子”。

3) 调和漆。调和漆是油性调和漆的简称。调和漆一般刷涂两遍，较高级的刷涂三遍。头道漆采用无光调和漆，第二遍面漆用调和漆。底油一遍，刮腻子、调和漆两遍的操作统称为三遍成活，属于普通等级。

(2) 润粉、刮腻子、调和漆二遍，磁漆一遍的木材面油漆

1) 润粉。在建筑装饰工程中，普通等级木材面油漆的头道工序多采用刷底油一遍，但为了提高油漆的质量，增强头道工序的效果，则采用润粉工艺。

润粉是以大白粉为主要原料，掺入调剂液调制成糨糊状物体，用棉纱团或麻丝团（而不是用漆刷）沾蘸这种糊状物来回多次揩擦木材表面，将其棕眼擦平的工艺，此工艺比刷底油效果更好，但较底油麻烦。

润粉根据掺入的调剂液种类不同，分为油粉和水粉。油粉是用大白粉掺入清油、熟桐油和溶剂油调制而成。水粉是在大白粉中掺入水胶（如骨胶、鱼胶等）及颜料粉等制成。

2) 磁漆。磁漆也是一种调和漆，它的全称为磁性调和漆。它也是以干性植物油为主要原料，但在基料中要加入树脂，然后同调和漆一样，加入着色颜料和体质颜料、溶剂及催干剂等调配而成。由于它具有一种瓷釉般的光泽，故简称为磁漆，以便与调和漆相区别。常见

的磁漆有酯胶磁漆、酚醛磁漆、醇酸磁漆等。

（3）刷底油、油色、清漆二遍的木材面油漆

1）油色。油色是一种既能显示木材面纹理，又能使木材面底色一致的一种自配油漆，它介于厚漆与清油之间。因厚漆涂刷在木材面上能遮盖木材面纹理，而清油是一种透明的调和漆，它只能稀释厚漆而不改变油漆的性质，所以也可以说油色是一种带颜色的透明油漆。

油色主要用于透明木材面木纹的清漆面油漆工艺中，很少用于作色面漆工艺。

2）清漆。一般清漆由主要成膜物质（如油料、树脂等）、次要成膜物质（如着色颜料、体质颜料、防锈燃料等）和辅助成膜物质（如稀释溶剂、催干剂等）三部分组成。

在油漆中没有加入颜料的透明液体成为清漆，而在油脂清漆中加入着色颜料和体质颜料即成为调和漆。

清漆与清油有所不同，清漆属于漆类，前面多冠以主要原料名称，如酚醛清漆、醇酸清漆、硝基清漆等，多用于油漆的表层。而清油属于性油类，故又称为调漆油或鱼油，多作为刷底漆或调漆用。

（4）润粉、刮腻子、漆片、硝基清漆、磨退出亮木材面油漆

1）漆片及漆片腻子。在硝基清漆工艺中，润粉后的一道工序就是涂刷泡力水，也称为刷理漆片或虫胶清漆或虫胶液。漆片又称虫胶片。虫胶是热带地区的一种虫胶虫在幼虫时期由于新陈代谢所分泌的胶质（积累在树枝上），取其分泌物经过洗涤、磨碎、除渣、熔化、去色、沉淀、烘干等工艺而制成薄片，即为虫胶片。将虫胶片掺入酒精中溶解即为泡力水，又叫虫胶漆、洋干漆等。漆片腻子是用虫胶漆和石膏粉调配而成。它具有良好的干燥性和较强的黏结度，并使填补处无腻子痕迹且易于打磨。

2）硝基清漆。硝基清漆是硝基漆类的一种。硝基漆分为磁漆与清漆两大类，加入颜料经加工而成的称为磁漆；未加入颜料的称为清漆，或称蜡克。硝基漆具有漆膜坚硬、丰满耐磨、光泽好、成膜快、易于抛光擦蜡、修补的面漆不留痕迹等特点，是较高级的一种油漆。

3）磨退出亮。磨退出亮是硝基清漆工艺中的最后一道工序，它由水磨、抛光擦蜡、涂擦上光剂三步做法组成。

① 水磨是先用湿毛巾在漆膜面上湿擦一遍，并随之打一遍肥皂，使表面形成肥皂水溶液，然后用400~500号水砂纸打磨，使漆膜表面无浮光、无小麻点、平整光亮。

② 抛光擦蜡。抛光是指用棉球浸蘸抛光膏溶液，涂敷于漆膜表面上。擦蜡是手捏此棉球使劲揩擦，通过棉球中的抛光膏溶液和摩擦的热量，将漆膜面抛磨出光，最后用干棉纱擦去雾光。

③ 涂擦上光剂，上光剂即为上光蜡。涂擦上光剂是指把上光剂均匀涂抹于漆膜面上，并用干棉纱反复摩擦，使漆膜面上的白雾光消除，呈现出光泽如镜的效果。

（5）木地板油漆　地板漆是一种专用漆，品种很多，有高、中、低档次之分。

高档地板漆多为日本产的水晶漆和国产聚酯漆；中档地板漆为聚氨酯漆（如聚氨基甲酸酯漆）；低档地板漆有酚醛清漆、醇酸清漆、酯胶地板漆等。

（6）抹灰面乳胶漆　乳胶漆是抹灰面最常用、施工最方便、价格最适宜的一种油漆。常用的乳胶漆有聚醋酸乙烯乳胶漆、丙烯酸乳胶漆、丁苯乳胶漆和油基乳化漆等。

（7）抹灰面过氯乙烯漆　过氯乙烯漆是由底漆、磁漆和清漆为一组配套使用的。底漆附着力好，清漆做面漆防腐蚀性能强，磁漆做中间层，能使底漆与面漆很好地结合。

(8) 喷塑及彩砂喷涂

1) 喷塑。喷塑从广义上说也是一种喷涂，只是它的操作工艺与用料与喷涂有所不同。它的涂层由底层、中间层和面层三部分组成；底层是涂层与基层之间的结合层，起封底作用，借以防止硬化后的水泥砂浆抹灰层中可溶性的盐渗出而破坏面层，这一道工序称为刷底油（或底漆）。中间层是主体层，为一种大小颗粒的厚涂层，分为平面喷涂和花点喷涂，花点喷涂又有大中小三个档次，即定额中的大压花、中压花和幼点。大中小喷点可用喷枪的喷嘴直径控制。

定额规定："点面积在 1.2cm^2 以上的为大压花；点面积在 1~1.2cm^2 的为中压花；点面积在 1cm^2 以下的为幼点或中点"。在罩面漆之前，当喷点为固结的情况下，用圆辊将喷点压平，使其形成自然花形。面层是指罩面漆，一般都要喷涂两遍以上。定额中所指的一塑三油为：一塑即中间厚涂层；三油即一道底漆、两道罩面漆。

2) 彩砂喷涂。彩砂喷涂是一种粗骨料涂料，用空气压缩机喷枪喷涂于基面上，一般涂料都存有装饰质感差、易褪色变色、耐久性不够理想等问题。而彩砂中的粗骨料是经高温焙烧而成的一种着色骨料，不变色、不褪色。几种不同色彩骨料的配合可取得良好的耐久性和类似天然石料的丰富色彩与质感。彩砂涂料中的胶结材料为耐水性、耐候性好的合成树脂液，这样从根本上就解决了一般涂料中颜填料的褪色问题。

彩砂喷涂要求基面平整，达到普通抹灰标准即可。若基面不平整时（如混凝土墙面），需用 108 胶水泥腻子找平。在新抹水泥砂浆面 3~7 天后能开始喷涂，彩砂涂料市场上有成品供应。

3) 砂胶涂料。砂胶涂料是以合成树脂乳液为成膜物质，加入普通石英砂或彩色砂子等制成。其具有无毒、无味、干燥快、抗老化、黏结力强等优点，一般用 4~6mm 口径喷枪喷涂，市场上也有成品供应。

砂胶涂料与彩砂涂料均属于粗骨料喷涂涂料，但彩砂涂料的档次高于砂胶涂料。

(9) 抹灰面 106、803、JH801 涂料　106 涂料和 803 涂料多用于内墙抹灰面，具有无毒、无臭、干燥快、黏结力强等优点。JH801 涂料具有良好的耐久性、耐老化性、耐热性、耐酸碱性和耐污性，因此广泛用于外墙装饰，以喷涂效果最佳，也可刷涂和滚涂。

(10) 地面 108 胶水泥、777 涂料、177 涂料

1) 108 胶水泥彩色地面。108 胶全称为聚乙烯醇缩甲醛胶，它是由聚乙烯醇与甲醛在酸性介质中进行缩合反应而得到的一种透明胶体。它与一定比例的白水泥、色粉搅匀扑在楼地面上，即成为彩色地面。它具有无毒无臭、抗水耐磨、快干不燃、光洁美观等优点，一般采用刮涂施工。

2) 777 涂料。777 涂料是以水溶性高分子聚合物胶为基料，与特制填料和颜料组合而成的一种厚质涂料。其用涂刷法施工，刷 2~3 遍，该涂料具有施工简便、价格便宜、无毒、不燃、快干等优点。

3) 177 涂料。这是一种乳白色水溶性共聚液，它与氯偏料配套使用，作为 107 氯偏乳液与水泥拌和所铺在地面上的罩面乳液。

楼地面涂料除以上三种外，还有很多其他品种。此三种涂料可以做成花色地面、方块席纹地面和一般地面三类。

（11）裱糊 壁纸裱糊施工程序包括：基层处理、墙面划准线、裁纸、润纸、刷胶、裱糊、修整七项。

1）基层处理：包括清扫、填补缝隙、磨砂纸、接缝处糊条（石膏板或木料面）、刮腻子、磨平、刷涂料（木料板面）或底胶一遍（抹灰面、混凝土面或石膏板面）。

2）墙面划准线：即在墙面弹水平线及垂直线，使壁纸粘贴后花纹、图案、线条连贯一致。

3）裁纸：根据壁纸规格及墙面尺寸统筹规划、裁纸编号，以便按顺序粘贴。

4）润纸：不同的壁纸、墙布对润纸的反应不一样，有的反应比较明显，如纸基塑料壁纸，遇水膨胀，干后收缩，经浸泡湿润后（要抖掉多余的水），可防止裱糊后的壁纸出现气泡、皱褶等质量通病。对于遇水无伸缩性的壁纸，则无须润纸。

5）刷胶粘剂：对于不同的壁纸，刷胶方式也不相同。对于带背胶壁纸，壁纸背面及墙面不用刷胶结材料；塑料壁纸、纺织纤维壁纸，在壁纸背面和基面都要刷胶结剂，基面刷胶宽度比壁纸宽3cm；锦缎在裱糊前应在背面衬糊一层宣纸。

6）裱糊：裱糊时先垂直面，后水平面，先保证垂直后对花拼接。

对于有图案的壁纸，裱糊采用对接法，拼接时先对图案后拼缝，从上至下图案吻合后再用刮板刮胶、赶实、擦净多余胶液。这种做法叫对花裱糊。

7）修整：壁纸上墙后，如局部不符合质量要求，应及时采取补救措施。

二、油漆、涂料、裱糊工程工程量清单项目及工程量计算规则

油漆、涂料、裱糊工程包括门油漆、窗油漆、木扶手及其他板条线条油漆、木材面油漆、金属面油漆、抹灰面油漆、喷塑、涂料、花饰、线条刷涂料和裱糊。

1. 油漆、涂料、裱糊工程工程量清单项目设置及工程量计算规则（表4-45~表4-52）。

表4-45 门油漆（编码：011401）

项目编码	项目名称	计量单位	工程量计算规则
011401001	木门油漆	1. 樘 2. m^2	1. 以樘计量，按设计图示数量计量 2. 以平方米计量，按设计图示洞口尺寸以面积计算
011401002	金属门油漆		

表4-46 窗油漆（编码：011402）

项目编码	项目名称	计量单位	工程量计算规则
011402001	木窗油漆	1. 樘 2. m^2	1. 以樘计量，按设计图示数量计量 2. 以平方米计量，按设计图示洞口尺寸以面积计算
011402002	金属窗油漆		

表4-47 木扶手及其他板条线条油漆（编码：011403）

项目编码	项目名称	计量单位	工程量计算规则
011403001	木扶手油漆	m	按设计图示尺寸以长度计算
011403002	窗帘盒油漆		
011403003	封檐板、顺水板油漆		
011403004	挂衣板、黑板框油漆		
011403005	挂镜线、窗帘棍、单独木线油漆		

表4-48　木材面油漆（编码：011404）

项目编码	项目名称	计量单位	工程量计算规则
011404001	木护墙、木墙裙油漆	m^2	按设计图示尺寸以面积计算
011404002	窗台板、筒子板、盖板、门窗套、踢脚线油漆		
011404003	清水板条天棚、檐口油漆		
011404004	木方格吊顶天棚油漆		
011404005	吸声板墙面、天棚面油漆		
011404006	暖气罩油漆		
011404007	其他木材面		按设计图示尺寸以单面外围面积计算
011404008	木间壁、木隔断油漆		
011404009	玻璃间壁露明墙筋油漆		
011404010	木栅栏、木栏杆(带扶手)油漆		
011404011	衣柜、壁柜油漆		按设计图示尺寸以油漆部分展开面积计算
011404012	梁柱饰面油漆		
011404013	零星木装修油漆		
011404014	木地板油漆		按设计图示尺寸以面积计算。空洞、空圈、暖气包槽、壁龛的开口部分并入相应的工程量内
011404015	木地板烫硬蜡面		

表4-49　金属面油漆（编码：011405）

项目编码	项目名称	计量单位	工程量计算规则
011405001	金属面油漆	1. t 2. m^2	1. 以吨计量，按设计图示尺寸以质量计算 2. 以平方米计量，按设计展开面积计算

表4-50　抹灰面油漆（编码：011406）

项目编码	项目名称	计量单位	工程量计算规则
011406001	抹灰面油漆	m^2	按设计图示尺寸以面积计算
011406002	抹灰线条油漆	m	按设计图示尺寸以长度计算
011406003	满刮腻子	m^2	按设计图示尺寸以面积计算

表4-51　喷刷涂料（编码：011407）

项目编码	项目名称	计量单位	工程量计算规则
011407001	墙面刷喷涂料	m^2	按设计图示尺寸以面积计算
011407002	天棚喷刷涂料		
011407003	空花格、栏杆刷涂料	m^2	按设计图示尺寸以单面外围面积计算
011407004	线条刷涂料	m	按设计图示尺寸以长度计算
011407005	金属构件刷防火涂料	1. m^2 2. t	1. 以吨计量，按设计图示尺寸以质量计算 2. 以平方米计量，按设计展开面积计算
011407006	木材构件喷刷防火涂料	m^2	按设计图示尺寸以面积计算

表 4-52 裱糊（编码：011408）

项目编码	项目名称	计量单位	工程量计算规则
011408001	墙纸裱糊	m^2	按设计图示尺寸以面积计算
011408002	织锦缎裱糊		

2. 计算实例

试计算图 4-21 所示房间内墙裙油漆的工程量，已知墙裙高 1.5m，窗台高 1.0m，房间墙体为实心砖墙，刷底油一遍、调和漆两遍，窗洞侧油漆宽 100mm。并填写清单工程量计算表（表 4-53），分部分项工程和单价措施项目清单与计价表（表 4-54）。

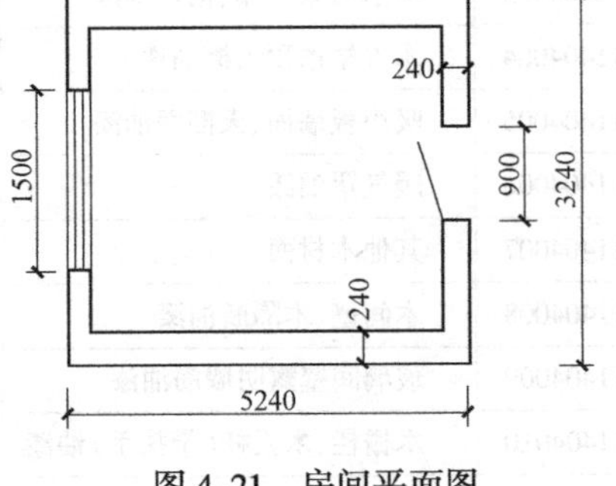

图 4-21 房间平面图

解： 墙裙油漆工程量 = 长×高 − Σ应扣除面积 + Σ应增加面积

$= \{[(5.24-0.24\times2)\times2+(3.24-0.24\times2)\times2]\times1.5-[1.5\times(1.5-1.0)+0.9\times1.5]+(1.50-1.0)\times0.10\times2\}\ m^2$

$=20.56m^2$

清单工程量计算表见表 4-53。

表 4-53 清单工程量计算表

序号	清单项目编码	清单项目名称	计算式	工程量	计量单位
1	011406001001	抹灰面油漆	$S=[(5.24-0.24\times2)\times2+(3.24-0.24\times2)\times2]\times1.5-[1.5\times(1.5-1.0)+0.9\times1.5]+(1.50-1.0)\times0.10\times2$	20.56	m^2

分部分项工程和单价措施项目清单与计价表见表 4-54。

表 4-54 分部分项工程和单价措施项目清单与计价表

序号	项目编码	项目名称	项目特征描述	计量单位	工程量	金额/元	
						综合单价	合价
1	011406001001	抹灰面油漆	1. 基层类型：实心砖墙 2. 油漆品种、刷漆遍数：底油一遍、调和漆两遍	m^2	20.56		

三、油漆、涂料、裱糊工程计价工程量计算及相关说明

1. 工程清单项目计价工程量计算规则

油漆、涂料、裱糊工程工程清单项目计价工程量计算规则

1）楼地面、天棚面、墙柱梁面等喷刷涂料、抹灰面油漆及裱糊的工程量均按（表 4-55）相应的工程量计算规则的规定计算。

2）金属面油漆工程量按不同构件理论质量乘表 4-56 规定的换算系数以 m^2 计算。

3）木材面油漆的工程量以单层木门、单层玻璃窗、木扶手、其他木材面、为基数分别

乘以表 4-57～表 4-60 规定系数计算。

4）柜类油漆工程量按（表 4-61）相应的工程量计算规则计算。

表 4-55　抹灰面油漆、涂料、裱糊工程量系数表

项 目 名 称	系数	工程量计算规则
亭天棚	1.00	按设计图示尺寸的斜面积以 m^2 计算
楼地面、天棚、墙、梁柱面、混凝土梯底(梁式)	1.00	按设计图示尺寸展开面积以 m^2 计算
混凝土梯底(板式)	1.30	按设计图示尺寸的水平投影面积以 m^2 计算
混凝土花格窗、栏杆花饰	1.82	按设计图示尺寸的单面外围面积以 m^2 计算

表 4-56　金属结构油漆重量与面积换算表

项目(金属制品)名称	每吨展开面积/m^2
半截百叶钢窗	150
钢折叠门	138
平开门、推拉门钢骨架	52
间壁	37
钢柱	24
吊车梁	24
花式梁柱	24
花式构件	24
操作台、走台、制动梁	27
支撑、拉杆	40
檩条	39
钢爬梯	45
钢栅栏门	65
钢栏杆窗栅	65
钢梁柱檩条	29
钢梁	27
车挡	24
钢屋架(型钢为主)	30
钢屋架(圆钢为主)	42
钢屋架(圆管为主)	38
天窗架、挡风架	35
墙架(实腹式)	19
墙架(格板式)	31
屋架梁	27
轻型屋架	54
踏步式钢扶梯	40
金属脚手架	46
H 型钢	22
零星铁件	50

表 4-57　单层木门工程量系数表

项目名称	系数	工程量计算规则
夹板门	1.00	按设计图示洞口尺寸以 m^2 计算
镶板门	1.14	
实木装饰木门(现场油漆)	1.35	
一板一纱木门	1.36	
单层半截玻璃门	0.98	
单层全玻璃门	0.83	
厂库房大门	1.10	

表 4-58　单层木窗工程量系数表

项目名称	系数	工程量计算规则
单层玻璃窗	1.00	按设计图示洞口尺寸以 m^2 计算
双层玻璃窗	2.00	
一玻一纱窗	1.36	

表 4-59　木扶手工程量系数表

项目名称	系数	工程量计算规则
木扶手	1.00	按设计图示长度以 m 计算
窗帘盒	2.04	
封檐板、顺水板、博风板	1.74	
生活园地框、挂镜线、装饰线条、压条宽度 30mm 以内	0.35	
挂衣板、黑板框、装饰线条、压条宽度 30mm 以外	0.52	

表 4-60　其他木材面工程量系数表

项目名称	系数	工程量计算方法
木板、胶合板(单面)、顶面	1.00	按设计图示尺寸以 m^2 计算
门窗套(含收口线条)	1.10	按设计图示尺寸油漆部分展开面积以 m^2 计算
清水板条天棚、檐口	1.07	按设计图示尺寸以 m^2 计算
木方格吊顶天棚	1.20	
吸声板墙面、天棚面	0.87	
屋面板(带檩条)	1.11	
木间壁、木隔断	1.90	按设计图示尺寸单面外围面积以 m^2 计算
玻璃间壁露明墙筋	1.65	
木栅栏、木栏杆(带扶手)	1.82	
零星木装修	0.87	按设计图示尺寸油漆部分展开面积以 m^2 计算
木屋架	1.79	按 1/2 设计图示跨度乘设计图示高度以 m^2 计算
木楼梯(不带地板)	2.30	按设计图示尺寸的水平投影面积以 m^2 计算
木楼梯(带地板)	1.30	

表 4-61　柜类油漆工程量系数表

项 目 名 称	系数	工程量计算方法
不带门衣柜	5.04	按设计图示尺寸的柜正立面投影面积以 m^2 计算
带木门衣柜	1.35	
不带门书柜	4.97	
带木门书柜	1.3	
带玻璃门书柜	5.28	
带玻璃门及抽屉书柜	5.82	
带木门厨房壁柜	1.47	
不带门厨房壁柜	4.41	
厨房吊柜	1.92	
带木门货架	1.37	
不带门货架	5.28	
带玻璃门吧台背柜	1.72	
带抽屉吧台背柜	2.00	
酒柜	1.97	
存包柜	1.34	
资料柜	2.09	
鞋柜	2.00	
带木门电视柜	1.49	
不带门电视柜	6.35	
带抽屉床头柜	4.32	
不带抽屉床头柜	4.16	
行李柜	5.65	
梳妆台	2.70	按设计图示尺寸以台面中心线长度计算
服务台	5.78	
收银台	3.74	
试衣间	7.21	按设计图示数量以个计算

2. 调整系数

1）定额中油漆、涂料除注明者外，均按手工操作考虑，如实际操作为喷涂时，油漆消耗量乘系数 1.5，其他不增加。

2）单层木门油漆按双面刷油考虑，如果采用单面油漆，按定额相应项目乘系数 0.53。

3）梁、柱及天棚面涂料按墙面定额人工乘系数 1.2，其他不变。

3. 说明

1）油漆定额项目中，油漆的各种颜色已综合在定额内。设计为美术图案的，应另行计算。

2）壁柜门、顶橱门执行单层木门项目。

3）石膏板面乳胶漆执行抹灰面乳胶漆定额，板面补缝另行计算。

4）普通涂料按不批腻子考虑，如实际需要批腻子时，按相应定额项目计算。

5）板面补缝按长度以 m 计算。

6）壁纸定额内不含刮腻子，按相应定额项目计算。

7）金属面防腐及防火涂料按防腐及防火涂料工程相应定额项目计算。

8）壁纸基层处理采用壁纸基膜的，应取消壁纸定额项目中的酚醛墙漆。

四、油漆、涂料、裱糊分项工程工程量的计算方法

1. 计算公式及说明

1）楼地面、天棚面、墙柱面、梁面的喷刷涂料、抹灰面油漆及裱糊的工程量=楼地面、天棚面、墙柱面、梁面装饰工程相应的工程量。

2）木材面油漆工程量=相应项目工程量基数×定额规定系数。

3）金属面油漆工程量=相应项目工程量基数×定额规定系数。

4）抹灰面油漆及水质涂料工程量=相应的抹灰工程量面积×定额规定系数。

2. 实例计算

某工程单层木窗 20 樘，每樘洞口尺寸为 1800mm×1500mm，框外围尺寸 1780mm×1480mm，油漆做法为：刮腻子、底油一遍、调和漆二遍。请根据《甘肃省建筑与装饰工程预算定额》计算其油漆工程量，并填写工程量计算表（表 4-62）。

解：工程量计算按照洞口面积乘以折算系数。

$$油漆工程量=(1.8\times1.5\times20\times1.36)m^2=73.44m^2$$

工程量计算表见表 4-62。

表 4-62　工程量计算表

定额编号	项目名称	单位	工程量	计算式
19-6	单层木窗油漆	m^2	73.44	$S=1.8\times1.5\times20\times1.36$

第六节　其他装饰工程

一、概述

1. 栏板、栏杆、扶手、护栏

1）楼梯玻璃栏板。楼梯玻璃栏板又称为玻璃栏河或玻璃扶手，即用大块的透明安全玻璃做楼梯栏板，上面加扶手。扶手可用铝合金管、不锈钢管、黄铜管或高级硬木等材料制作。玻璃可用有机玻璃、钢化玻璃或茶色玻璃制作。楼梯扶手的玻璃安装有半玻或全玻两种方式。

半玻式楼梯扶手是玻璃上下透空，玻璃用卡槽安装在扶手立柱之间或者直接安装在立柱的开槽中，并用玻璃胶固定。全玻式楼梯扶手是将厚玻璃下部固定在楼梯踏步地面上，上部与金属管材或硬木扶手连接。与金属管材的连接方式有三种：一种是在管子下部开槽，将玻璃插入槽内；第二是在管子下部安装 U 形卡槽，厚玻璃卡装在槽内。第三是用玻璃胶直接将厚玻璃黏结于管子下部。玻璃下部可用角钢将玻璃卡住定位，然后在角钢与玻璃留出的间

隙中嵌玻璃胶将玻璃固定。

2）楼梯栏杆。楼梯栏杆是指楼梯扶手与楼梯踏步之间的金属栏杆，金属栏杆之间可以镶玻璃也可以不镶玻璃。楼梯栏杆分为竖条型和其他型两种。按照不同材料和造型，又分为铁花栏杆、车花木栏杆和不车花木栏杆等，如图 4-22 所示。

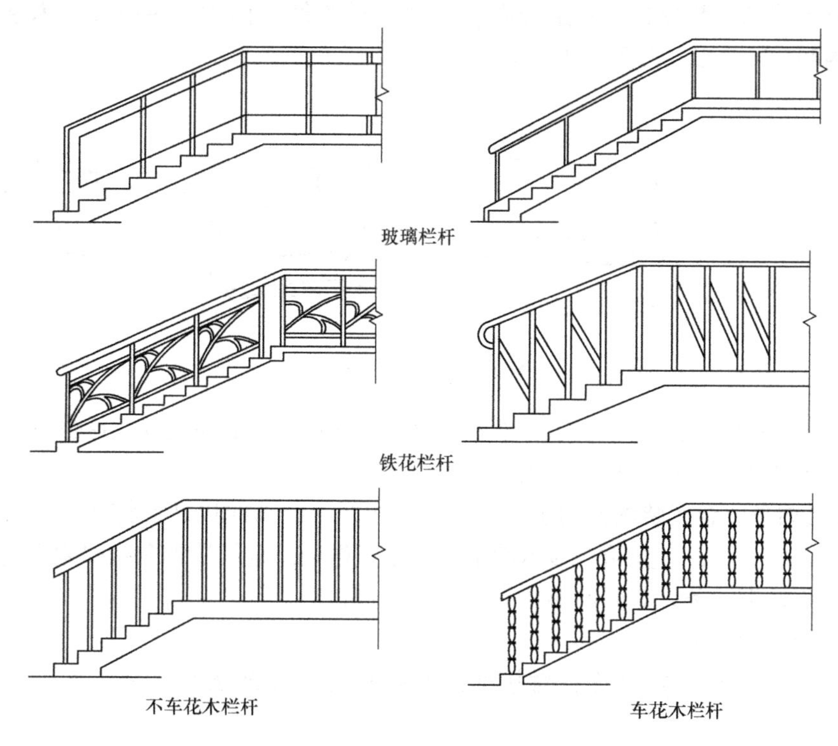

图 4-22 楼梯栏杆示意图

3）扶手。楼梯扶手按照材料分为不锈钢扶手、硬木扶手、钢管扶手、铜管扶手、塑料扶手和大理石扶手等。按照楼梯造型又分为直线形、圆弧形和螺旋形三种。

4）靠墙扶手。靠墙扶手是指扶手固定在墙上，扶手下面没有栏杆或栏板。按照材料不同分不锈钢管、铝合金管、铜管、塑料管、钢管和硬木扶手。靠墙扶手一般均为直线形。

5）装饰护栏。护栏的作用一般是为了防止人们随意进入有进入限制的区间而设置的隔离设施，如道路护栏、草地护栏、门窗护栏等。定额中主要指的是门窗护栏，用小型铝合金或不锈钢管材制作，护栏上可以制作一些图案起装饰作用，故称作装饰护栏。

2. 其他装饰工程

其他装饰工程是指与建筑装饰工程相关的招牌、美术字、装饰条、室内零星装饰和营业装饰性柜类等。

（1）平面招牌　平面招牌是指安装在门前墙面上的附贴式招牌。招牌是单片形，分为木结构和钢结构两种。其中每一种又分为一般和复杂两种类型。一般型是指正立面平正无凸出面，复杂形是指正立面有凸起或造型。

（2）箱式和竖式招牌箱　箱式和竖式招牌箱是指长方形六面体结构的招牌，离开地面有一定距离，用支撑与墙体固定。定额中分为矩形招牌箱和异形招牌箱两项。矩形招牌箱是指正立面无凸出造型，异形招牌是指正立面有凸起或造型。

（3）装饰线条。装饰线条有木装饰条、金属装饰条、石材装饰线、石膏装饰线、木压条、金属压条以及木装饰压角条等。

1）木装饰条。木装饰条主要用在装饰画、镜框的压边线、墙面腰线、柱顶和柱脚等部位。其断面形状比较复杂，线面多样，有外凸式、内凹式、凹凸结合式，嵌槽式等。定额中按木装饰条造型线角道数分为“三道线内”和“三道线外”两类，每类又按木装饰条宽度分25mm以内和25mm以外两种，如图4-23所示。

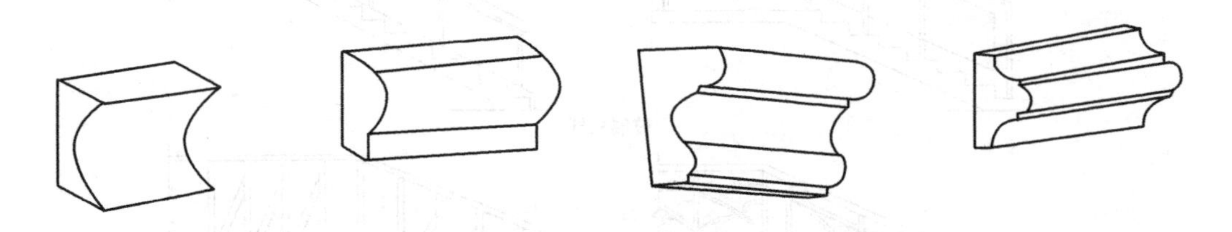

图4-23 木装饰条

2）压条。压条是用在各种交接面（平接面、相交面、对接面等）沿接口的压板线条。实际工作中有木压条、塑料条和金属条三种。

3）金属装饰条。金属装饰条用于装饰面的压边线、收口线以及装饰画、装饰镜面的框边线，也可用在广告牌、灯光箱、显示牌上做边框或框架。金属装饰条按材料分为铝合金线条、铜线条和不锈钢线条。其断面形状有直角形和槽口形。

压条和装饰条的区别：

① 压条用于平接面、相交面、对接面的衔接口处；装饰条用于分界面、层次面及封口处。

② 压条断面小，外形简单；装饰条断面比压条大，外形较复杂，装饰效果较好。

③ 压条的主要作用是遮盖接缝，并使饰面平整；装饰条主要作用是使饰面美观，增加装饰效果。

（4）挂镜线 挂镜线又叫画镜线，一般安装在墙壁与窗顶或门顶平齐的水平位置，用来挂镜框和图片、字画等，上部留槽，用以固定吊钩。挂镜线可用金属、木材、塑料制作。挂镜点的功能和挂镜线相同，只是外形为点状。

（5）暖气罩 定额中暖气罩分不同材料和不同做法列项。其按照材料可分为：柚木板、塑面板、胶合板、铝合金、穿孔钢板五种；按照制作方式分为挂板式暖气罩、明式暖气罩和平墙式暖气罩三种。

1）挂板式暖气罩是用铁件挂于暖气片或暖气管上，如图4-24a所示。

2）明式暖气罩是罩在突出墙面的暖气片上，有立面板、侧面板和顶板组成，如图4-24b所示。

3）平墙式暖气罩是封住安放暖气壁龛的挡板。暖气罩挡板安装后大至与墙面平齐，如图4-24c所示。

（6）美术字安装 美术字安装定额是以成品字为单位而编制的，不分字体，均按定额执行。工程内容包括美术字现场的拼装、安装固定、清理等全过程以及美术字的制作。

按材质分，定额中字体的制作材料分为泡沫塑料有机玻璃、金属和木质三种。

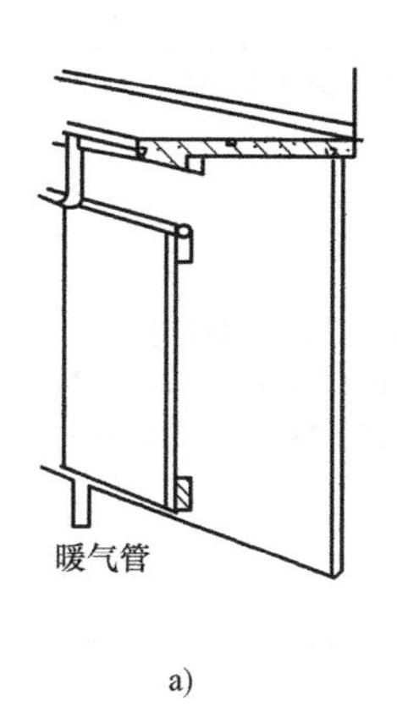

a)

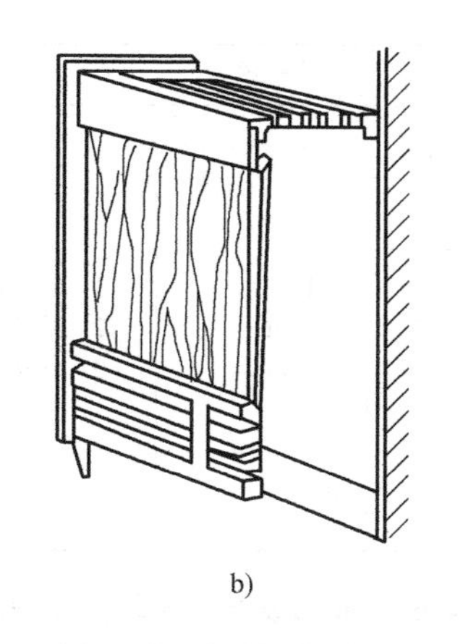
b)

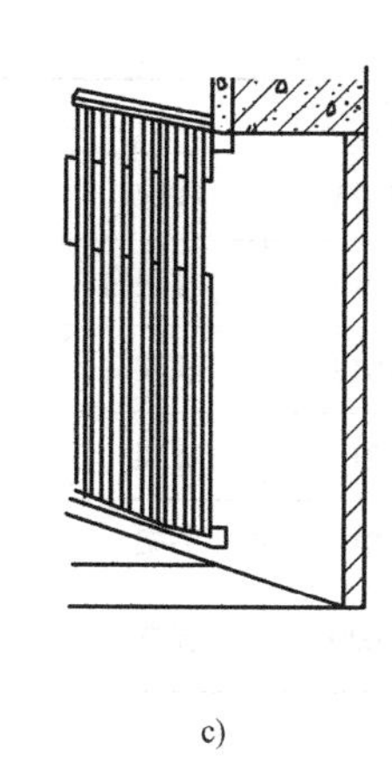
c)

图 4-24　暖气罩示意图

字底基面分为大理石面（花岗岩和较硬的块料饰面）、混凝土墙面、砖墙面（抹灰墙面、陶瓷锦砖饰面及面砖饰面）和其他面四种。

（7）柜类　柜类是指柜台、酒吧台、服务台、货架、高货柜、收银台等。《全国统一建筑装饰装修工程消耗量定额》附录中给出了各种柜的构造图，编制预算中可照图选用。

（8）其他　除了上面几种工程外，还有浴厕配件、雨篷、旗杆、招牌、灯箱和美术字。

二、其他工程工程量清单项目及工程量计算规则

其他装饰工程包括柜类、装饰线条、扶手、栏杆、栏板、暖气罩、浴厕配件、雨篷、旗杆、招牌、灯箱和美术字。

1. 其他工程工程量清单项目设置及工程量计算规则（表 4-63～表 4-70）

表 4-63　柜类（编码：011501）

项目编码	项目名称	计量单位	工程量计算规则
011501001	柜台	1. 个 2. m 3. m^3	1. 以个计量，按设计图示数量计算 2. 以米计量，按设计图示尺寸以延长米计算 3. 以立方米计量，按设计图示尺寸以体积计算
011501002	酒柜		
011501003	衣柜		
011501004	存包柜		
011501005	鞋柜		
011501006	书柜		
011501007	厨房壁柜		
011501008	木壁柜		
011501009	厨房低柜		
011501010	厨房吊柜		
011501011	矮柜		
011501012	吧台背柜		
011501013	酒吧吊柜		
011501014	酒吧台		

（续）

项目编码	项目名称	计量单位	工程量计算规则
011501015	展台	1. 个 2. m 3. m^3	1. 以个计量，按设计图示数量计算 2. 以米计量，按设计图示尺寸以延长米计算 3. 以立方米计量，按设计图示尺寸以体积计算
011501016	收银台		
011501017	试衣间		
011501018	货架		
011501019	书架		
011501020	服务台		

表 4-64　装饰线条（编码：011502）

项目编码	项目名称	计量单位	工程量计算规则
011502001	金属装饰线	m	按设计图示尺寸以长度计算
011502002	木质装饰线		
011502003	石材装饰线		
011502004	石膏装饰线		
011502005	镜面玻璃线		
011502006	铝塑装饰线		
011502007	塑料装饰线		
011502008	GRC 装饰线条		

表 4-65　扶手、栏杆、栏板（编码：011503）

项目编码	项目名称	计量单位	工程量计算规则
011503001	金属扶手、栏杆、栏板	m	按设计图示尺寸以扶手中心线长度(包括弯头长度)计算
011503002	硬木扶手、栏杆、栏板		
011503003	塑料扶手、栏杆、栏板		
011503004	GRC 栏杆、扶手		
011503005	金属靠墙扶手		
011503006	硬木靠墙扶手		
011503007	塑料靠墙扶手		
011503008	玻璃栏板	m	

表 4-66　暖气罩（编码：011504）

项目编码	项目名称	计量单位	工程量计算规则
011504001	饰面板暖气罩	m^2	按设计图示尺寸以垂直投影面积(不展开)计算
011504002	塑料板暖气罩		
011504003	金属暖气罩		

表 4-67　浴厕配件（编码：011505）

项目编码	项目名称	计量单位	工程量计算规则
011505001	洗漱台	个/m^2	1. 按设计图示尺寸以台面外接矩形面积计算；不扣除孔洞、挖弯、削角所占面积，挡板、吊沿板面积并入台面面积内 2. 按设计图示数量计算
011505002	晒衣架	个	按设计图示数量计算
011505003	帘子杆		
011505004	浴缸拉手		
011505005	卫生间扶手		
011505006	毛巾杆(架)	套	
011505007	毛巾环	副	
011505008	卫生纸盒	个	
011505009	肥皂盒		
011505010	镜面玻璃	m^2	按设计图示尺寸以边框外围面积计算
011505011	镜箱	个	按设计图示数量计算

表 4-68　雨篷、旗杆（编码：011506）

项目编码	项目名称	计量单位	工程量计算规则
011506001	雨篷吊挂饰面	m^2	按设计图示尺寸以水平投影面积计算
011506002	金属旗杆	根	按设计图示数量计算
011506003	玻璃雨棚	m^2	按设计图示尺寸以水平投影面积计算

表 4-69　招牌、灯箱（编码：011507）

项目编码	项目名称	计量单位	工程量计算规则
011507001	平面、箱式招牌	m^2	按设计图示尺寸以正立面边框外围面积计算。复杂形的凸凹造型部分不增加面积
011507002	竖式标箱	个	按设计图示数量计算
011507003	灯箱		
011507004	信报箱		

表 4-70　美术字（编码：011508）

项目编码	项目名称	计量单位	工程量计算规则
011508001	泡沫塑料字	个	按设计图示数量计算
011508002	有机玻璃字		
011508003	木质字		
011508004	金属字		
011508005	吸塑字		

2. 实例计算

某饰面板暖气罩，尺寸如图 4-25 所示，五合板基层，榉木板面层，机制木花格散热口，

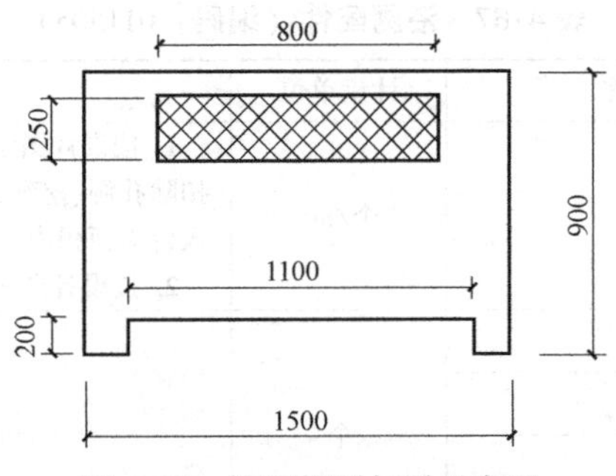

图 4-25　饰面板暖气罩示意图

共 18 个。计算其清单工程量并填写清单工程量计算表（表 4-71）、分部分项工程和单价措施项目清单与计价表（表 4-72）。

解： 饰面板暖气罩清单工程量=垂直投影面积

$$S=[(1.5\times0.9-1.10\times0.20-0.80\times0.25)\times18]\mathrm{m}^2=16.74\mathrm{m}^2$$

表 4-71　清单工程量计算表

序号	清单项目编码	清单项目名称	计算式	工程量	计量单位
1	011504001001	饰面板暖气罩	$S=(1.5\times0.9-1.10\times0.20-0.80\times0.25)\times18$	16.74	m^2

表 4-72　分部分项工程和单价措施项目清单与计价表

序号	项目编码	项目名称	项目特征描述	计量单位	工程量	金额/元	
						综合单价	合价
1	011504001001	饰面板暖气罩	暖气罩材质：饰面板暖气罩、五合板基层，榉木板面层	m^2	16.74		

三、其他装饰工程定额工程量计算及相关说明

1. 其他装饰工程工程清单项目定额工程量计算规则

1）柜类工程量按正立面设计图示尺寸投影面积以 m^2 计算。

2）各类台工程量按设计图示尺寸台面中心线长度以 m 计算。

3）试衣间工程量按设计图示数量以个计算。

4）大理石台面按设计图示尺寸的实贴面积 m^2 计算。

5）钢栏杆按设计理论质量以 t 计算；其他各类栏杆、栏板及扶手工程量均按设计图示尺寸的长度以 m 计算，不扣除弯头所占的长度；弯头数量以个计算。

6）各类装饰线条、石材磨边及开槽工程量按设计图示长度以 m 计算。

7）暖气罩工程量按垂直投影面积以 m^2 计算，扣除暖气百叶所占面积；暖气百叶工程量按边框外围面积以 m^2 计算。

8）广告牌、灯箱：

① 平面广告牌基层工程量按正立面投影面积以 m^2 计算。

② 墙柱面灯箱基层工程量按设计图示尺寸的展开面积 m^2 计算。

③ 广告牌、灯箱面积工程量按设计图示展开面积 m^2 计算。

9）美术字安装（除注明者外）均按字体的最大外围矩形面积以个计算。

10）开孔、钻孔工程量按设计图示数量以个计算。

11）大理石洗漱台按设计图示尺寸的展开面积以 m^2 计算，不扣除台面开孔所占的面积。

12）洗室镜面玻璃按面积以 m^2 计算。

13）不锈钢旗杆按长度以 m 计算。

14）GRC 罗马杆按不同直径以延长 m 计算。

15）五金配件按设计数量以套计算。

16）不锈钢帘子杆按设计图示长度 m 计算。

2. 其他装饰工程定额工程量计算有关说明

1）装饰线条项目是按墙面直线安装编制的，实际施工不同时，可按下列规定进行调整。

① 墙面安装圆形曲线装饰线条，其相应定额人工消耗量乘系数 1.34；材料消耗量乘系数 1.10。

② 天棚安装直线装饰线条，其相应定额人工消耗量乘系数 1.34。

③ 天棚安装圆形曲线装饰线条，其相应人工消耗量乘系数 1.60，材料消耗量乘系数 1.10。

④ 装饰线条做艺术图案，其相应人工消耗量乘系数 1.80，材料消耗量乘系数 1.10。

2）广告牌基础以附墙式考虑，如设计为独立式的，其人工消耗量乘系数 1.10；基层材料如设计与定额不同，可以进行调整。

3）本章定额消耗量是根据定额附图取定，与实际不同时，材料按实调整，机械不变，人工按下列规定调整：

① 胶合板总量每增减 30%时，人工增减 10%。

② 抽屉数量与附图不同时，每增减一个抽屉，人工增减 0.1 工日。

③ 按平方米计量的柜类，当单个柜类正立面投影面积在 $1m^2$ 以内时，人工乘系数 1.10。

④ 按米计量的柜类，当单件柜类长度在 1m 以内时，人工乘系数 1.10。

⑤ 弧形面柜类，人工乘系数 1.10。

四、其他分项工程工程量的计算方法

1. 计算公式及说明

1）各类装饰线条工程量 = 线条延长米。

2）各类栏杆、栏板、扶手工程量 = 延长米或重量。

3）暖气罩、镜面玻璃工程量 = 边框外围垂直投影面积。

2. 实例计算

铝合金百叶暖气罩如图 4-26 所示，请根

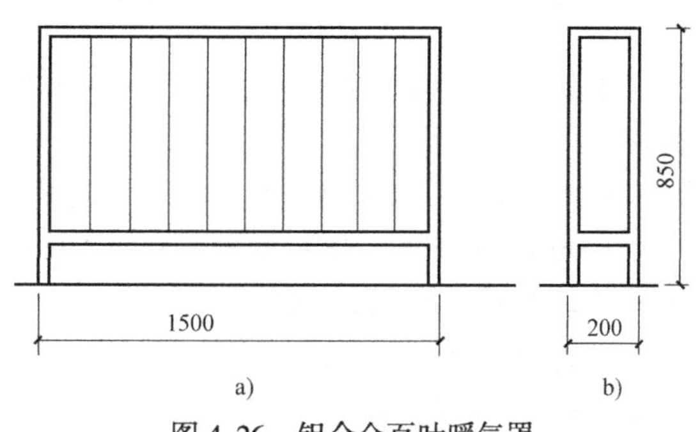

图 4-26　铝合金百叶暖气罩

a）立面　b）侧面

据《甘肃省建筑与装饰工程预算定额》计算暖气罩工程量，并填写工程量计算表（表4-73）。

解：暖气罩工程量 $=(1.5\times0.85)\text{m}^2=1.28\text{m}^2$

工程量计算表见表4-73。

表4-73 工程量计算表

定额编号	项目名称	单位	工程量	计算式
17-196	铝合金百叶暖气罩	m^2	1.28	$S=1.5\times0.85$

本章小结

1. 楼地面装饰工程清单项目

楼地面装饰工程主要包括：整体面层及找平层、块料面层、橡塑面层、其他材料面层、踢脚线、楼梯装饰、台阶装饰和零星装饰项目。

2. 墙、柱面装饰与隔断、幕墙工程工程量清单项目

墙、柱面装饰与隔断、幕墙工程主要包括墙面抹灰、柱（梁）面抹灰、零星抹灰、墙面块料面层、柱（梁）面镶贴块料、零星镶贴块料、墙饰面、柱（梁）饰面、隔断和幕墙。

3. 天棚工程工程量清单项目

天棚工程包括天棚抹灰、天棚吊顶、采光天棚工程和天棚其他装饰。

4. 门窗工程工程量清单项目

门窗工程包括木门、金属门、金属卷帘门、厂库房大门、特种门、其他门、木窗、金属窗、门窗套、窗帘盒、窗帘轨和窗台板。

5. 油漆、涂料、裱糊工程工程最清单项目

油漆、涂料、裱糊工程包括门油漆、窗油漆、木扶手及其他板条线条油漆、木材面油漆、金属面油漆、抹灰面油漆、喷塑、涂料、花饰、线条刷涂料和裱糊。

6. 其他工程工程量清单项目

其他装饰工程包括柜类、装饰线条、扶手、栏杆、栏板、暖气罩、浴厕配件、雨篷、旗杆、招牌、灯箱和美术字。

能力训练

1. 某化验室平面如图4-27所示。室内外高差为0.3m，地面做法为素土夯实；60mm厚C10混凝土垫层；素水泥浆一道；1∶2.5水泥白石子浆水磨石面层；玻璃分格；200mm高预制水磨石踢脚板。按照现行定额和清单规范计算地面相关项目的定额和清单工程量。

2. 如图4-28所示，计算某装饰装修工程中的活动室、办公室、楼内过道的大理石楼地面的面层工程量。其中门宽900mm。

3. 某建筑平面如图4-29所示，室内地面为陶瓷地砖，踢脚线材质同地面，高150mm，试计算面砖地面和踢脚线的工程量。

4. 如图4-30所示房间吊顶，采用不上人轻钢龙骨纸面石膏板吊顶。窗帘盒不与天棚相连，面层贴壁纸，与墙面交接处四周压石膏线。试计算天棚工程定额工程量。

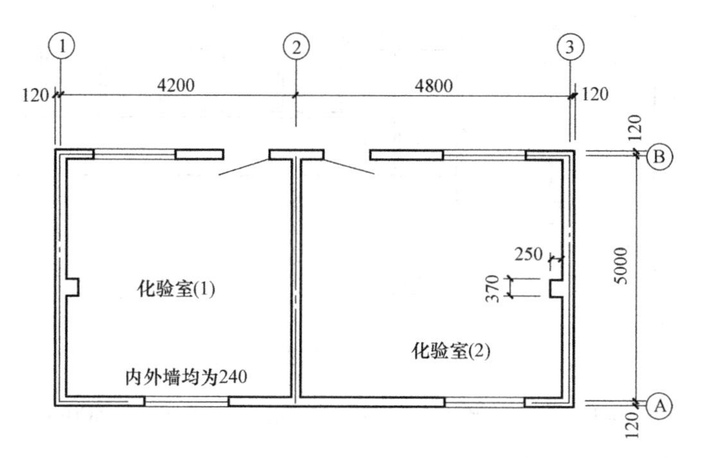

图 4-27 某化验室平面

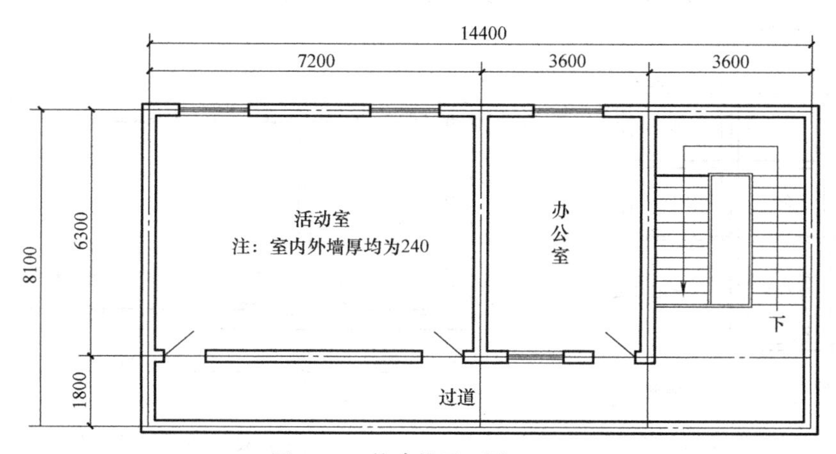

图 4-28 某建筑平面图（一）

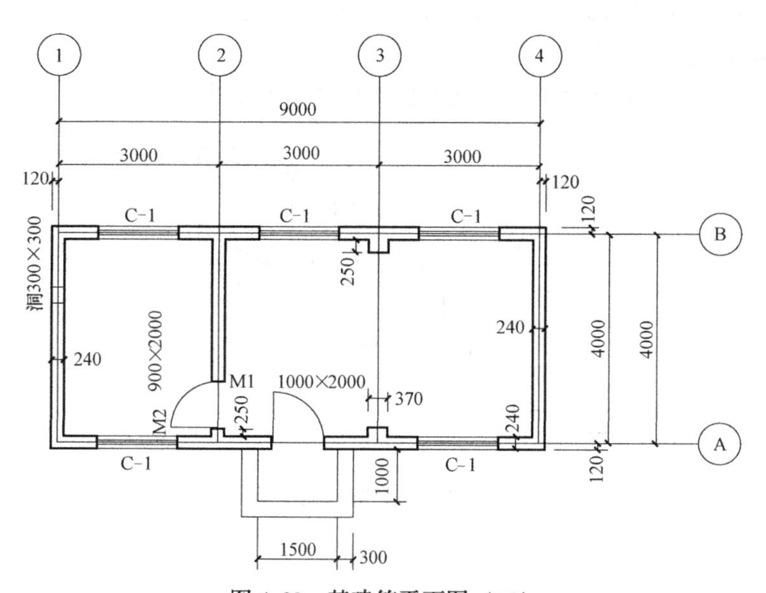

图 4-29 某建筑平面图（二）

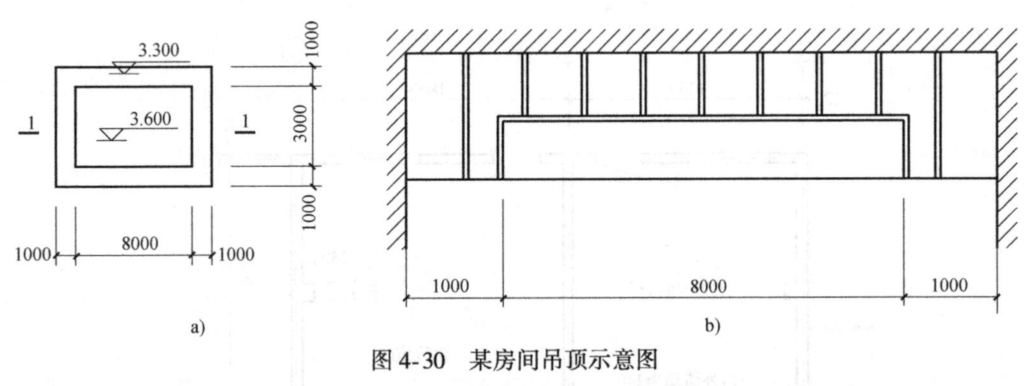

图 4-30 某房间吊顶示意图

5. 某门连窗如图 4-31 所示：已知门洞高 2400mm，窗洞高 1500mm，门洞宽 1200mm，窗洞宽 800mm。分别计算门和窗的工程量。

6. 如图 4-32 所示为某房间平面，房间均采用木门窗，墙面裱糊墙纸，计算木门窗油漆、墙面裱糊工程量。

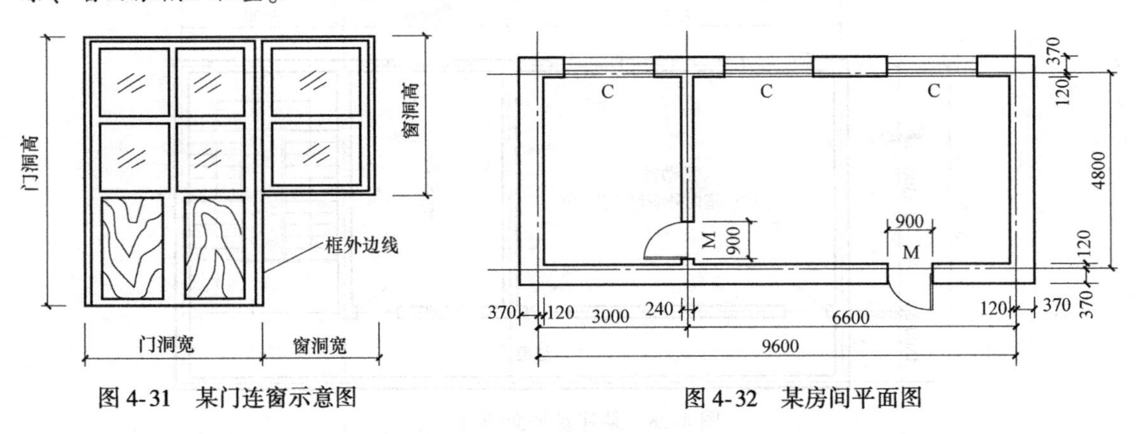

图 4-31 某门连窗示意图

图 4-32 某房间平面图

7. 某工程楼梯栏杆以圆铁为主，每个楼梯栏杆重为 421kg，试计算 8 个楼梯栏杆刷防锈漆一遍，调和漆两遍的工程量。

8. 试计算如图 4-33 所示的楼梯木扶手型钢栏杆的工程量。

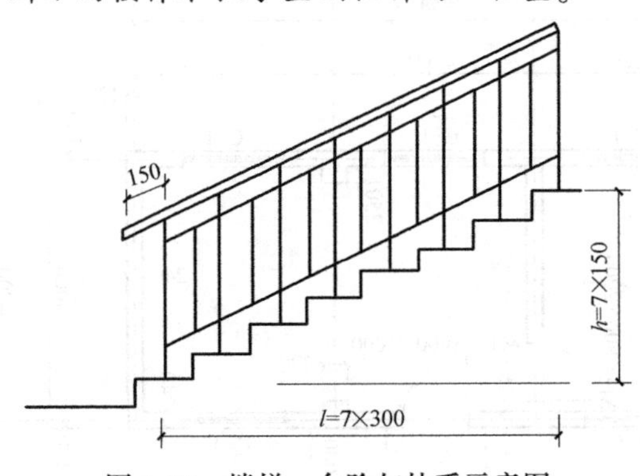

图 4-33 楼梯、台阶与扶手示意图

第五章　工程费用及其清单计价

内容提要

本章讲述了建筑安装工程费用构成、工程造价计算程序、费用标准及有关规定、费用定额适用范围、工程类别划分标准及说明。

教学目标

知识目标：掌握建筑安装工程费用构成、工程造价计算程序。

能力目标：能正确进行工程造价计算。

第一节　建筑安装工程费用构成

建筑安装工程费用即建筑安装工程造价，是指建筑安装工程施工过程中直接发生的费用和施工企业在组织管理施工中间接地为工程支出的费用，以及按照国家规定施工企业应获得的利润和应缴纳税金的总和。

根据住房城乡建设部颁发的《建筑安装工程费用项目组成》（建标〔2013〕44号）文件规定，我国建筑安装工程费用按照费用构成要素和工程造价形成的划分标准，分为以下两类。

1. 建筑安装工程费用按费用构成要素划分

建筑安装工程费用（图5-1）按照费用构成要素划分：由人工费、材料（包含工程设备，下同）费、施工机具使用费、企业管理费、利润、规费和税金组成。其中，人工费、材料费、施工机具使用费、企业管理费和利润包含在分部分项工程费、措施项目费、其他项目费中。

（1）人工费　其是指按工资总额构成规定，支付给从事建筑安装工程施工的生产工人和附属生产单位工人的各项费用。内容包括：

1）计时工资或计件工资：是指按计时工资标准和工作时间或对已做工作按计件单价支付给个人的劳动报酬。

2）奖金：是指对超额劳动和增收节支支付给个人的劳动报酬，如节约奖、劳动竞赛奖等。

3）津贴补贴：是指为了补偿职工特殊或额外的劳动消耗和因其他特殊原因支付给个人的津贴，以及为了保证职工工资水平不受物价影响支付给个人的物价补贴。例如，流动施工津贴、特殊地区施工津贴、高温（寒）作业临时津贴、高空津贴等。

4）加班加点工资：是指按规定支付的在法定节假日工作的加班工资和在法定日工作时间外延时工作的加点工资。

5）特殊情况下支付的工资：是指根据国家法律、法规和政策规定，因病、工伤、产

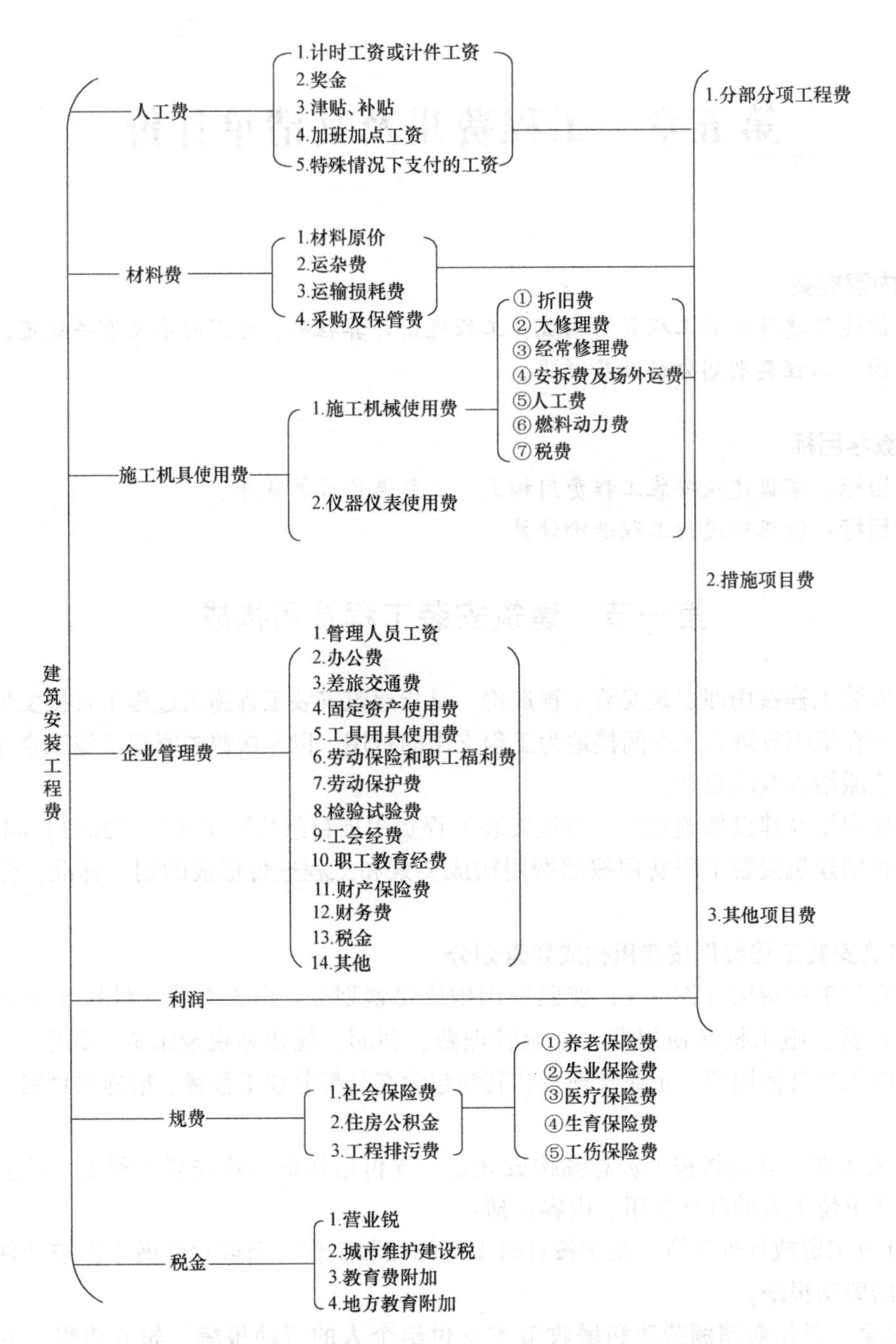

图 5-1 建筑安装工程费用项目组成（按费用构成要素划分）

假、计划生育假、婚丧假、事假、探亲假、定期休假、停工学习、执行国家或社会义务等原因按计时工资标准或计时工资标准的一定比例支付的工资。

（2）材料费 其是指施工过程中耗费的原材料、辅助材料、构配件、零件、半成品或成品、工程设备的费用。内容包括：

1）材料原价：是指材料、工程设备的出厂价格或商家供应价格。

2）运杂费：是指材料、工程设备自来源地运至工地仓库或指定堆放地点所发生的全部费用。

3）运输损耗费：是指材料在运输装卸过程中不可避免的损耗。

4）采购及保管费：是指为组织采购、供应和保管材料、工程设备的过程中所需要的各项费用。其包括采购费、仓储费、工地保管费、仓储损耗。

工程设备是指构成或计划构成永久工程一部分的机电设备、金属结构设备、仪器装置及其他类似的设备和装置。

（3）施工机具使用费　其是指施工作业所发生的施工机械、仪器仪表使用费或其租赁费。

1）施工机械使用费：以施工机械台班耗用量乘以施工机械台班单价表示，施工机械台班单价应由下列七项费用组成：

① 折旧费：指施工机械在规定的使用年限内，陆续收回其原值的费用。

② 大修理费：指施工机械按规定的大修理间隔台班进行必要的大修理，以恢复其正常功能所需的费用。

③ 经常修理费：指施工机械除大修理以外的各级保养和临时故障排除所需的费用。其包括为保障机械正常运转所需替换设备与随机配备工具附具的摊销和维护费用，机械运转中日常保养所需润滑与擦拭的材料费用及机械停滞期间的维护和保养费用等。

④ 安拆费及场外运费：安拆费指施工机械（大型机械除外）在现场进行安装与拆卸所需的人工、材料、机械和试运转费用以及机械辅助设施的折旧、搭设、拆除等费用；场外运费指施工机械整体或分体自停放地点运至施工现场或由一施工地点运至另一施工地点的运输、装卸、辅助材料及架线等费用。

⑤ 人工费：指机上司机（司炉）和其他操作人员的人工费。

⑥ 燃料动力费：指施工机械在运转作业中所消耗的各种燃料及水、电等。

⑦ 税费：指施工机械按照国家规定应缴纳的车船使用税、保险费及年检费等。

2）仪器仪表使用费：是指工程施工所需使用的仪器仪表的摊销及维修费用。

（4）企业管理费　其是指建筑安装企业组织施工生产和经营管理所需的费用。内容包括：

1）管理人员工资：是指按规定支付给管理人员的计时工资、奖金、津贴补贴、加班加点工资及特殊情况下支付的工资等。

2）办公费：是指企业管理办公用的文具、纸张、账表、印刷、邮电、书报、办公软件、现场监控、会议、水电、烧水和集体取暖降温（包括现场临时宿舍取暖降温）等费用。

3）差旅交通费：是指职工因公出差、调动工作的差旅费、住勤补助费，市内交通费和误餐补助费，职工探亲路费，劳动力招募费，职工退休、退职一次性路费，工伤人员就医路费，工地转移费以及管理部门使用的交通工具的油料、燃料等费用。

4）固定资产使用费：是指管理和试验部门及附属生产单位使用的属于固定资产的房屋、设备、仪器等的折旧、大修、维修或租赁费。

5）工具用具使用费：是指企业施工生产和管理使用的不属于固定资产的工具、器具、家具、交通工具和检验、试验、测绘、消防用具等的购置、维修和摊销费。

6）劳动保险和职工福利费：是指由企业支付的职工退职金、按规定支付给离休干部的经费，集体福利费、夏季防暑降温、冬季取暖补贴、上下班交通补贴等。

7）劳动保护费：是企业按规定发放的劳动保护用品的支出，如工作服、手套、防暑降温饮料以及在有碍身体健康的环境中施工的保健费用等。

8）检验试验费：是指施工企业按照有关标准规定，对建筑以及材料、构件和建筑安装物进行一般鉴定、检查所发生的费用。其包括自设试验室进行试验所耗用的材料等费用，不包括新结构、新材料的试验费，对构件做破坏性试验及其他特殊要求检验试验的费用和建设单位委托检测机构进行检测的费用，对此类检测发生的费用，由建设单位在工程建设其他费用中列支。但对施工企业提供的具有合格证明的材料进行检测不合格的，该检测费用由施工企业支付。

9）工会经费：是指企业按《工会法》规定的全部职工工资总额比例计提的工会经费。

10）职工教育经费：是指按职工工资总额的规定比例计提，企业为职工进行专业技术和职业技能培训、专业技术人员继续教育、职工职业技能鉴定、职业资格认定以及根据需要对职工进行各类文化教育所发生的费用。

11）财产保险费：是指施工管理用财产、车辆等的保险费用。

12）财务费：是指企业为施工生产筹集资金或提供预付款担保、履约担保、职工工资支付担保等所发生的各种费用。

13）税金：是指企业按规定缴纳的房产税、车船使用税、土地使用税、印花税等。

14）其他：包括技术转让费、技术开发费、投标费、业务招待费、绿化费、广告费、公证费、法律顾问费、审计费、咨询费、保险费等。

（5）利润　其是指施工企业完成所承包工程获得的盈利。

（6）规费　其是指按国家法律、法规规定，由省级政府和省级有关权力部门规定必须缴纳或计取的费用。包括：

1）社会保险费。

① 养老保险费：是指企业按照规定标准为职工缴纳的基本养老保险费。

② 失业保险费：是指企业按照规定标准为职工缴纳的失业保险费。

③ 医疗保险费：是指企业按照规定标准为职工缴纳的基本医疗保险费。

④ 生育保险费：是指企业按照规定标准为职工缴纳的生育保险费。

⑤ 工伤保险费：是指企业按照规定标准为职工缴纳的工伤保险费。

2）住房公积金：是指企业按规定标准为职工缴纳的住房公积金。

3）工程排污费：是指按规定缴纳的施工现场工程排污费。

其他应列而未列入的规费，按实际发生计取。

（7）税金　其是指国家税法规定的应计入建筑安装工程造价内的营业税、城市维护建设税、教育费附加以及地方教育附加。

2. 建筑安装工程费用按工程造价形成划分

建筑安装工程费用（图 5-2）按照工程造价形成由分部分项工程费、措施项目费、其他项目费、规费、税金组成，分部分项工程费、措施项目费、其他项目费包含人工费、材料费、施工机具使用费、企业管理费和利润。

（1）分部分项工程费　其是指各专业工程的分部分项工程应予列支的各项费用。

1）专业工程：是指按现行国家计量规范划分的房屋建筑与装饰工程、仿古建筑工程、

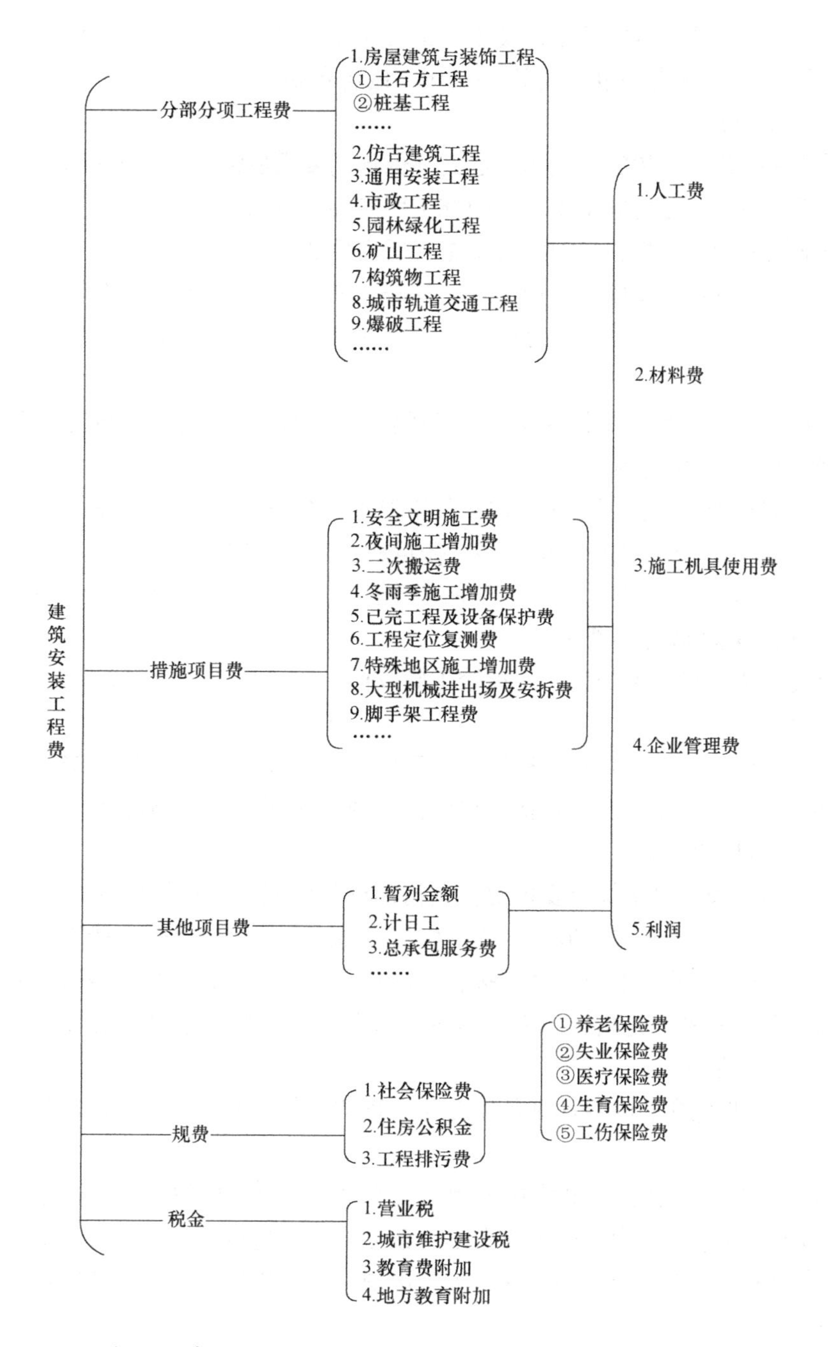

图 5-2　建筑安装工程费用项目组成（按造价形成划分）

通用安装工程、市政工程、园林绿化工程、矿山工程、构筑物工程、城市轨道交通工程、爆破工程等各类工程。

2）分部分项工程：指按现行国家计量规范对各专业工程划分的项目，如房屋建筑与装饰工程划分的土石方工程、地基处理与桩基工程、砌筑工程、钢筋及钢筋混凝土工程等。

各类专业工程的分部分项工程划分见现行国家或行业计量规范。

(2) 措施项目费　其是指为完成建设工程施工，发生于该工程施工前和施工过程中的技术、生活、安全、环境保护等方面的费用。内容包括：

1) 安全文明施工费。

① 环境保护费：是指施工现场为达到环保部门要求所需要的各项费用。

② 文明施工费：是指施工现场文明施工所需要的各项费用。

③ 安全施工费：是指施工现场安全施工所需要的各项费用。

④ 临时设施费：是指施工企业为进行建设工程施工所必须搭设的生活和生产用的临时建筑物、构筑物和其他临时设施费用，包括临时设施的搭设、维修、拆除、清理费或摊销费等。

2) 夜间施工增加费：是指因夜间施工所发生的夜班补助费、夜间施工降效、夜间施工照明设备摊销及照明用电等费用。

3) 二次搬运费：是指因施工场地条件限制而发生的材料、构配件、半成品等一次运输不能到达堆放地点，必须进行二次或多次搬运所发生的费用。

4) 冬雨季施工增加费：是指在冬季或雨季施工需增加的临时设施、防滑、排除雨雪，人工及施工机械效率降低等费用。

5) 已完工程及设备保护费：是指竣工验收前，对已完工程及设备采取的必要保护措施所发生的费用。

6) 工程定位复测费：是指工程施工过程中进行全部施工测量放线和复测工作的费用。

7) 特殊地区施工增加费：是指工程在沙漠或其边缘地区、高海拔、高寒、原始森林等特殊地区施工增加的费用。

8) 大型机械设备进出场及安拆费：是指机械整体或分体自停放场地运至施工现场或由一个施工地点运至另一个施工地点，所发生的机械进出场运输及转移费用及机械在施工现场进行安装、拆卸所需的人工费、材料费、机械费、试运转费和安装所需的辅助设施的费用。

9) 脚手架工程费：是指施工需要的各种脚手架搭、拆、运输费用以及脚手架购置费的摊销（或租赁）费用。

措施项目及其包含的内容详见各类专业工程的现行国家或行业计量规范。

(3) 其他项目费

1) 暂列金额：是指建设单位在工程量清单中暂定并包括在工程合同价款中的一笔款项。用于施工合同签订时尚未确定或者不可预见的所需材料、工程设备、服务的采购，施工中可能发生的工程变更、合同约定调整因素出现时的工程价款调整以及发生的索赔、现场签证确认等的费用。

2) 计日工：是指在施工过程中，施工企业完成建设单位提出的施工图纸以外的零星项目或工作所需的费用。

3) 总承包服务费：是指总承包人为配合、协调建设单位进行的专业工程发包，对建设单位自行采购的材料、工程设备等进行保管以及施工现场管理、竣工资料汇总整理等服务所需的费用。

(4) 规费　相关规定同前所述。

(5) 税金　相关规定同前所述。

第二节　工程造价计算程序

一、工程量清单计价法

工程量清单计价法工程造价计算程序，见表5-1。

表5-1　工程量清单计价法工程造价计算程序

序号	费用名称		计算公式
一	分部分项工程费及定额措施项目费		工程量×综合单价
	其中	1. 人工费	人工消耗量×人工单价
		2. 材料费	材料消耗量×材料单价
		3. 机械费	机械消耗量×机械台班单价
		4. 企业管理费	(1或+3)×费率
		5. 利润	(1或+3)×费率
二	措施项目费(费率措施费)		(人工费或+机械费)×费率
三	其他项目费		
四	规费		按相关规定计算
	其中	1. 社会保险费	人工费×费率
		2. 住房公积金	
		3. 工程排污费	
五	税金		(一+二+三+四)×费率
六	工程造价		一+二+三+四+五

注：综合单价是指完成一个规定清单项目所需的人工费、材料和工程设备费、施工机具使用费和企业管理费、利润以及一定范围内的风险费用。

计算基础中的人工费为分部分项工程的人工费与定额措施项目费中的人工费之和；机械费为分部分项工程的机械费与定额措施项目费中的机械费之和（下同）。

二、定额计价法

定额计价法工程造价计算程序，见表5-2。

表5-2　定额计价法工程造价计算程序

序号	费用名称		计算公式
一	分部分项工程费及定额措施项目费		工程量×基价
	其中	1. 人工费	人工消耗量×人工单价
		2. 材料费	材料消耗量×材料单价
		3. 机械费	机械消耗量×机械台班单价
二	措施项目费用(费率措施费)		(人工费或+机械费)×费率
三	企业管理费		(人工费或+机械费)×费率
四	利润		(人工费或+机械费)×费率

（续）

序号	费用名称		计算公式
五	价差调整	人工费调整	人工费×调整系数
		材料价差	
		其中：实物法材料价差	按照实物法调差规定计算
		系数法材料价差	定额材料费社会保险调整系数
		机械费调整	机械费×调整系数
六	规费		人工费×费率
	其中	1. 社会保险费	
		2. 住房公积金	
		3. 工程排污费	
七	税金		（一+二+三+四+五+六）×费率
八	工程造价		一+二+三+四+五+六+七

注：定额材料费为分部分项工程的材料费与定额措施项目费中的材料费之和。

三、其他

按照国家及我省有关规定，安全文明施工费、规费及税金为不可竞争性费用，招投标时应单独列项，其费用计算程序，见表5-3。

表5-3 不可竞争性费用计算程序

序号	项目名称	计算公式
一	安全文明施工费	（人工费或+机械费）×费率
	1. 环境保护费	
	2. 文明施工费	
	3. 安全施工费	
	4. 临时施工费	
二	规费	人工费×费率
	1. 社会保险费	
	2. 住房公积金	
	3. 工程排污费	
三	税金	（一+二）×税金率
四	工程造价	一+二+三

第三节 费用标准及有关规定

一、企业管理费、利润计取标准

1. 企业管理费计取标准（表5-4）

表 5-4　企业管理费计取标准

序号	工程项目		计算基础	工程类别		
				一类	二类	三类
				取费标准(%)		
1	建筑与装饰工程		人工费+机械费	28.54	26.00	24.75
2	安装工程		人工费	39.26	35.40	33.16
3	大规模土石方(机械施工)工程		人工费+机械费	5.37		
4	大规模土石方(人工施工)工程		人工费	10.96		
5	抗震加固及维修工程	单独拆除	人工费	15.95	12.64	11.50
		拆除及安装	人工费	31.25	28.42	26.02
		拆除及建筑	人工费+机械费	28.55	25.86	24.47
6	市政施工	道路、桥涵	人工费+机械费	23.80	21.61	20.51
		集中供热、燃气、给水排水、路灯	人工费	36.56	33.34	30.65
7	园林绿化工程	绿化工程	人工费	23.61	20.75	
		堆砌假山及塑假石山、园路、园桥及园林小品工程	人工费+机械费	20.50	18.58	
8	仿古建筑工程		人工费+机械费	23.25	20.65	18.99
9	包工不包料工程		人工费	16.46	13.15	12.05
10	外购构建工程		人工费+机械费	12.73	11.12	10.33
11	单独装饰装修工程		人工费	24.55	22.47	20.94

2. 利润计取标准（表 5-5）。

表 5-5　利润计取标准

序号	工程项目		计算基础	工程类别		
				一类	二类	三类
				取费标准(%)		
1	建筑与装饰工程		人工费+机械费	19.73	15.62	11.20
2	安装工程		人工费	33.88	27.62	18.28
3	大规模土石方(机械施工)工程		人工费+机械费	2.69		
4	大规模土石方(人工施工)工程		人工费	7.84		
5	抗震加固及维修工程	单独拆除	人工费	24.35	19.86	13.14
		拆除及安装，包工不包料工程	人工费	24.35	19.86	13.14
		拆除及建筑	人工费+机械费	18.35	14.53	10.42
6	市政工程	道路、桥涵	人工费+机械费	13.08	9.42	7.28
		集中供热、燃气、给水排水、路灯	人工费	27.48	19.78	15.29

（续）

序号	工程项目		计算基础	工程类别		
				一类	二类	三类
				取费标准(%)		
7	园林绿化工程	绿化工程	人工费	18.58	7.47	
		堆砌假山及塑假石山,公园及园林小品工程	人工费+机械费	8.71	3.58	
8	仿古建筑工程		人工费+机械费	14.95	8.25	4.78
9	单独装饰装修工程		人工费	20.85	16.96	11.33

注：外购构件工程不得计取利润。

二、措施项目费计取标准值及规定

1. 费率措施项目

建筑与装饰、抗震加固及维修（拆除及建筑）、大规模土石方（机械施工）工程，市政（道路、桥涵）、园林绿化（堆砌假山及塑假石山、园桥及园林小品）仿古建筑、工程，外购构件工程费率措施费计取标准，见表5-6。

表5-6 建筑与装饰等工程费率措施费计取标准

序号	费用项目名称		计算基础	建筑与装饰工程(%)	抗震加固及维修(拆除及建筑)工程(%)	大规模土石方(机械施工)工程(%)	市政(道路、桥涵)、园林绿化(堆砌假山及塑假山、园路、园桥及园林小品)工程(%)	仿古建筑工程(%)	外购构件工程(%)
1	环境保护费		人工费+机械费	0.77	0.98	0.38	0.80	0.80	0.21
2	文明设施费			1.24	1.58	0.61	1.09	1.09	0.32
3	安全设施费			8.87	6.20	4.35	6.82	7.55	4.32
4	临时设施费			4.16	2.04	2.28	2.28	2.28	1.98
5	夜间施工增加费			1.86	2.36	0.91	1.68	1.68	0.80
6	二次搬运费			2.44	3.11	1.20	2.28	2.28	2.42
7	已完工程及设备保护费			0.10	0.13	0.05	0.09	0.09	0.10
8	冬雨季施工增加费			2.44	3.11	1.20	2.23	2.23	1.14
9	工程定位复测费			0.50	0.64	0.25	0.42	0.42	0.26
10	施工因素增加费						1.73	1.73	
11	特殊地区增加费	沙漠及边缘地区		7.08					
		高原2000~3000m		4.90					
		高原3001~4000m		14.45					

2. 定额措施费项目

定额措施费项目计取按照各专业工程预算（消耗量）定额及有关规定计算。

三、其他项目计取标准及规定

1）暂列金额应按照招标工程量清单中列出的金额填写。

2）材料、工程设备暂估价应按照招标工程量清单中列出的单价计入综合单价。专业工程暂估价应按照招标工程量清单中列出的金额填写。

3）计日工应按招标工程量清单中列出的项目和数量，自主确定综合单价并计算计日工金额。

4）总承包服务费应根据招标工程量清单中列出的内容和提出的要求确定，或参照下列情况确定：

① 招标人仅要求对分包的专业工程进行总承包管理和协调时，总承包服务费按分包专业工程估算造价的1%~3%计算。

② 招标人要求对分包的专业工程进行总承包管理和协调，并同时要求提供脚手架、垂直运输机械以及对总包单位的非生产人员工资、功效降低、工序交叉影响等配合服务的补偿，根据招标文件中列出的配合服务内容和提出的要求，按分包专业工程估算造价的4%~6%计算。

③ 以上总承包服务费参照标准未包括招标人自行采购材料、工程设备的总承包服务费，发生时另按照本省有关规定计算。

四、规费项目费率计取标准（表5-7）

表5-7 规费项目费率计取标准

序号	规费名称	计算基础	取费标准
1	社会保险费	人工费	核定标准
2	住房公积金		核定标准
3	工程排污费		0.21

表5-7中社会保险费、住房公积金按照《甘肃省建设工程费用标准证书》中的标准计取。

社会保险费、住房公积金在编制招标控制价（过最高限价）时参照（表5-8）标准计取。

表5-8 社会保险费、住房公积金招标控制价计取标准

序号	费用项目名称	计算基础	费率标准(%)
1	社会保险费(含养老、失业、医疗、工伤、生育保险费)	人工费	18.00
2	住房公积金		7.00

五、税金计取标准（表 5-9）

表 5-9　税金计取标准

序号	纳税地点(工程所在地)	计算基础	税率(%)
1	在市区	(分部分项工程费+措施项目费+其他项目费+规费)或(分部分项工程费+措施项目费+企业管理费+利润+价差调整+规费)	3.48
2	在县城、镇		3.41
3	不在市区、县城或镇		3.28

注：税金是营业税、城市维护建设税、教育费附加以及地方教育税附加。

第四节　费用定额适用范围

1）建筑与装饰工程：适用于一般工业与民用建筑与装饰的新建、扩建、改建工程。

2）安装工程：适用于《甘肃省安装工程预算定额》所规定的机械设备安装工程，电气设备安装工程，工业管道安装工程，给水排水、采暖、消防、燃气管道及器具安装工程，静置设备与工艺金属结构制作安装工程，通风空调安装工程，自动化控制仪表安装工程，火灾自动报警及建筑智能化系统设备安装工程，热力设备安装工程，炉窑砌筑工程，刷油、防腐蚀、绝热工程等安装工程。

3）大规模土石方工程：适用于一个单位工程内挖方或填方工程量在 10000m^3 以上或单独编制工程预算的场地平整、土方石处理（包括挖方或填方）、堤坝、沟渠、水池、运动场、机场、管道沟等的土石方工程。

4）抗震加固及维修工程：适用于甘肃省抗震加固及维修工程预算等相关定额所规定的抗震加固及维修工程。

5）市政工程：适用于道路、桥涵、给水、排水、燃气与集中供热、路灯等工程。

6）仿古建筑工程：适用于新建和扩建的仿古建筑工程。

7）园林绿化工程：适用于与园林绿化、堆砌假山及塑假山石、园路、园桥及园林小品工程。

8）包工不包料工程：适用于按定额只包人工不包材料、机械的工程。

9）外购构件工程：适用于外购的预制混凝土构件、钢筋混凝土构件及金属构件等工程。

10）单独装饰装修工程：适用于单独承包且执行《甘肃省建筑与装饰装修工程预算定额》的装饰装修工程。

第五节　工程类别划分标准及说明

一、建筑与装饰工程

1. 建筑与装饰工程类别划分（表 5-10）

表 5-10　建筑与装饰工程类别划分标准

项目				一类	二类	三类
工程建筑	钢结构		跨度	≥30m	≥15m	<15m
			建筑面积	≥12000m^2	≥4000m^2	<4000m^2
	其他结构	单层	檐高	≥20m	≥15m	<15m
			跨度	≥24m	≥15m	<15m
		多层	檐高	≥24m	≥15m	<15m
			建筑面积	≥8000m^2	≥4000m^2	<4000m^2
民用建筑	公共建筑		檐高	≥36m	≥20m	<20m
			建筑面积	≥7000m^2	≥4000m^2	<40000m^2
			跨度	≥30m	≥15m	<15m
	居住建筑		檐高	≥56m	≥20m	<20m
			层数	≥20 层	≥7 层	<7 层
			建筑面积	≥12000m^2	≥7000m^2	<7000m^2
构筑物	水塔(水箱)		高度	≥75m	≥35m	<35m
			吨位	≥150m^3	≥75m^3	<75m^3
	烟囱		高度	≥100m	≥50m	<50m
	贮仓		高度	≥30m	≥15m	<15m
			容积	≥600m^3	≥300m^3	<300m^3
	贮水(油)池		容积	≥3000m^3	≥1500m^3	<1500m^3
	沉井、沉箱			执行一类	—	—
	室外工程			—	—	执行三类

2. 说明

1）以单位工程为类别划分单位，在同一类别工程中有几个特征时，凡符合其中之一者，即为该类工程。

2）一个单位工程有几种工程类型组成时。符合其中较高工程类别指标部分的建筑面积若不低于工程建筑面积的 50%该工程可全部按该指标确定工程类别；若不低于 50%，但该部分建筑面积又大于 1500m^2，则可按其不同工程类别分别计算。

3）建筑屋檐高：有挑檐者，是指设计室外地坪高至建筑物挑檐上皮的高度；无挑檐者是指设计室外地坪高至屋顶板面标高的高度；如有女儿墙的，其高度算至女儿墙顶面；构筑物的高度，以设计室外地坪高至建筑物的顶面高度为准。

4）跨度是指建筑物中，梁、拱券两端的承重结构之间的距离，即两支点中心之间的距离，多跨建筑物按主跨的跨度划分工程类别。

5）建筑面积是指按《建筑工程建筑面积计算规范》（GB/T 50353—2013）计算的建筑面积。

6）建筑面积小于标准层 30%的顶层和建筑物内的设备管道夹层，不计算层数。

7）超出屋面封闭的楼梯出口间、电梯间、水箱间、楼塔间、瞭望台，不计算度、层数。

8）建筑面积大于一个标准层的50%且层高2.2m及以上的地下室，计算层数。面积小于标准层的50%或层高不足2.2m的地下室，不计算层数。

9）居住建筑指住宅、宿舍、公寓等建筑物。

10）公共建筑是指满足人们物质文化生活需要和进行社会活动而设置的非生产性建筑物，如综合楼、办公楼、教学楼、实验楼、图书馆、医院、酒店、宾馆、商店、车站、影剧院、礼堂、体育馆、纪念馆、独立车库等以及相类似的工程。

11）对有声、光、超净、恒温、无菌等特殊要求的工程、其建筑面积超过总建筑面积的40%，建筑工程类别可按对应标准提高一类核定。

二、安装工程

1. 安装工程类别划分（表5-11）

表5-11 安装工程类别划分标准

一类工程	(1)成套生产工艺装置(生产线)安装工程 (2)台重≥35t各类机械设备;精密数控(程控)机床;自动、半自动生产工艺装置;配套功率≥1500kW的压缩机(组)、风机、泵类设备等安装工程 (3)主钩起重量桥式≥50t、门式≥20t起重设备及相应轨道;运行速度≥1.5/s自动快速、高速电梯;宽度≥1m或输送长度≥100m或斜度≥10°的胶带输送机安装工程 (4)容量≥1000kV·A变配电装置;电压≥6kV架空线路及电缆敷设工程;全面积防爆电气工程 (5)中压锅炉和汽轮发电组装锅炉(蒸发量≥10t/h蒸汽锅炉;供热量≥7MW热水锅炉)及其配套设备的安装工程 (6)各类压力容器、塔器制作、组头、安装;台重≥40t各类静置设备安装;电解槽、电除雾、电除尘及污水处理设备安装工程 (7)金属重量≥50t工业炉;炉膛内经≥2000mm煤气发生炉及附属设备;乙炔发生设备及制氧设备安装工程 (8)容量≥5000m^{3}金属储罐、容量≥1000m^{3}气柜制作安装;球罐组装;总重≥50t或高度>60m火炬塔制作安装工程 (9)制冷量≥4.2MW制冷站、供热站≥7MW换热站安装工程 (10)工业生产微机控制自动化装置及仪表安装、调试工程 (11)中、高压或有毒、易燃、易爆工作介质或有探伤要求的工艺管网(线);试验压力≥1.0MPa或管径≥500mm的铸铁给水管网(线);管径≥800mm的排水管网(线) (12)净化、超净、恒温、恒湿通风空调系统;作用建筑面积≥1000m^{2}的民用工程集中空调(含防排烟)系统安装工程 (13)作用建筑面积≥5000m^{2}的自动灭火消防系统安装工程 (14)专业用灯光、音响系统安装工程 (15)专业炉窑的砌筑;中压锅炉的砌筑;散装锅炉(蒸发量≥10t/h蒸气锅炉、供热量≥7MW热水锅炉)炉体砌筑工程 (16)化工制药安装 (17)附属于上述工程各种设备及相关管道、电气、仪表、金属结构及其刷油、绝热、防腐蚀工程 (18)一类建筑工程的附属设备、电气、采暖、通风、给水排水、消防及弱电等安装工程

（续）

工程类别	内容
二类工程	（1）台重<35t 各类机械设备；配套功率<1500kW 的压缩机（组）、风机、泵类设备等的安装工程 （2）主钩起重桥式≥5t 桥式、门式、梁式、壁行及旋臂起重机及其轨道安装；运行速度<1.5m/s 自动半自动电梯；自动扶梯、自动步行道；一类以外其他输送安装工程 （3）容量<1000kV·A 变配电装置；电压<6kV 架空线路及电缆敷设工程；工业厂房及厂区电气工程 （4）各型快装（含整体燃油、气）、组装锅炉（蒸发量≥4t/h 蒸汽锅炉、供热量≥2.8MW 热水锅炉）及其配套设备安装工程 （5）各类常压容器及工艺金属结构制作、安装；台重<40t 各类静置设备安装工程 （6）一类工程以外的工业锅炉设备安装工程 （7）一类工程以外金属贮罐、气柜、火炬塔架等制作安装工程 （8）一类工程以外外制冷站、换热站安装工程工程 （9）没有探伤要求的工艺管网（线）；试验压力<1.0MPa 的铸铁给水管网（线）；管径<800mm 的排水管网（线）安装工程 （10）工业厂房除尘、排毒、排烟、通风和分散式（局部）空调系统；作用建筑面积<10000m^2 民用工程集中空调（含防排烟）系统安装工程 （11）作用建筑面积<5000m^2 的自动灭火消防系统安装工程 （12）一般工业窑的砌筑工程；各型快装（含整体燃油、气）、组装锅炉（蒸发量≥4t/h 蒸汽锅炉、供热量≥2.8MW 热水锅炉）的炉体砌筑工程 （13）附属于上述工程的各种设备及其相关管道、电气、仪表、金属结构及其刷油、绝热、防腐蚀工程 （14）二类建筑工程的附属设备、电气、采暖、通风、给水排水、消防及弱电等工程
三类工程	（1）除一类、二类工程以外者均为三类工程 （2）除一类、二类工程以外的炉体砌筑工程 （3）三类建筑工程的附属设备、电气、采暖、通风、给水排水、消防及弱电等安装工程

2. 说明

1）以单位工程为类别划分单位，在同一类别工程中有几个特征时，凡符合其中之一者，即为该类工程。

2）安装工程类别的划分是根据各专业安装工程的功能、规模、繁简、施工技术难易程度、结合我省安装工程实际情况制定的。

3）水塔、水池的安装工程及工程建筑中未设计的安装工程，其类别按相应建筑工程的类别等级标准确定安装工程类别等级。

4）弱电工程是指火灾自动报警、电视监控、安全防范、办公自动化、通信广播、电视共用天线等系统。

三、市政工程

1. 市政工程类别划分（表 5-12）

表 5-12　市政工程类别划分标准

工程类别	分类指标	一类	二类	三类
市政道路工程	面积	>20000m^2	>10000m^2	≤10000m^2
	面层种类及结构厚度	沥青混凝土路面积>50cm；水泥混凝土路面积>55cm	沥青混凝土路面积>40cm；水泥混凝土路面积>40cm	沥青混凝土路面积≤40cm；水泥混凝土路面≤40cm 其他面层路面

（续）

工程类别	分类指标	一类	二类	三类
桥涵工程	单跨跨距	>20m	>10m	≤10m
	桥长	>100m	>50m	≤50m
非金属给水排水管道工程	管径	>1000mm	>500mm	≤500mm
	长度	>1000m	>500m	≤500m
金属给水排水、燃气、供热管道工程（含塑料管）	管径	>300mm	>150mm	≤150mm
	长度	>1000m	>500m	≤500m

2. 说明

1）市政工程是指城镇管辖范围内的，按规定执行市政工程预算定额计算工程造价的工程及其类似工程。执行市政定额的城市输水、输气管道工程按市政工程计取各项费用。

2）市政道路工程的“面积”是指行车道路面面积，不包括人行道和绿化、隔离带的面积。

3）桥梁工程的长度指一座桥的主桥长，不包括引桥的长度。

4）涵洞工程的类别随所在路段的类别确定。

5）管道工程中的“管径”是指公称直径（混凝土和钢筋混凝土管、陶土管指内径）。“长度”是指类别及其以上类别中所有管道的总长度（如燃气、供热管道工程二类的“长度”>500m，是指直径>DN150所有管道的合计长度>500m。不包括≤150的管道长度）；对于供热管道是指一根供水或回水管的长度，而不是供回水管的合计长度。

6）人行天桥、地下通道均按桥涵工程二类取费标准执行。

7）同一类别中有几个指标的，同时符合两个及其以上指标的执行本标准；只符合其中一的，按地一类标准执行。

8）由多家施工单位分别施工的道路、管道工程，以各自承担部分为对象进行类别划分。

9）城市广场工程建设，不分面积、结构层厚度，一律按市政道路工程三类标准取费。

四、园林工程

园林工程类别划分标准，见表5-13。

表5-13　园林工程类别划分标准

一类工程	堆砌假山、塑假石山、园林小品工程
二类工程	园林绿化工程、园路及园桥等工程

五、仿古建筑工程

仿古建筑工程划分标准，见表5-14。

表5-14　仿古建筑工程划分标准

一类工程	建筑面积在400m² 以上的单位仿古建筑工程，官式两层或多层仿古建筑，官式重檐单层仿古建筑，官式带二踩以上半拱的单层仿古建筑，二步弓子的仿古亭子建筑（兰州做法），两柱或四柱三楼以上带三踩以上斗拱，有翼角的牌楼、砖雕分仿、檩、椽、瓦、花雕的砖砌影壁

（续）

二类工程	建筑面积在100m² 以上的单位仿古建筑工程，官式无斗拱的单层仿古建筑，垂花门仿古建筑，一步弓子的仿古亭子建筑（兰州做法），其他形式的牌楼、琉璃影壁，石雕分仿、檩、椽、瓦、花雕的石牌楼
三类工程	结构简易的其他仿古建筑，石雕栏板，望柱安装

六、单独装饰装修工程

单独装饰装修工程类别划分标准，见表5-15。

表5-15 单独装饰装修工程类别划分标准

一类工程	单位工程符合建筑与装饰工程类别划分一类的建筑整体装饰装修 单项建筑装饰装修工程造价1000万元以上 建筑装饰装修工程平方米造价2000元以上 幕墙高度>60m的工程
二类工程	单位工程符合建筑与装饰工程类别划分二类的建筑整体装饰装修 单项建筑装饰装修工程造价500万元以上，1000万元以下 建筑装饰装修工程平方米造价1000元以上2000以下 幕墙高度>30m的工程
三类工程	一、二类工程以外的工程

第六节 其他说明

根据2014年1月1日实施的《甘肃省建筑安装工程费用定额》，还有以下方面需要注意：

1）房屋建筑与装饰、安装、市政、仿古建筑、园林绿化和抗震加固及维修工程的人工工日单价，应由发、承包双方参照各市、州建设行政主管部门发布的人工费指导价格，结合市场价格确定，并在签订工程发、承包合同时约定，其“人工单价”与各专业预算（消耗量）定额地区基价附表中“人工单价”的差价除计取税金外，不再计取其他任何费用。

各市、州建设行政主管部门应结合当地实际，及时测算、发布人工费指导价格。

2）安全文明设施费、规费、税金为不可竞争费，应在工程总价中单独列项。文明安全设施费，税金应按照本定额规定标准计取，规费应按照各建筑企业《甘肃省建筑工程费用标准证书》中核定的标准计取。

3）夜间施工费、二次搬用费、冬雨季施工费、生产工具用具使用费、工程定位复测费、已完工程及设备保护费、施工因素增加费、特殊地区增加按费用定额的费率标准计取。

4）施工排水、施工降水发生的费用按照各专业工程预算（消耗量）定额有关项目计算。

5）地上、地下设施、建筑物的临时保护设施费的具体计算方法应在《施工合同》中约定。

6）本费用定额中未包括的措施费用按照各专业预算（消耗量）定额及有关规定计算。

7）预算（消耗量）定额中包括的预测混凝土构钢筋混凝土构件及金属等均应执行相应预算（消耗量）定额子目基价。例如，承包人需外购上述构件时，事先征得发包人同意，方可计算价差。其价差应以外购凭证结算价减预算制作价只差单独计算。该价差除计取税金外，不计取任何费用。

8）在有害气体环境中施工时，如在同一环境中建设单位职工享有特殊保健津贴时，建筑业企业进入现场施工的职工应与建设单位职工享受同等待遇。其费用按实际参加有害健康施工人数及规定标准由建设单位支付，并列入工程造价，作为计取税金的基础。

9）发包人若将承包主体承包人有资质承担的单位工程中的分项工程单独分包时，应对承包主体个的承包人支付承包服务费。该费用除计取税金外，不再计取其他费用。

10）承包工程范围以内的签证用工，按照70.00元/工日的价格进行签证，该费用列入分部分项工程费。

11）企业管理费中的“检验试验费”，不包括新结构、新材料的试验费，对构建做破坏性试验及其他特殊要求检验的费用和发包人委托检验机构进行检测的费用，对此类检测发生的费用，由发包人在工程建设其他费用中列支。但对承包人提供的材料和工程设备经检测不符合合同约定的质量标准，发包人应立即要求承包人更换，由此增加的费用应由承包人承担。对发包人要求检测承包人已具有合格证明的材料、工程设备，但经检测证明该材料、工程设备符合合同约定的质量标准，发包人应承担由此增加的费用，并向承包人支付合理的利润。

本章小结

1. 建筑安装工程费按照费用构成要素划分

建筑安装工程费按照费用构成要素划分：由人工费、材料（包含工程设备，下同）费、施工机具使用费、企业管理费、利润、规费和税金组成。其中人工费、材料费、施工机具使用费、企业管理费和利润包含在分部分项工程费、措施项目费、其他项目费中。

2. 建筑安装工程费按照工程造价形成划分

建筑安装工程费按照工程造价形成有分部分项工程费、措施项目费、其他项目费、规费、税金组成，分部分项工程费、措施项目费、其他项目费包含人工费、材料费、施工机具使用费、企业管理费和利润。

3. 工程量清单计价法

工程量清单计价法是先分别计算出分部分项工程费及定额措施项目费、措施项目费（费率措施费）、其他项目费、规费、税金，然后求其总和，得出工程造价。

4. 定额计价法

定额计价法是先分别计算出分部分项工程费及定额措施项目费、措施项目费用（费率措施费）、企业管理费、利润、价差调整、规费、税金，然后求其总和，得出工程造价。

能力训练

建筑安装工程费用计算实例

某建筑企业承建一幢15层框架结构住宅楼工程，经计算该工程的分部分项工程及定额措施费为600万元（其中人工费150万元，材料费350万元，机械费100万元），工程在县城，请根据甘肃省现行费用定额计算程序及取费标准，计算该工程的工程造价，并填入表5-16中。

表 5-16　定额计价法工程造价计算程序

序号	费用名称		计算式	费用金额/万元
一	分部分项工程费及定额措施项目费		150+350+100	600
	其中	1. 人工费	150	150
		2. 材料费	350	350
		3. 机械费	100	100
二	措施项目费用(费率措施费)		(150+100)×22.38%	55.95
三	企业管理费		(150+100)×26%	65
四	利润		(150+100)×15.62%	39.05
五	价差调整	人工费调整		
		材料价差		
		其中:实物法材料价差		
		系数法材料价差		
		机械费调整		
六	规费		27+10.5+0.32	37.82
	其中	1. 社会保险费	150×18%	27
		2. 住房公积金	150×7%	10.5
		3. 工程排污费	150×0.21%	0.32
七	税金		(600+55.95+65+39.05+37.82)×3.41%	27.21
八	工程造价		600+55.95+65+39.05+37.82+27.21	825.03

第六章　工程量清单及工程量清单计价

内容提要

本章讲述了工程量清单、工程量清单计价和综合单价的编制方法，以及措施项目费、其他项目费、规费和税金的计算方法。

教学目标

知识目标：熟悉工程量清单的编制方法，掌握工程量清单计价、综合单价的编制，措施项目费、其他项目费、规费和税金的计算方法。

能力目标：能够正确编制工程量清单计价、综合单价。

第一节　工程量清单的编制

工程量清单是载明建设工程分部分项工程项目、措施项目、其他项目的名称和相应数量以及规费、税金项目等内容的明细清单。招标人按照相关规定编制用于招标的工程量清单被称为招标工程量清单。招标工程量清单是指招标人依据国家标准、招标文件、设计文件以及施工现场实际情况编制的，随招标文件发布供投标报价的工程量清单，包括其说明和表格。一般情况下，工程量清单的编制是指招标工程量清单的编制。招标工程量清单应以单位（项）工程为单位编制，应由分部分项工程项目清单、措施项目清单、其他项目清单、规费和税金项目清单组成。

招标工程量清单中必须作为招标文件的组成部分，其准确性和完整性应由招标人负责。可以看出，以工程量清单招标的工程，“量”的风险由发包人承担。

依据《建设工程工程量清单计价规范》（GB 50500—2013），工程量清单编制工作可分为施工组织设计编制、分部分项工程量清单的编制、措施项目清单的编制、其他项目清单的编制及规费、税金项目清单的编制五个环节。具体的编制流程如图 6-1 所示。

一、工程量清单封面及总说明的编制

1）工程量清单封面的编制。

工程量清单封面按《建设工程工程量清单计价规范》（GB 50500—2013）规定的封面填写，招标人及法定代表人应盖章，造价咨询人应盖单位资质章及法人代表章，编制人应盖造价人员资质章并签字，复核人应盖注册造价师资格章并签字。

2）工程量清单总说明的编制。在编制工程量清单总说明时应包括以下内容：

① 工程概况。

工程概况中要对建设规模、工程特征、计划工期、施工现场实际情况、自然地理条件、环境保护要求等做出描述。其中建设规模是指建筑面积；工程特征应说明基础及结构类型、

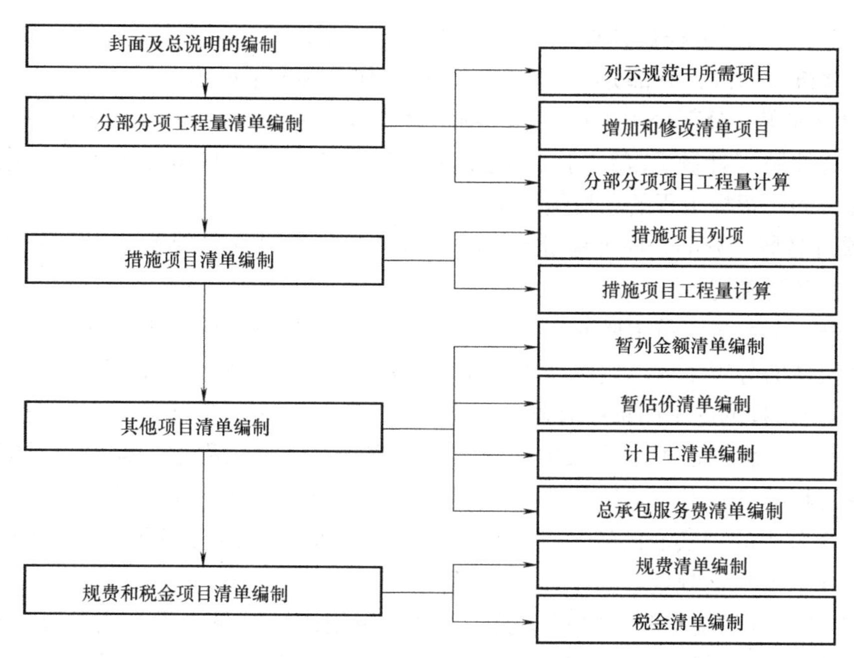

图 6-1　工程量清单的编制

建筑层数、高度、门窗类型及各部位装饰、装修做法；计划工期是指按工期定额计算的施工天数；施工现场实际情况是指施工场地的地表状况；自然地理条件是指建筑场地所处地理位置的气候及交通运输条件；环境保护要求是针对施工噪声及材料运输可能对周围环境造成的影响和污染，提出的防护要求。

② 工程招标及分包范围。

招标范围是指单位工程的招标范围，如建筑工程招标范围为“全部建筑工程”，装饰装修工程招标范围为“全部装饰装修工程”等。工程分包是指特殊工程项目的分包，如招标人自行采购安装“铝合金门窗”等。

③ 工程量清单编制依据。

其包括招标文件、建设工程工程量清单计价规范、施工设计图（包括配套的标准图集）文件、施工组织设计等。

④ 工程质量、材料、施工等的特殊要求。

工程质量的要求是指招标人要求拟建工程的质量应达到合格或优良标准；对材料的要求是指招标人根据工程的重要性、使用功能及装饰装修标准提出，诸如对水泥的品牌，钢材的生产厂家，大理石（花岗石）的出产地、品牌等的要求；施工要求是指建设项目中对单项工程的施工顺序等的要求。

⑤ 其他。

工程中如果有部分材料由招标人自行采购，应将所采购材料的名称、规格型号、数量予以说明。应说明暂列金额及自行采购材料的金额及其他需要说明的事项。

二、分部分项工程量清单的编制

1. 列示规范中所需项目

工程量清单编制人员在详细查阅图纸，熟悉项目的整体情况后，对于房屋建筑根据

《房屋建筑与装饰工程工程量计算规范》（GB 50854—2013）（以下简称《计量规范》）进行列项，不需要进行修改，分部分项工程项目列项工作分别如下所示：

（1）项目编码　分部分项工程量清单项目编码以五级编码设置，用12位阿拉伯数字表示，1~9位应按照《计量规范》附录规定设置，10~12位应根据拟建工程的工程量清单项目名称设置，同一招标工程的项目编码不得有重码。

（2）项目名称　分部分项工程量清单的项目名称应按《计量规范》附录的项目名称结合拟建工程的实际确定。

在分部分项工程量清单中所列出的项目，应是在单位工程的施工过程中以其本身构成这个单位工程实体的分项工程，这些分项工程项目名称的列出又分为以下情况：

1）在拟建工程的施工图纸中有体现，并且在《计量规范》附录中也有相对应的附录项目。对于这种情况就可以根据附录中的规定直接列项，计算工程量，确定项目编码等。例如，某拟建工程的一砖半黏土砖外墙这个分项工程，在《计量规范》附录A中对应的附录项目是D.1.3节中的“实心砖墙”。因此，在清单编制时就可以直接列出“370砖外墙”这一项，并依据附录D的规定计算工程量，确定其项目编码。

2）在拟建工程的施工图纸中有体现，在《计量规范》附录中没有相对应的附录项目，并且在附录项目的“项目特征”或“工程内容”中也没有提示。对于这种情况必须编制针对这些分项工程的补充项目，在清单中单独列项并在清单的编制说明中注明。

清单项目的表现形式是由主体项目和辅助项目构成，主体项目即《计量规范》中的项目名称，辅助项目即《计量规范》中的工程内容。对比图纸内容，确定什么是主体清单项目，什么是工程内容。

编制工程量清单出现附录中未包括的项目，编制人应作补充，并报省级或行业工程造价管理机构备案，省级或行业工程造价管理机构应汇总报住房和城乡建设部标准定额研究所。补充项目的编码由附录的顺序码与B和三位阿拉伯数字组成，并应从×B001起顺序编制，不得重号。工程量清单中需附有补充项目的名称、项目特征、计量单位、工程量计算规则、工作内容。

（3）项目特征描述　项目特征是对项目的准确描述，是确定一个清单项目综合单价不可缺少的重要依据，是区分清单项目的依据，是履行合同义务的基础。分部分项工程量清单特征描述应根据《计量规范》中规定的项目特征并结合拟建工程的实际情况进行描述。具体可以分为必须描述的内容、可不描述的内容、可不详细描述的内容、规定多个计量单位的描述、规范没有要求但又必须描述的内容几类。具体说明见表6-1。

表6-1　项目特征描述规则

描述类型	内　　容	示　　例
必须描述的内容	涉及正确计量的内容	门窗洞口尺寸或框外围尺寸
	涉及结构要求的内容	混凝土构件的混凝土的强度等级
	涉及材质要求的内容	油漆的品种、管材的材质等
	涉及安装方式的内容	管道工程中的钢管的连接方式
可不描述的内容	对计量计价没有实质影响的内容	现浇混凝土柱的高度、断面大小等特征
	应由投标人根据施工方案确定的内容	石方的预裂爆破的单孔深度及装药量的特征规定

（续）

描述类型	内　容	示　例
可不描述的内容	应由投标人根据当地材料和施工要求的内容	混凝土构件中的混凝土拌合料使用的石子种类及粒径、砂的种类的特征规定
	应由施工措施解决的内容	对现浇混凝土板、梁的标高的特征规定
可不详细描述的内容	无法准确描述的内容	土壤类别，可考虑将土壤类别描述为综合，注明由投标人根据地勘资料自行确定土壤类别，决定报价
	施工图纸、标准图集标注明确的	这些项目可描述为见××图集××页号及节点大样等
	清单编制人在项目特征描述中应注明由投标人自定的内容	土方工程中的“取土运距”“弃土运距”等

（4）计量单位　《计量规范》规定：工程计量时每一项目汇总的有效位数应遵守下列规定：

① 以“t”为单位，应保留小数点后三位小数，第四位小数四舍五入。

② 以“m”“m^2”“m^3”“kg”为单位，应保留小数点后两位小数，第三位小数四舍五入。

③ 以“个”“件”“根”“组”“系统”为单位，应取整数。《计量规范》规定：有两个或两个以上计量单位的，应结合拟建工程项目的实际情况，确定其中一个为计量单位。同一工程项目的计量单位应一致。

2. 增加或修改清单项目

由于工程项目有多样性，规范的清单项目无法包括图纸全部的清单项，招标项目中存在国家及省市建设工程清单计价规范中未能完全涵盖的工程内容时，需要编制补充清单。一般情况都需根据具体情况增加一些规范以外的清单项。例如，改扩建建设工程，增加的清单项目主要根据以往类似项目的技术规范或者个人经验进行。

当规范中没有图纸中对应的项目时，应相应增加需要的清单项目，项目增加时应在相应的章、节目录下进行，不得随意增减，所以工程量清单编制人员应熟悉清单项目，以便准确地对清单项目进行增减。

若图纸中包含的内容，规范中没有对应的项，需要补充列项；或者图纸中包含的内容规范中有对应项，但需要修改的，需要修改列项。对于此部分内容，标底编制人员可先进行梳理，然后进行进一步的补充和修改，做到清单项的不重不漏。

3. 分部分项工程量计算

工程量主要通过工程量计算规则计算得到。工程量计算规则是指针对清单项目工程量的计算规定。计量单位均为基本计量单位，不得使用扩大单位（如 100m、10t），这一点与传统的定额计价模式有很大区别。以工程量清单计价的工程量计算规则与消耗量定额的工程量计算规则有着原则上的区别：工程量清单计价的计量原则是以实体安装就位的净尺寸计算，而消耗量定额的工程量计算是在净值的基础上，加上施工操作（或定额）规定的预留量，这个量随施工方法、措施的不同而变化。因此，清单项目的工程量计算应严格按照规范规定的工程量计算规则，不能同消耗量定额的工程量规则相混淆。

另外，对补充项的工程量计算规则必须符合下述原则：

1）工程量计算规则要具有可计算性，不可出现类似于“竣工体积”“实铺面积”等不可计算的规则。

2）计算结果要具有唯一性。

三、措施项目清单的编制

1. 措施项目列项

措施项目清单应根据拟建工程的实际情况按照《计量规范》进行列项。专业工程措施项目可按附录中规定的项目选择列项。若出现清单规范中未列的项目，可根据工程实际情况进行补充。项目清单的设置应按照以下要求：

1）参考拟建工程的施工组织设计，以确定环境保护、安全文明施工、材料的二次搬运等项目。

2）参阅施工技术方案，以确定夜间施工、大型机械设备进出场及安拆、混凝土模板与支架、脚手架、施工排水、施工降水、垂直运输机械等项目。

3）参阅相关的施工规范与工程验收规范，以确定施工技术方案没有表述的，但是为了实现施工规范与工程验收规范要求而必须发生的技术措施。

4）确定招标文件中提出的某些必须通过一定的技术措施才能实现的要求。

5）确定设计文件中一些不足以写进技术方案的，但是要通过一定的技术措施才能实现的内容。房屋建筑与装饰工程措施项目清单及具体列项条件见表6-2。

表6-2 房屋建筑与装饰工程措施项目清单及具体列项条件

序号	措施项目名称	措施项目发生条件
1.1	脚手架工程	一般情况下需要发生
1.2	混凝土模板及支架(撑)	拟建工程中有混凝土及钢筋混凝土工程
1.3	垂直运输	施工方案中有垂直运输机械的内容、施工高度超过5m的工程
1.4	超高施工增加	施工方案中有垂直运输机械的内容、施工高度超过20m的工程
1.5	大型机械设备进出场及安拆	施工方案中有大型机械设备的使用方案，拟建工程必须使用大型机械设备
1.6	施工排水、降水	依据水文地质资料，拟建工程的地下施工深度低于地下水位
1.7	安全文明施工及其他措施项目	一般情况下需要发生

2. 措施项目工程量的计算

措施项目清单必须根据相关工程现行国家计量规范的规定编制，而且措施项目清单应根据拟建工程的实际情况列项。

施工组织设计编制的最终目的是计算措施工程量，工程量清单编制人员通过查配套《施工手册》，结合项目的特点以及定额中的有关规定，计算措施项目的工程量即可。

方案确定后，结合《施工手册》及项目特点计算措施项目工程量。施工组织设计中要将使用的材料、材料的规格、使用的材料的量都写出来，然后根据这些计算措施项目的工程量。

四、其他项目清单的编制

其他项目清单应根据拟建工程的实际情况进行编制。其他项目清单是指分部分项工程量清单、措施项目清单所包含的内容以外，因招标人的特殊要求而发生的与拟建工程有关的其他费用项目和相应数量的清单。其他项目清单应按照暂列金额、暂估价、计日工和总承包服务费进行列项。

1. 暂列金额

暂列金额是指招标人暂定并包括在合同中的一笔款项，用于施工合同签订时尚未确定或者不可预见的所需材料、设备、服务的采购，施工中可能发生的工程变更、合同约定调整因素出现时的工程价款以及发生的索赔、现场签证确认等的费用；此部分费用由招标人支配，实际发生了才给予支付，在确定暂列金额时应根据施工图纸的深度、暂估价设定的水平、合同价款约定调整的因素及工程实际情况合理确定，一般可以按分部分项工程量清单的10%~15%，不同专业预留的暂列金额应可以分开列项，比例也可以根据不同专业的情况具体确定。

暂列金额由招标人填写，列出项目名称、计量单位、暂定金额等，如不能详列，也可只列暂定金额总额，投标人再将暂列金额计入投标总价中。

2. 暂估价

暂估价是指招标阶段直至签订合同协议时，招标人在招标文件中提供的用于支付必然要发生但暂时不能确定价格的材料以及专业工程的金额，包括材料暂估价、专业工程暂估价；暂估价类似于FIDIC合同条款中的Prime Cost Items，在招标阶段预见肯定要发生，只是因为标准不明确或者需要由专业承包人完成，暂时无法确定的价格。

一般而言，为方便合同管理和计价，需要纳入分部分项工程量清单项目综合单价中的暂估价最好只是材料费，以方便投标人组价。

以总价计价的专业工程暂估价一般应是综合暂估价，应当包括除规费、税金以外的管理费、利润等。总承包招标时，专业工程设计深度往往是不够的，一般需要交由专业设计人设计，国际上，出于提高可建造性考虑，一般由专业承包人负责设计，以发挥其专业技能和专业施工经验的优势。这类专业工程交由专业分包人完成是国际工程的良好实践，目前在我国工程建设领域也已经比较普遍。公开透明地合理确定这类暂估价的实际开支金额的最佳途径就是通过施工总承包人与工程建设项目招标人共同组织的招标。

3. 计日工

计日工是在施工过程中，承包人完成发包人提出的工程合同范围以外的零星项目或工作，按合同中约定的单价计价的一种方式。零星工作是指合同约定之外的或者因变更而产生的、工程量清单中没有相应项目的额外工作，尤其是那些时间不允许事先商定价格的额外工作。计日工为额外工作和变更的计价提供了一个方便快捷的途径。计日工对完成零星工作所消耗的人工工时、材料数量、施工机械台班进行计量，并按照计日工表中填报的适用项目的单价进行计价支付。

编制计日工表时，一定要给出暂定数量，并且需要根据经验，尽可能估算一个比较贴近实际的数量。当然，尽可能把项目列全，防患于未然，也是值得充分重视的工作。

计日工数量可以通过经验法和百分比法确定。

1）经验法：即通过委托专业咨询机构，凭借其专业技术能力与相关数据资料预估计日工的劳务、材料、施工机械等使用数量。

2）百分比法：即首先对分部分项工程的工料机进行分析，得出其相应的消耗量；其次，以工料机消耗量为基准按一定百分比取定计日工劳务、材料与施工机械的暂定数量；最后，按照招标工程的实际情况，对上述百分比取值进行一定的调整。

4. 总承包服务费

总承包服务费是为了解决招标人在法律、法规允许的条件下进行专业工程发包以及自行采购供应材料、设备时，要求总承包人对发包的专业工程提供协调和配合服务（如分包人使用总包人的脚手架、水电接驳等）；对供应的材料、设备提供收、发和保管服务以及对施工现场进行统一管理；对竣工资料进行统一汇总整理等发生并向总承包人支付的费用。招标人应当按投标人的投标报价向投标人支付该项费用。

五、规费、税金项目清单的编制

规费项目清单应按照下列内容列项：社会保险费（包括养老保险费、失业保险金、医疗保险费）；住房公积金；工程排污费。出现未包含在上述规范中的项目，应根据省级政府或省级有关权力部门的规定列项。

税金项目清单应包括以下内容：营业税，城市建设维护税，教育费附加。如国家税法发生变化，税务部门依据职权增加了税种，应对税金项目清单进行补充。

六、注意事项

1）措施项目的列项应全面。措施项目的列项应该按照不同专业措施项目列项，补充措施项目应根据项目的实际情况进行列项。措施项目清单应区分以单价计价的措施项目和以总价计价的措施项目，以单价计价的措施项目按照分部分项工程项目清单列明清单编码、名称、项目特征、计量单位和工程量。

2）措施项目应该与施工组织设计相吻合。在工程量清单编制过程中施工组织设计是按照通用方案考虑，根据施工组织设计进行措施项目列项时，应将扰民、噪声、保险等因素考虑在内。

3）其他项目清单中暂估价的设定应合理。暂估价所占比例应符合相关要求，暂估价的价格应合理，价格中包含的内容应清晰；暂列金额应结合项目特点进行合理设定；计日工设定的项目应符合工程实际，设定的数量应合理；总承包服务费所包含的内容应描述全面、清晰。

4）在工程量清单总说明中应该明确相关问题的处理及与造价有关的条件的设置，如工程一切险和第三方责任险的投保方、投保基数及费率及其他保险费用；安全文明施工费计算基数及费率；特殊费用的说明；各类设备的提供、维护等的费用是否包括在工程量清单的单价与总额中；暂列金额的使用条件及不可预见费的计算基础和费率；对工程所需材料的要求。

5）补充的分部分项工程量清单项目和措施项目，如果当地造价管理部门没有工程量计算规则，应编制补充清单项目并报当地造价管理部门备案。

第二节 工程量清单计价

一、工程量清单计价概念及计价依据

1. 工程量清单计价概念

工程量清单计价是一种国际上通行的工程造价计价方式，是在建设工程招标投标中，招标人按照国家统一的《建设工程工程量清单计价规范》的要求及施工图，提供工程量清单，由投标人依据工程量清单、施工图、企业定额、市场价格自主报价，经评审后，合理低价中标的工程造价计价方式。

2. 工程量清单计价的计价依据

工程量清单计价的计价依据主要有：清单工程量、施工图、《建设工程工程量清单计价规范》、消耗量定额、施工方案、工料机市场价格。

（1）清单工程量　清单工程量是由招标人发布的拟建工程的招标工程量。清单工程量是投标人投标报价的重要依据，投标人应根据清单工程量和施工图计算计价工程量。

（2）施工图　由于采用的施工方案不同；由于清单工程量是分部分项工程量清单项目的主项工程量，不能反映报价的全部内容。所以投标人在投标报价时，需要根据施工图和施工方案计算报价工程量，因而，施工图也是编制工程量清单报价的重要依据。

（3）消耗量定额　消耗量定额一般指企业定额，建设行政主管部门发布的预算定额等，它是分析拟建工程工料机消耗量的依据。

（4）工料机市场价格　工料机市场价格是确定分部分项工程量清单综合单价的重要依据。

二、工程量清单计价的费用构成和计算程序

1. 工程量清单计价的费用构成

工程量清单计价的费用应包括招标文件规定的完成工程量清单所列项目的全部费用。其具体包括分部分项工程费、措施项目费、其他项目费、规费和税金。

2. 工程量清单计价的计算程序

采用工程量清单计价，工程造价应按表6-3所示的程序计算。

表6-3　工程量清单计价程序表

序号	项目名称	计算办法
1	分部分项工程费	Σ(分部分项工程量×综合单价)
2	措施项目费	Σ(各项措施项目费)
3	其他项目费	Σ(各项其他项目费)
4	规费	Σ(各项规费)
5	税金	(1+2+3+4)×税率
6	工程造价	1+2+3+4+5

三、计价工程量计算

1. 计价工程量的概念

计价工程量也称为报价工程量。它是计算工程投标报价的重要数据。计价工程量是投标人根据拟建工程施工图、施工方案、清单工程量和所采用的定额及相对应的工程量计算规则计算出的，用以确定综合单价的重要数据。

2. 计价工程量计算方法

计价工程量是根据所采用的定额和相对应的工程量计算规则计算的，所以，承包商

一旦采用何种定额时，就应完全按其定额所划分的项目内容和工程量计算规则计算工程量。

计价工程量的内容一般要多于清单工程量。因为，计价工程量不但要计算每个清单项目的主项工程量，而且还要计算所包含的附项工程量。这就要根据清单项目的工程内容和定额项目的划分内容具体确定。

第三节　综合单价的编制

综合单价是指完成一个规定计量单位的分部分项工程量清单项目或措施清单项目所需的人工费、材料费、施工机械使用费和企业管理费与利润，以及一定范围内的风险费用。

首先介绍综合单价编制中分部分项清单项目的人工单价、材料单价、机械台班单价的编制方法。

一、人工单价的编制

1. 人工单价的概念

人工单价是指生产工人一个工作日应该得到的劳动报酬。

2. 人工单价的内容

人工单价一般包括基本工资、工资性津贴、养老保险费、失业保险费、医疗保险费、住房公积金等。

3. 人工单价的编制方法

人工单价的编制方法主要有以下几种：

(1) 根据劳务市场行情确定人工单价　目前，根据劳务市场行情确定人工单价已经成为计算工程劳务费的主流，这是社会主义市场经济发展的必然结果。根据劳务市场行情确定人工单价应注意以下几个方面的问题：

1) 要尽可能掌握劳动力市场价格中长期历史资料，这对于以后采用数学模型预测人工单价将成为可能。

2) 在确定人工单价时要考虑用工的季节性变化。当大量聘用农民工时，要考虑农忙季节时人工单价的变化。

3) 在确定人工单价时要采用加权平均的方法综合劳务市场的劳动力单价。

4) 要分析拟建工程的工期对人工单价的影响。如果工期紧，那么人工单价按正常情况确定后要乘以大于1的系数。如果工期有拖长的可能，那么也要考虑工期延长带来的风险。

根据劳务市场行情确定人工单价的数学模型描述如下：

人工单价＝∑(某劳务市场人工单价×权重)×季节变化系数×工期风险系数

(2) 根据已完工程的实际情况确定　如果在本地以往承包过同类工程，可以根据以往承包工程的情况确定人工单价。

(3) 根据预算定额规定的工日单价确定　凡是分部分项工程项目含有基价的预算定额，都明确规定了人工单价，我们可以以此为依据确定拟投标工程的人工单价。

二、材料单价的编制

1. 材料单价的概念

材料单价是指材料从采购起运到工地仓库或堆放场地后的出库价格。

2. 材料单价的费用

由于其采购和供货方式不同，构成材料单价的费用也不同。一般有以下几种：

（1）材料供货到工地现场　当材料供应商将材料供货到施工现场或施工现场仓库时，材料单价由材料原价、采购保管费构成。

（2）在供货地点采购材料　当需要派人到供货地点采购材料时，材料单价由材料原价、运杂费、采购保管费构成。

（3）需二次加工的材料　当某些材料采购回来时，还需要进一步加工的，材料单价除了上述费用外，还包括二次加工费。

3. 材料原价的确定

材料原价是指付给材料供应商的材料单价。当某种材料有两个或两个以上的材料供应商供货且材料原价不同时，要计算加权平均材料原价。计算公式为

$$\text{加权平均材料原价}=\frac{\sum_{i=1}^{n}(\text{材料原价}\times\text{材料数量})_i}{\sum_{i=1}^{n}(\text{材料数量})_i}$$

式中　i——不同的材料供应商。

【例 6-1】 某工地所需的三星牌墙面面砖由三个材料供应商供货，其数量和原价见表 6-4，试计算墙面砖的加权平均原价。

表 6-4　材料的数量及原价

供应商	面砖数量/m^2	供货单价/(元/m^2)
甲	1500	68
乙	800	64
丙	730	71

解：$$\text{墙面砖加权平均原价}=\frac{(68\times1500+64\times800+71\times730)\text{元}}{(1500+800+730)\text{m}^2}=\frac{205030\text{ 元}}{3030\text{m}^2}=67.67\text{ 元/m}^2$$

4. 材料运杂费计算

材料运杂费是指材料采购后运回工地仓库所发生的各项费用，包括装卸费、运输费和合理的运输损耗费等。

1）材料装卸费按行业市场价支付。

2）材料运输费按行业运输价格计算，若供货来源地点不同且供货数量不同时，需要计算加权平均运输费。计算公式为

$$加权平均运输费=\frac{\sum_{i=1}^{n}(运输单价\times材料数量)_i}{\sum_{i=1}^{n}(材料数量)_i}$$

3）材料运输损耗费是指在运输和装卸材料过程中，不可避免产生的损耗所发生的费用，按下列公式计算：

材料运输损耗费=(材料原价+装卸费+运输费)×运输损耗率

【例 6-2】 例 6-1 中墙面砖由三个地点供货，根据表 6-5 资料计算墙面砖运杂费。

表 6-5 材料资料及运杂费

供货地点	面砖数量/m^2	运输单价/(元/m^2)	装卸费/(元/m^2)	运输损耗(%)
甲	1500	1.10	0.50	1
乙	800	1.60	0.55	1
丙	730	1.40	0.65	1

解： 1）计算加权平均装卸费。

$$加权平均装卸费=\frac{(0.50\times1500+0.55\times800+0.65\times730)元}{(1500+800+730)m^2}=\frac{1664.5元}{3030m^2}=0.55元/m^2$$

2）计算加权平均运输费

$$加权平均运输费=\frac{(1.10\times1500+1.60\times800+1.40\times730)元}{(1500+800+730)m^2}=\frac{3952元}{3030m^2}=1.30元/m^2$$

3）计算运输损耗费

$$\begin{aligned}墙面砖运输损耗费&=(材料原价+装卸费+运输费)\times运输损耗率\\&=(67.67+0.55+1.30)元/m^2\times1\%\\&=0.70元/m^2\end{aligned}$$

4）运杂费小计。

$$\begin{aligned}墙面砖运杂费&=装卸费+运输费+运输损耗费\\&=(0.55+1.30+0.70)元/m^2\\&=2.55元/m^2\end{aligned}$$

5. 材料采购保管费计算

材料采购保管费是指施工企业在组织采购材料和保管材料过程中发生的各项费用，包括采购人员的工资、差旅交通费、通信费、业务费、仓库保管费等各项费用。计算公式为

材料采购保管费=(材料原价+运杂费)×采购保管费率

【例 6-3】 设例 6-1 中墙面砖的采购保管费率为 2%，根据前面墙面砖的两项计算结果，

计算其采购保管费。

解： 墙面砖采购保管费=(材料原价+运杂费)×采购保管费率

$=(67.67+2.55)$ 元/$m^2\times2\%$

$=70.22$ 元/$m^2\times2\%$

$=1.40$ 元/m^2

6. 材料单价的确定

材料单价的计算公式为

材料单价=材料原价+材料运杂费+采购保管费

或： 材料单价=(材料原价+材料运杂费)×(1+采购保管费)

【例 6-4】 将例 6-1~例 6-3 的计算结果，汇总成材料单价。

解： 墙面砖材料单价 $=(67.67+2.55+1.40)$ 元/$m^2=71.62$ 元/m^2

三、机械台班单价的编制

1. 机械台班单价的概念

机械台班单价是指在单位工作台班中为使机械正常运转所分摊和支出的各项费用。

2. 机械台班单价的费用构成

(1) 第一类费用 第一类费用也称为不变费用，是属于分摊性质的费用，包括折旧费、大修理费、经常修理费、安拆及场外运输费。

(2) 第二类费用 第二类费用也称为可变费用，是属于支出性质的费用，包括燃料动力费、人工费、其他费用（养路费、车船使用费、保险费等）。

3. 第一类费用计算

(1) 折旧费 折旧费是指施工机械在规定的使用年限内，陆续收回其原值及购置资金的时间价值。

$$台班折旧费=\frac{购置机械全部费用\times(1-残值率)}{耐用总台班}$$

其中，购置机械全部费用是指机械从购买运到施工单位所在地发生的全部费用，包括原价、购置税、保险费及牌照费、运费等。耐用总台班=预计使用年限×年工作台班。

机械设备的预计使用年限和年工作台班可参照有关部门指导性意见，也可根据实际情况自主确定。

(2) 大修理费 大修理费是指机械设备按规定到了大修理间隔台班所需进行大修理，以恢复正常使用功能所需支出的费用。计算公式为

$$台班大修理费=\frac{一次大修理费\times(大修理周期-1)}{耐用总台班}$$

(3) 经常修理费 经常修理费是指机械设备除大修理外的各级保养及临时故障所需支出的费用。其包括为保障机械正常运转所需替换设备，随机配置的工具、附具的摊销及维护费用，机械正常运转及日常保养所需润滑、擦拭材料费用和机械停置期间的维护保养费用等。台班经常修理费可以用下列简化公式计算：

台班经常修理费=台班大修理费×经常修理费系数

(4) 安拆费及场外运输费 安拆费是指机械在施工现场进行安装、拆卸所需人工、材

料、机械费和试运转费，以及机械辅助设施（如行走轨道、枕木）的折旧、搭拆、拆除费用。场外运输费是指机械整体或分体自停置地点至施工现场或由一个工地至另一个工地的运输、装卸、辅助材料以及架线费用。计算公式为

$$台班安拆费及场外运输费=\frac{历年统计安拆费及场外运输费的年平均数}{年工作台班}$$

4. 第二类费用计算

（1）燃料动力费　燃料动力费是指机械设备在运转过程中所耗用的各种燃料、电力、风力、水等的费用。

台班燃料动力费=每台班耗用的燃料或动力数量×燃料或动力单价

（2）人工费　人工费是指机上司机、司炉和其他操作人员的工日工资。

台班人工费=机上操作人员人工工日数×人工单价

（3）其他费用　其他费用包括养路费、车船使用费、保险费等，是按国家规定应缴纳的机动车养路费、车船使用税、保险费及年检费。

$$台班养路费及车船使用税=\frac{核定吨位\times[养路费(元/t\cdot月)\times12+车船使用税(元/t\cdot车)]}{年工作台班+保险费及年检费}$$

$$其中，保险费及年检费=\frac{年保险费及年检费}{年工作台班}。$$

四、综合单价的计算

1. 综合单价的计算程序

分部分项工程量清单、可计算工程量的措施项目清单应采用综合单价计价，并按表6-6程序计算。

表6-6　综合单价计算程序

序号	项 目 名 称	计 算 办 法
1	人工费	Σ(人工消耗量×人工单价)
2	材料费	Σ(材料消耗量× 材料单价)
3	施工机械使用费	Σ(施工机械台班消耗量×机械台班单价)
4	企业管理费	规定的取费基数×企业管理费费率
5	利润	规定的取费基数×利润率
6	综合单价	1+2+3+4+5

2. 综合单价的具体计算方法

根据地区基价（单位估价表）中的人工费、材料费、机械费计算综合单价

综合单价=人工费+材料费+机械费+管理费+利润

其中：人工费=定额基价中的人工费×数量

材料费=定额基价中的材料费×数量

机械费=定额基价中的机械费×数量

管理费=规定的基数×管理费率

利润=规定的基数×利润率

注：①上式中的数量=计价工程量/清单工程量

② 规定的基数　建筑与装饰工程为：(人工费+机械费)

注：上述中的数量=计价工程量/清单工程量

【例 6-5】 计算某工程大理石地面（1000mm×1000mm 大理石）清单项目的综合单价，将计算内容填入表 6-7 的分部分项工程量清单综合单价分析表中（计算结果保留两位小数）。

表 6-7　分部分项工程量清单综合单价分析表　　　（单位：元）

项目编码	020102002001			项目名称				块料地面		计量单位	m²
清单综合单价组成明细											
定额编号	定额名称	定额单位	数量	单价			管理费和利润（%）	合价			
				人工费	材料费	机械费		人工费	材料费	机械费	管理费和利润
14-3	大理石地面	m²	1	16.92	207.67	0.62	41.62	16.92	207.67	0.62	8.42
11-27-3	水泥砂浆 1∶3	m²	1	4.77	6.64	0.38	41.62	4.77	6.64	0.38	2.14
4-52-2	C15 混凝土垫层	m³	0.1	60.52	190.52	19.42	41.62	6.05	19.05	1.94	3.33
11-1-3	3∶7 灰土垫层	m³	0.3	40.64	69.87	1.19	41.62	12.19	20.96	0.36	5.22
人工费调整								—	—	—	—
材料费价差								—	—	—	—
机械费调整								—	—	0	—
小　　计								39.93	254.32	3.30	19.11
清单项目综合单价								316.66			
材料费明细	实物法材差		单位	数量	预算价	指导价		暂估价	暂估价材料费	价差	
										单价	合价
	小计							—		—	
	系数法调整		计算基数			系数%					
	合计										

已知条件如下：

1）项目名称为：块料地面；项目编码为：020102002；清单工程量为 200m²。

2）根据块料面层地面项目特征描述，计算其相对应的定额工程量分别为：大理石地面 200m²，20mm 1∶3 水泥砂浆找平层 200m²，C15 混凝土垫层为 20m³，3∶7 灰土垫层为 60m³，打夯机夯实。

3）工程类别为二类，其中企业管理费费率为 26%，利润率为 15.62%。

4）甘肃省兰州市相关定额项目地区基价见表 6-8。

表 6-8 地区基价表

定额编号	定额项目	单位	价格/元		兰州市定额
14-3	大理石地面(1000mm×1000mm 大理石)	m^2	基价		225.21
			其中	人工费	16.92
				材料费	207.67
				机械费	0.62
11-27-3	水泥砂浆 1∶3	m^2	基价		11.79
			其中	人工费	4.77
				材料费	6.64
				机械费	0.38
4-52-2	C15 混凝土垫层	m^3	基价		270.45
			其中	人工费	60.52
				材料费	190.52
				机械费	19.42
11-1-3	3∶7 灰土垫层	m^3	基价		111.70
			其中	人工费	40.64
				材料费	69.87
				机械费	1.19

第四节 措施项目费、其他项目费、规费和税金的计算方法

一、措施项目费

1. 措施项目费的概念

措施项目费是指工程量清单中，除分部分项工程量清单项目费以外，为保证工程顺利进行，按照国家现行规定的建设工程施工及验收规范、规程要求，必须配套的工程内容所需的费用。

2. 措施项目费计算方法

措施项目费的计算方法有以下几种：

(1) 定额分析法 定额分析法是指凡是可以套用定额的项目，通过先计算工程量，然后再套用定额分析出工料机消耗量，最后根据各项单价和费率计算出措施项目费的方法。

(2) 系数计算法 系数计算法是指采用与措施项目有直接关系的分部分项清单项目费为计算基础，乘以措施项目费系数，求得措施项目费。

(3) 方案分析法 方案分析法是指通过编制具体的措施实施方案，对方案所涉及的各项费用进行分析计算后，汇总成某个措施项目费。

3. 甘肃省措施项目费的计算

(1) 措施项目计价规定 根据《甘肃省建设工程工程量清单计价规则》规定：措施项目清单计价应根据拟建工程的施工组织设计，可以计算工程量的措施项目，应按分部分项工程量清单的方式采用综合单价计价，不可计算工程量措施项目应以“项”为单位按规定费率计算，包括除规费、税金外的全部费用。

（2）不可计算工程量措施项目费计算程序

1）计算程序。不可计算工程量措施项目计价，可按表 6-9 程序计算。

表 6-9　不可计算工程量措施项目费计算程序

序号	项目名称	计算办法
1	措施项目直接费	规定的取费基数×措施项目费费率
2	企业管理费	规定的取费基数×企业管理费费率
3	利润	规定的取费基数×利润率
4	合计	1+2+3

2）说明。

① 不可计算工程量措施项目费不考虑风险。

② 表中第一栏的“规定的取费基数”是指直接工程费中人工费与机械费之和或直接工程费中的人工费。

3）措施项目清单计价方法。

① 建筑工程：(B_1+B_3)×措施费率。

② 装饰装修工程：B_1×措施费率。

（注：以上 B_1 代表直接工程费中的人工费，B_3 代表直接工程费中的机械费。）

二、其他项目费

1. 其他项目费的概念

其他项目费是指暂列金额、暂估价、计日工和总承包服务费等估算金额的总和。

2. 其他项目费计价

其他项目清单计价应根据以下原则和《甘肃省建设工程工程量清单计价规则》有关规定，结合拟建工程特点计算。

（1）暂列金额　暂列金额应按招标人在其他项目清单中列出的金额填写。

（2）暂估价　材料暂估价应按招标人在其他项目清单中列出的单价计入综合单价。专业工程暂估价应按招标人在其他项目清单中列出的金额填写。材料暂估价和专业工程暂估价最终的确认价格按以下方法确定：

1）发包人在工程量清单中提供了暂估价的材料和专业工程属于依法必须招标的，由承包人和发包人共同通过招标确定材料单价与专业工程分包价。

2）若材料不属于依法必须招标的，经发、承包双方协商确认单价后计价。

3）若专业工程不属于依法必须招标的，由发、承包双方与分包人按有关计价依据进行计价。

（3）计日工

1）计日工应按招标人在其他项目清单中列出的项目和数量，计算综合单价及相应费用。

2）计日工计算。综合单价应计算管理费、利润、价差，并考虑各专业工程计费基础不同。

（4）总承包服务费　招标人仅要求对分包的专业工程进行总承包管理和协调时，总承包服务费按分包专业工程估算造价的1%~3%计算；招标人要求对分包的专业工程进行总承包管理和协调，并同时要求提供配合服务时，总承包服务费按分包专业工程估算造价的4%~6%计算。招标人自行采购材料、设备的，按《甘肃省建设工程材料价格编制管理办法》有关规定另行计算采购保管费分成。

三、规费

1. 规费的概念

规费是指政府及有关部门规定必须缴纳的费用。

2. 规费的内容

(1) 国家现行规费的内容

1) 工程排污费。

2) 社会保障费：包括养老保险费、失业保险费、医疗保险费。

3) 住房公积金。

4) 工伤保险。

(2) 甘肃省规费的内容

1) 工程排污费。

2) 住房公积金。

3) 社会保障费：包括养老保险费、失业保险费、医疗保险费。

4) 危险作业意外伤害保险。

5) 企业可持续发展基金。

3. 规费的计算

规费的计算公式为

$$规费=计算基数\times对应的费率$$

计算规费的基数一般由人工费、直接费、人工费加机械费。

4. 甘肃省规费的具体计算方法

(1) 建筑工程

1) 社会保障费：A_1×社会保障费率。

2) 住房公积金：A_1×住房公积金费率。

3) 工程排污费：(A_1+A_3)×工程排污费费率。

4) 危险作业意外伤害保险：(A_1+A_3)×危险作业意外伤害保险费费率。

5) 企业可持续发展基金：(A_1+A_3)×企业可持续发展基金率。

(2) 装饰装修工程

1) 社会保障费：A_1×社会保障费率。

2) 住房公积金：A_1×住房公积金费率。

3) 工程排污费：A_1×工程排污费费率。

4) 危险作业意外伤害保险：A_1×危险作业意外伤害保险费费率。

5) 企业可持续发展基金：A_1×企业可持续发展基金率。

其中：A_1=分部分项人工费+定额措施人工费+费率措施人工费；A_3=分部分项机械费+定额措施机械费+费率措施机械费。

四、税金

1. 税金的概念

税金是指国家税法规定的应计入建筑安装工程造价内的营业税、城市维护建设税、教育费附加。

2. 税金的计算

其计算公式为

税金=(分部分项清单项目费+措施项目费+其他项目费+规费+)×税率

【例 6-6】 某建筑公司准备对某县城一幢七层住宅楼工程进行投标报价，经计算，该住宅楼建筑工程的分部分项工程费为450万元（其中：人工费75万元，材料费315万元，机械费为60万元)；以项计取的措施费60万元；以综合单价计取措施费50万元（其中：人工费8万元，材料费38万元，机械费为4万元)；其他项目费为42.5万元（其中：暂列金额25万元，专业工程暂估价15万元，计日工1万元，总承包服务费1.5万元)。

相关资料如下：

社会保障费费率：20.00%；住房公积金：8.00%；工程排污费费率0.22%；危险作业意外伤害保险：0.40%；企业可持续发展基金：9.40%。税率为：在市区3.48%，在县城镇3.41%，不在市区、县城或镇3.28%。

问题：

1）计算该建筑工程的规费和税金，并将计算结果填入表6-10中。

2）根据上述的已知条件计算出规费与税金，计算该住宅楼的工程造价，并将计算结果填入表6-11中。

表 6-10　规费及税金项目清单与计价表

序号	项目名称	计算基数	费率(%)	计算式	金额/万元
1	规费			18.4+7.36+0.354+0.644+15.134	37.97
1.1	社会保障费	A_1	20	(75+8)×20%	16.6
1.2	住房公积金	A_1	8	(75+8)×8%	6.64
1.3	工程排污费	A_1+A_3	0.22	(75+8+60+4)×0.22%	0.323
1.4	危险作业意外伤害保险	A_1+A_3	0.40	(75+8+60+4)×0.40%	0.588
1.5	企业可持续发展基金	A_1+A_3	9.40	(75+8+60+4)×9.40%	13.818
2	税金		3.41	(450+60+50+42.5+37.97)×3.41%	21.84

表 6-11　单位工程投标报价汇总表

序号	汇总内容	金额/万元	其中:暂估价/万元
1	分部分项工程	450	—
2	措施项目费	110	—
2.1	安全文明施工费	—	—
2.2	其他措施项目费	—	—
3	其他项目	42.5	—

（续）

序号	汇 总 内 容	金额/万元	其中:暂估价/万元
3.1	暂列金额	25	—
3.2	专业工程暂估价	15	—
3.3	计日工	1	—
3.4	总承包服务费	1.5	—
4	规费	37.97	—
5	税金	21.84	—
工程造价		450+110+42.5+37.97+21.84=662.31	

本章小结

1. 工程量清单概述

工程量清单是载明建设工程分部分项工程项目、措施项目、其他项目的名称和相应数量以及规费、税金项目等内容的明细清单。其编制分五步：封面及总说明的编制→分部分项工程量清单编制→措施项目清单编制→其他项目清单编制→规费和税金项目清单编制。

2. 工程量清单计价概念

工程量清单计价是一种国际上通行的工程造价计价方式，是在建设工程招标投标中，招标人按照国家统一的《建设工程工程量清单计价规范》的要求及施工图，提供工程量清单，由投标人依据工程量清单、施工图、企业定额、市场价格自主报价，经评审后，合理低价中标的工程造价计价方式。

3. 工程量清单计价的计价依据

工程量清单计价的依据主要有：清单工程量、施工图、《建设工程工程量清单计价规范》、消耗量定额、施工方案、工料机市场价格。

4. 工程量清单计价费用的计算程序

工程量清单计价的程序是先分别计算出分部分项工程费、措施项目费、其他项目费、规费和税金，然后求其总和，得出工程造价。

5. 综合单价

综合单价是指完成一个规定计量单位的分部分项工程量清单项目或措施清单项目所需的人工费、材料费、施工机械使用费和企业管理费与利润，以及一定范围内的风险费用。

能力训练

1. 本校某教学楼，其装饰工程的直接费100万元（其中：人工费30万元），间接费率为50%，利润率为7%，税金费率为3.4%。采用教材中工程造价计价方法求该装饰工程总造价。

解：

直接费：100万元

间接费：30 万元×50%＝15 万元　利润：30 万元×7.0%＝2.1 万元

税金：(100+15+2.1)万元×3.4%＝3.9814 万元

总造价：(100+15+2.1+3.9814)万元＝121.0814 万元

2. 完成每平方米圆形柱干挂大理石需材料：型钢 13kg，（预算价格 4.55 元/kg），干挂机件 6.51 套（预算价格 2.24 元/套），电化角铝 1.79m（预算价格 0.43 元/m），不锈钢扣件 7.47 套（预算价格 3.5 元/套），不锈钢插棍 7.47 套（预算价格 0.55 元/套），大理石 $1.19m^2$（预算价格 325 元/m^2），防锈漆 0.15kg（预算价格 5.22 元/kg），其他材料费 5.06 元。

已知定额人工费 39.44 元/m^2，机械费 29.5 元/m^2。

求：(1) 定额单价：

(2) 如提高原标准，将大理石预算价格变为 820 元/m^2，定额单价为多少？

解：(1) 人工费：39.44 元/m^2

机械费：29.5 元/m^2

完成每平方米圆形柱干挂大理石材料费：13kg×4.55 元/kg＋6.51 套×2.24 元/套＋1.79m×0.43 元/m+7.47 套×3.5 元/套+7.47 套×0.55 元/套＋$1.19m^2$×325 元/m^2＋0.15kg×5.22 元/kg+5.06 元＝(59.15+14.58+0.77+26.15+4.11+386.75+0.78+5.06)元＝497.35 元

定额单价＝(39.44+29.5+497.35)元/m^2＝566.29 元/m^2

(2) 大理石预算价格变为 820 元/m^2，则：定额单价＝[566.29＋1.19×(820－325)]元/m^2＝1155.34 元/m^2

3. 某砖混结构二层住宅首层平面图如图 6-2 所示，二层平面图如图 6-3 所示。已知室外地坪标高为－0.5m。每层层高均为 3m。内外墙厚均为 240mm，外墙上均有女儿墙，高 600mm、厚 240mm，混凝土平板板厚 100mm；木门窗，门窗洞口尺寸：C1 为 1500mm×1200mm，M1 为 900mm×2000mm，M2 为 1000mm×2100mm，门居中设置，门框宽为 120 mm。装修做法：外墙抹灰；内墙刷涂料；居室 1、2 为木地板、木踢脚、木龙骨石膏板吊

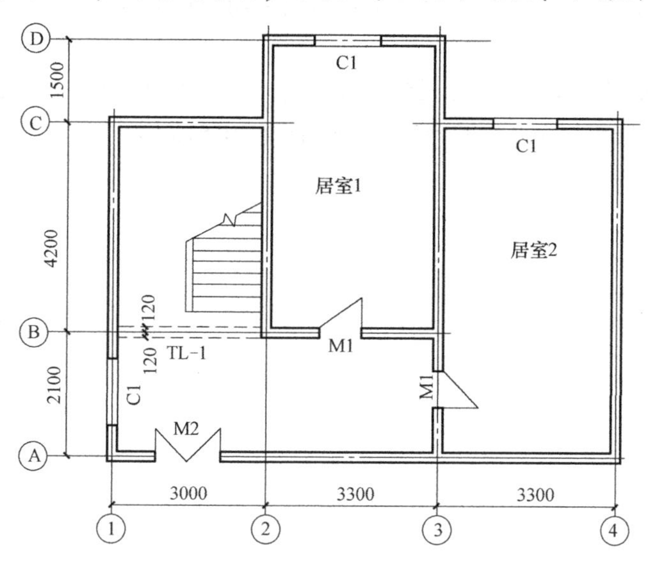

图 6-2　首层平面图

顶；走道、楼梯间为现浇水磨石地面、水磨石踢脚、天棚喷涂料。请计算以下工程量：(1) 建筑面积；(2) 外墙抹灰；(3) 水磨石楼地面；(4) 吊顶石膏板面层。

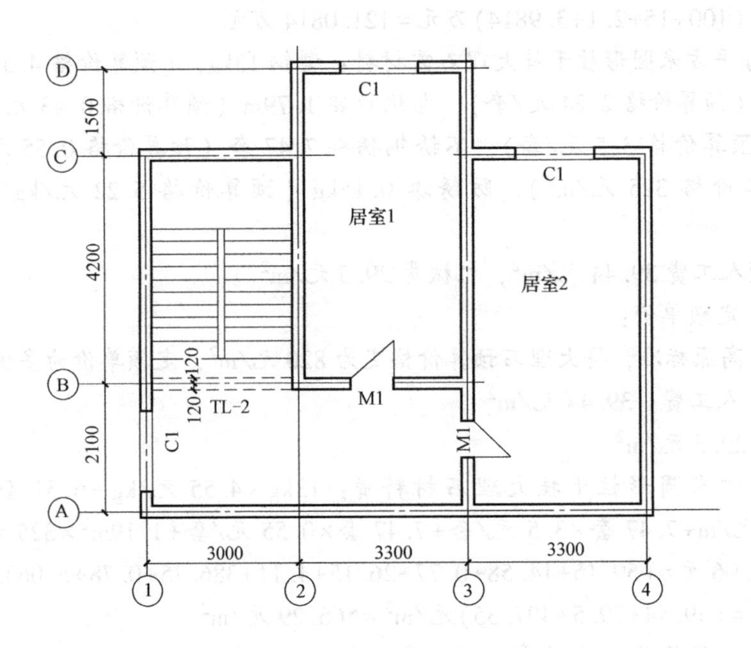

图 6-3 二层平面图

解：

(1) 建筑面积 = {[(3.0+3.3×2+0.24)×(2.1+4.2+0.24) + (3.3+0.24)×1.5]×2 = [9.84×6.54+3.54×1.5]×2} m^2 = [(64.3536+5.31)×2] m^2 = 139.33m^2

(2) 外墙抹灰 = [(3+3.3×2+0.24+2.1+4.2+1.5+0.24)×2×(6+0.5+0.6)−6×1.5×1.2−1.0×2.1] m^2 = (17.88×2×7.1−10.8−2.1 = 253.896−12.9) m^2 = 240.996m^2

(3) 水磨石楼地面 = [(2.1−0.24)×(3.0+3.3−0.24)×2+4.2×(3−0.24)+0.24×(3−0.24)] m^2 = 34.80m^2

(4) 吊顶石膏板面层 = [(3.3−0.24)×(4.2+1.5−0.24)×2+(3.3−0.24)×(6.3−0.24)×2 = 3.06×5.46×2+3.06×6.06×2 = 33.42+37.09] m^2 = 70.51m^2

第七章　施工图预算的编制

内容提要

本章主要讲解施工图预算的概念、作用、编制的依据、原则与编制方法。

教学目标

知识目标：掌握施工图预算的概念、内容；熟悉施工图预算的编制原则、编制依据；掌握施工图预算的编制方法。

重点：施工图预算的编制方法。

能力目标：利用本章知识编制施工图预算。

第一节　建设工程施工图预算概述

1. 施工图预算的含义

施工图预算是在施工图设计完成后，工程开工前，根据已批准的施工图纸、现行的预算定额、费用定额和地区人工、材料、设备与机械台班等资源价格，在施工方案或施工组织设计已经大致确定的前提下，按照规定的计算程序计算直接工程费、措施费，并计取间接费、利润、税金等费用，确定单位工程造价的技术经济文件。

2. 施工图预算编制的两种模式

1）传统定额计价模式。我国传统的定额计价模式是采用国家、部门或地区统一规定的预算定额、单位估价表、取费标准、计价程序进行工程造价计价的模式，通常也称为定额计价模式。由于清单计价模式中也要用到消耗量定额，为避免歧义，此处称为传统定额计价模式，它是我国长期使用的一种施工图预算的编制方法。

在传统的定额计价模式下，工、料、机消耗量是根据“社会平均水平”综合测定的，取费标准是根据不同地区价格水平平均测算的，企业自主报价的空间很小。工程量计算由招标投标的各方单独完成，计价基础不统一，不利于招标工作的规范性。

2）工程量清单计价模式。工程量清单计价模式是按照工程量清单规范规定的全国统一工程量计算规则，由招标人提供工程量清单和有关技术说明，投标人根据企业自身的定额水平和市场价格进行计价的模式。

工程量清单计价模式是国际通行的计价方法，为了使我国工程造价管理与国际接轨，逐步向市场化过渡，我国于 2003 年 7 月 1 日开始实施国家标准《建设工程工程量清单计价》（GB 50500—2003），并于 2008 年 12 月 1 日进行了修订，后于 2013 年 7 月 1 日再次进行了修订，实施国家标准《建设工程工程量清单计价》（GB 50500—2013）。

3. 施工图预算的作用

施工图预算是施工单位在施工前组织材料、机具、设备及劳动力供应的依据；是施工企业编制进度计划、统计完成工作量、进行经济核算的依据；是甲乙双方办理工程结算和拨付工程款的依据；是施工单位拟定降低成本措施和按照工程量计算结果、编制施工预算的依据。

对于造价管理部门来说，施工图预算是监督、检查执行定额标准，合理确定工程造价，测算造价指数及审定招标工程标底的依据。

4. 施工图预算的内容

建设工程施工图预算包括单位工程预算、单项工程预算和建设项目总预算。

通过施工图预算来统计建设工程造价中的建筑安装工程费用，单位工程预算是根据单位工程施工图设计文件、现行预算定额、费用标准，以及人工、材料、设备、机械台班等预算价格资料，以一定方法编制出施工图预算。汇总所有单位工程施工图预算，就成为单项工程预算；再汇总所有单项工程预算，便成为建设项目总预算。

单位工程预算包括建筑工程预算和设备安装工程预算。对一般工业与民用建筑工程而言，建筑工程预算按其工程性质分为如下几个方面。

1）一般土建单位工程预算：包括各种房屋及一般构筑物工程，铁路、公路及其附属构筑物工程，厂区围墙、道路工程预算。

2）卫生单位工程预算：包括室内外给排水管道工程、卫生工程中的附属构筑物工程、属于卫生工程中的有关设备（如水泵、锅炉等）工程预算。

3）采暖通风单位工程预算：包括室内外暖气管道工程预算。

4）煤气单位工程预算：包括室内外民用煤气管道工程预算。

5）电气照明单位工程预算：包括室内照明工程、室内外照明线路敷设工程、照明的变配电工程预算等。

6）特殊构筑物单位工程预算：如炉窑、烟囱、水塔等工程预算，设备基础工程，工业管道用隧道、地沟、支架工程，设备的金属结构支架工程，设备的绝缘工程，各种工业炉砌筑工程，炉衬工程，涵洞、栈桥、高架桥工程及其他特殊构筑物工程预算等。

7）工业管道单位工程预算：包括蒸汽管道工程、氧气管道工程、压缩空气管道工程、煤气管道工程、生产用给水排水管道工程、工艺物料输送管道工程及其他工业管道工程预算等。

设备安装工程预算可分为以下几个方面：

1）机械设备安装单位工程预算：包括各种工艺设备安装工程、各种起重运输设备安装工程、动力设备安装工程、工业用泵与通风设备安装工程、其他机械设备安装工程等。

2）电气设备安装单位工程预算：包括传动电气设备、吊车电气设备和起重控制设备安装工程、变电及整流电气设备安装工程、弱电系统设备安装工程、计算机及自动控制系统和其他电气设备安装工程预算等。

3）化工设备、热力设备安装单位工程预算等。

第二节 施工图预算的编制

一、施工图预算的编制原则和依据

1. 施工图预算的编制原则

施工图预算是建设单位控制单项工程造价的重要依据，也是施工企业及建设单位实现工程价款结算的重要依据。施工图预算的编制工作既有很强的技术性，又有很强的政策性和时效性，因此编制施工图预算必须遵循以下原则：

1）认真贯彻执行国家及各省、市、地区现行的各项政策、法规及各项具体规定和有关调整变更通知。

2）实事求是地计算工程量及工程造价，做到既不高估、冒算，又不漏算、少算。

3）充分了解工程情况及施工现场情况，做到工程量计算准确，定额套用合理。

2. 施工图预算的编制依据

1）国家、行业和地方政府有关工程建设和造价管理的法律、法规和规定。

2）经过批准和会审的施工图设计文件和有关标准图集。

3）工程地质勘查资料。

4）企业定额、现行建筑工程和安装工程预算定额和费用定额、单位估价表、有关费用规定等文件。

5）材料与构配件市场价格、价格指数。

6）施工组织设计或施工方案。

7）经批准的拟建项目概算文件。

8）现行的有关设备原价及运杂费率。

9）建设场地中的自然条件和施工条件。

10）工程承包合同、招标文件。

二、施工图预算的编制方法

施工图预算编制中确定直接费的最基本内容包括两大部分：数量和单价。数量指分项工程数量或人工、材料、机械台班定额消耗量；单价指分项工程定额基价或人工、材料、机械台班预算单价。为统一口径，一般均以统一的项目划分方法和工程量计算规则所计算的工程量作为确定造价的基础，按照当地现时适用的定额单价或定额消耗量进行套算，从而计算出直接费或人工、材料、机械台班总消耗量。随着市场经济体制改革的深化，上述工料消耗量、定额单价及人、材、机的预算单价的计算标准将不断市场化。

我国现阶段各地区、各部门确定工程造价的方法尚不统一，与国际工程的计价方法差别也较大。我国已建立了庞大的造价定额体系，这仍将是今后编制施工图预算或其他工程造价文件的重要依据。

我国目前编制传统定额模式下施工图预算的方法有单价法和实物法。

1. 单价法

（1）单价法编制施工图预算的思路　用单价法编制施工图预算，就是根据地区统一单位估价表的各项工程定额单价，乘以相应的各分项工程的工程量，汇总相加得到单位工程的直接工程费后，再加上按规定程序计算出来的措施费、间接费、利润和税金，便可得出单位工程的施工图预算造价。

用单价法编制施工图预算的主要计算公式为

$$单位工程施工图预算直接工程费=\sum(工程量\times预算定额单价)$$

（2）单价法编制施工图预算的步骤　单价法编制施工图预算的步骤如图7-1所示。

此外，编制前需要做好准备工作：包括准备并确认施工图纸、施工组织设计或施工方

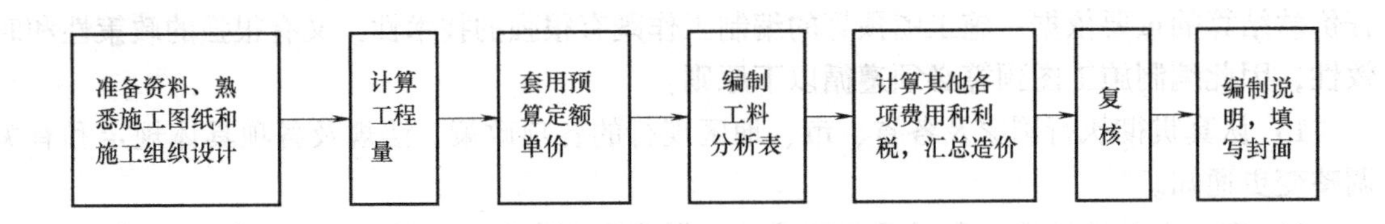

图 7-1 单价法编制施工图预算的步骤

案、现行建筑安装工程预算定额、取费标准、统一的工程量计算规则、预算工作手册和工程所在地区的材料、人工、机械台班预算价格与调价规定、工程预算软件等。

1）熟悉施工图纸、定额和施工组织设计。建设工程预算定额是确定工程造价的主要依据，正确应用预算定额及其规定是工程量计算准确的基础，因此必须熟悉现行预算定额的全部内容与子目划分，了解和掌握各分部工程的定额说明，以及定额子目中的工作内容、施工方法、计算单位、工程量计算规则等。

审查图纸和说明书的重点是检查图纸是否齐全，设计要采用的标准图集是否具备，图示尺寸是否有错误，建筑图、结构图、细部大样和各种相应图纸之间是否相互对应。

土建工程阅读及审查图纸顺序要求如下。

① 总平面图：了解新建工程的位置、坐标、标高、地上和地下障碍物、地形、地貌等情况。

② 基础平面图：掌握基础工程的做法、基础底标高、各轴线净空、外边线尺寸、管道及其他布置情况，并结合节点大样、首层平面图，核对轴线、基础墙身、楼梯基础等部位的尺寸。

③ 建筑施工图：建筑施工图包括各层平面、立面、剖面、楼梯详图、特殊房间位置等，要核对其室内空间、进深、层高、槽高、屋面做法、建筑配件细部等尺寸有无矛盾，要逐层逐间核对。

④ 结构施工图：结构施工图包括各层平面图、节点大样，结构部件及梁（板、柱）配筋图等，结合建筑平面（立面、剖面）图，对结构尺寸、总长、总高、分段长、分层高、大样详图、节点标高、构件规格数量等数据进行核算，有关构件的标高和尺寸必须交圈对口，以免发生差错。

预算编制人员应到施工现场了解施工条件、周围环境、水文地质条件等情况，还应掌握施工方法、施工机械配备、施工进度安排、技术组织措施及现场平面布置等与施工组织设计有关的内容，这些都是影响工程造价的因素。

总之，预算编制人员通过熟悉图纸，要达到对该建筑物的全部构造、构件连接、材料做法、装饰要求及特殊装饰等，都有一个清晰的认识，把设计意图形成立体概念，为编制预算创造条件。

2）计算工程量。工程量的计算是施工图预算编制过程中最重要的环节，从预算子目的划分到准确计算工程量，都直接影响单位工程造价，工程量的计算在本书第四章装饰装修工程计量部分已经做了详细的讲解，这部分内容应该是概预算的基础。工程量计算应用工程量计算表完成（表 7-1）。

表 7-1　工程量计算表

工程名称：

序号	定额编号	项目名称	计量单位	计算式	数量

3）套用预算定额，确定直接工程费。工程量计算完毕并核对无误后，用所得到的分部分项工程量套用地区基价表中相应的地区基价，相乘后再相加汇总，便可求出单位工程的直接工程费，填写工程预算表，见表 7-2。

表 7-2　工程预算表

工程名称：

定额编号	分项工程名称	单位	数量	基价	合价	其中					
						人工费		材料费		机械费	
						单价	合价	单价	合价	单价	合价

套用单价时需注意如下几点。

① 分项工程量的名称、规格、计量单位必须与预算定额或地区基价表所列内容一致，重套、错套、漏套预算单价都会引起直接工程费的偏差，进而导致施工图预算造价出现偏差。

② 当施工图纸的某些设计要求与定额单价的特征不完全符合时，必须根据定额使用说明，对定额单价进行调整或换算。

③ 当施工图纸的某些设计要求与定额单价特征相差甚远，也就是既不能直接套用也不能换算和调整时，必须编制补充地区基价或补充定额。

4）编制工料分析表。根据各分部分项工程的实物工程量和相应定额中的项目所列的用工工日及材料数量，计算出各分部分项工程所需的人工及材料数量，相加汇总便得出该单位工程所需要的各类人工和材料的数量。它是工程预算、决算中人工、材料和机械费用调差及计算其他各种费用的基数，又是企业进行经济核算、加强企业管理的重要依据，单位工程工料分析表见表 7-3。

表 7-3　单位工程工料分析表

序号	定额编号	项目名称	计量单位	数量	人工		*		*		*	
					定额数量	复合数量	定额数量	复合数量	定额数量	复合数量	定额数量	复合数量

注：表中 * 代表所分析的材料或机械名称。

对配比材料如混凝土、砂浆等，通过工料分析可得该材料用量，可如果还需要原材料用量，则需进一步做材料的二次分析，结合《甘肃省建设工程混凝土砂浆材料消耗量定额》，计算原材料的用量，见表7-4。

表7-4 材料二次分析

工程名称：

序号	材料名称	单位	数量						
				单位量	合计量	单位量	合计量	单位量	合计量

5）计算其他各项费用和汇总造价。按照建筑安装单位工程造价构成的规定费用项目的费率及计费基础，分别计算出费用计算程序中规定的所有费用，并汇总得出单位工程造价。

6）复核。单位工程预算编制后，有关人员对单位工程预算进行复核，以便及时发现差错，提高预算质量。复核时，应对工程量计算公式和结果、套用定额基价、各项费用的取费费率及计算基础和计算结果、材料和人工预算价格及其价格调整等方面是否正确进行全面复核。

7）编制说明，填写封面。编制说明是编制者向审核者交代编制方面的有关情况，包括编制依据，工程性质、内容范围，设计图纸号、所用预算定额编制年份（即价格水平年份），有关部门的调价文件号，套用单价或补充单位估价表方面的情况及其他需要说明的问题。填写封面应写明工程名称、工程编号、建筑面积、预算总造价及单方造价、编制单位名称及负责人和编制日期，审查单位名称及负责人和审核日期等。具体应用举例见表7-5。

表7-5 某住宅楼建筑工程基础部分预算书（单价法）——人工、材料、机械费用汇总表

序号	人工、材料、机械或费用名称	计量单位	实物工程数量	价值/元	
				当时当地单价	合价
1	人工	工日	2238.552	20.79	46539.50
2	土石屑	m^3	1196.1912	50	59809.56
3	C10素混凝土	m^3	166.1633	132.68	22046.55
4	C20钢筋混凝土	m^3	431.1822	290.83	125400.72
5	M5主体砂浆	m^3	8.3976	130.81	1098.49
6	机砖	千块	17.8099	142.1	2530.79
7	脚手架材料费	元	96.0857		96.09
8	黄土	m^3	1891.41	10.77	20370.49
9	蛙式打夯机	台班	95.8198	10.28	985.03
10	挖土机	台班	12.5178	143.14	1791.80
11	推土机	台班	2.5036	155.13	388.38
12	其他机械费	元	3137.1944		3137.19
13	矩形柱与异形柱差价	元	61		61.00
14	基础抹隔潮层费	元	130		130.00
15	直接工程费小计	元			284385.59

2. 实物法

（1）实物法编制施工图预算的思路　应用实物法编制施工图预算，首先根据施工图纸分别计算出分项工程量，然后套用相应预算人工、材料、机械台班的定额用量，再分别乘以工程所在地当时的人工、材料、机械台班的实际单价，求出单位工程的人工费、材料费和施工机械使用费，并汇总求和，进而求得直接工程费，然后再按规定计取其他各项费用，汇总后就可得出单位工程施工图预算。

实物法编制施工图预算中主要的计算公式为

单位工程预算直接工程费＝∑(工程量×人工预算定额用量×当时当地人工工资单价)＋∑(工程量×材料预算定额用量×当时当地材料预算单价)＋∑(工程量×施工机械台班预算定额用量×当时当地机械台班单价)

（2）实物法编制施工图预算的步骤　实物法编制施工图预算的步骤如图 7-2 所示。

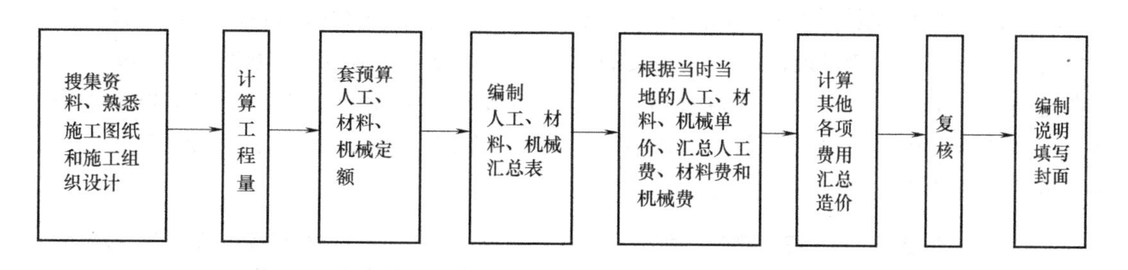

图 7-2　实物法编制施工图预算的步骤

从图 7-2 可以看出，实物法编制施工图预算的首个步骤与单价法相同，两者最大的区别在于中间的步骤，也就是计算人工费、材料费和施工机械使用费及汇总三者费用之和的方法不同。

1）准备资料，熟悉施工图纸。针对实物法的特点，在此阶段需要全面搜集各种人工、材料、机械台班的现时当地的实际价格，包括不同品种、不同规格的材料预算价格，不同工种、不同等级的人工工资单价，不同种类、不同型号的机械台班单价等，要求获得的各种实际价格全面、系统、真实、可靠。

2）计算工程量，内容与单价法相同。

3）套用相应的预算人工、材料、机械台班定额用量。国家原建设部 1995 年颁发的《全国统一建筑工程基础定额》（土建部分，是一部量价分离定额）和 2013 年颁布的《全国统一安装工程预算定额》、专业统一和地区统一地计价定额的实物消耗量，是完全符合国家技术规范、质量标准，并反映一定时期施工工艺水平的分项工程计价所需的人工、材料、施工机械的消耗量的标准。这个消耗量标准，在建材产品、标准、设计、施工技术及其相关规范和工艺水平等没有大的突破性变化之前，是相对稳定不变的，因此它是合理确定和有效控制造价的依据。

4）统计各分项工程人工、材料、机械台班消耗数量，并汇总单位工程各类人工工日、材料和机械台班的消耗量。各分项工程人工、材料、机械台班消耗数量，由分项工程的工程量乘以预算人工定额用量、材料定额用量和机械台班定额用量而得出，汇总后便可得出单位工程各类人工、材料和机械台班的消耗量。

5）用当时当地的各类人工、材料和机械台班的实际预算单价，分别乘以人工、材料和机械台班的消耗量，汇总便得出单位工程的人工费、材料费和机械使用费。人工单价、材料预算单价和机械台班的单价，可在当地工程造价主管部门的专业网站查询，或从工程造价主管部门定期发布的价格、造价信息中获取，企业也可根据自己的情况自行确定。例如，人工单价可按各专业、各地区企业一定时期实际发放的平均工资水平合理确定，并按规定加入工资性补贴计算；材料预算价格可分解为原价（供应价）和运杂费及采购保管费两部分，原价可按各地生产资料交易市场或销售部门一定时期销售量和销售价格综合确定。

6）计算其他各项费用，汇总造价。一般而言，税金相对稳定，而其措施费、间接费、利润率则要由企业根据建筑市场的供求状况自行确定。

7）复核。认真检查人工、材料、机械台班的消耗数量计算是否准确，有无漏算、重算，套用定额是否正确，采用的价格是否切合实际。

8）编制说明，填写封面。在市场经济条件下，人工、材料和机械台班单价是随市场而变化的，是影响工程造价最活跃、最主要的因素。用实物法编制施工图预算，采用的是工程所在地当时人工、材料、机械台班价格，能较好地反映实际价格水平，工程造价的准确性高。虽然计算过程较单价法烦琐，但利用计算机便可解决此问题。因此，定额实物法是与市场经济体制相适应的预算编制方法。具体应用举例见表 7-6。

表 7-6 某住宅楼建筑工程基础部分预算书（实物法）——人工、材料和机械实物工程量汇总表

项目编号	工程或费用名称	计量单位	工程量	人工实物量		材料实物量					
				人工用量/工日		土石屑/m^3		C10 素混凝土/m^3		C20 钢筋混凝土/m^3	
				单位用量	合计用量	单位用量	合计用量	单位用量	合计用量	单位用量	合计用量
1	平整场地	m^2	1393.5	0.058	80.8282						
2	挖土机挖土(砂砾坚土)	m^3	2781.738	0.0298	82.8956						
3	干铺土石屑层	m^3	92.6	0.444	396.3499	1.34	1196.1912				
4	C10 混凝土基础垫层(10cm)	m^3	110.03	2.211	243.2763			1.01	111.13		
5	C20 带形钢筋混凝土基础	m^3	372.32	2.097	780.7550					1.015	377.9048
6	C20 独立钢筋混凝土基础	m^3	43.26	1.813	78.4304					1.015	43.9089
7	C20 矩形钢筋混凝土柱	m^3	9.23	6.323	58.3613					1.015	9.3685
8	矩形柱与异形柱差价	元	61.00								
9	M5 砂浆砌砖基础	m^3	34.99	1.053	36.8445						
10	C10 带形无筋混凝土基础	m^3	54.22	1.8	97.5960				1.015	55.0333		
11	满堂脚手架(3.6m 内)	m^2	370.13	0.0932	34.4961						
12	槽底扦探	m^2	1233.7	0.0578	71.3119						
13	回填土(夯填)	m^3	1260.9	0.22	277.4068						
14	基础抹隔潮层(有防水粉)	元	89.00								
	合计				2238.5520		1196.1912		166.1633		431.1822

项目编号	工程或费用名称	计量单位	材料实物量							
			M5 主体砂浆/m^3		机砖/千块		脚手架材料费/元		黄土/m^3	
			单位用量	合计用量	单位用量	合计用量	单位用量	合计用量	单位用量	合计用量
1	平整场地	m^2								
2	挖土机挖土(砂砾坚土)	m^3								
3	干铺土石屑层	m^3								
4	C10 混凝土基础垫层(10cm)	m^3								
5	C20 带形钢筋混凝土基础	m^3								
6	C20 独立钢筋混凝土基础	m^3								
7	C20 矩形钢筋混凝土柱	m^3								

（续）

项目编号	工程或费用名称	计量单位	材料实物量							
			M5 主体砂浆/m^3		机砖/千块		脚手架材料费/元		黄土/m^3	
			单位用量	合计用量	单位用量	合计用量	单位用量	合计用量	单位用量	合计用量
8	矩形柱与异形柱差价	元								
9	M5 砂浆砌砖基础	m^3	0.24	8.397	0.509	17.80				
10	C10 带形无筋混凝土基础	m^3					0.259	96.08		
11	满堂脚手架(3.6m 内)	m^2								
12	槽底扦探	m^2							1.5	1891
13	回填土(夯填)	m^3								
14	基础抹隔潮层(有防水粉)	元								
	合计			8.397		17.80		96.08		1891

项目编号	工程或费用名称	计量单位	机械实物量							
			蛙式打夯机/台班		挖土机/台班		推土机/台班		其他机械费/元	
			单位用量	合计用量	单位用量	合计用量	单位用量	合计用量	单位用量	合计用量
1	平整场地	m^2								
2	挖土机挖土(砂砾坚土)	m^3			0.024	12.51	0.0009	2.503		
3	干铺土石屑层	m^3	0.024	21.42						
4	C10 混凝土基础垫层(10cm)	m^3							3.676	404.4703
5	C20 带形钢筋混凝土基础	m^3							5.525	2057.0680
6	C20 独立钢筋混凝土基础	m^3							4.897	211.8442
7	C20 矩形钢筋混凝土柱	m^3							17.18	158.6545
8	矩形柱与异形柱差价	元								
9	M5 砂浆砌砖基础	m^3							0.610	21.3439
10	C10 带形无筋混凝土基础	m^3							4.601	249.5024
11	满堂脚手架(3.6m 内)	m^2							0.092	34.3111
12	槽底扦探	m^2	0.059	74.39						
13	回填土(夯填)	m^3								
14	基础抹隔潮层(有防水粉)	元								
	合计			95.81		12.51		2.503		3137.1944

本章小结

1. 施工图预算的含义

施工图预算是在施工图设计完成后，工程开工前，根据已批准的施工图纸、现行的预算定额、费用定额和地区人工、材料、设备与机械台班等资源价格，在施工方案或施工组织设计已经大致确定的前提下，按照规定的计算程序计算直接工程费、措施费，并计取间接费、利润、税金等费用，确定单位工程造价的技术经济文件。

2. 施工图预算编制的两种模式

1）传统定额计价模式：传统的定额计价模式是采用国家、部门或地区统一规定的预算定额、单位估价表、取费标准、计价程序进行工程造价计价的模式。

2）工程量清单计价模式：工程量清单计价模式是按照工程量清单规范规定的全国统一工程量计算规则，由招标人提供工程量清单和有关技术说明，投标人根据企业自身的定额水平和市场价格进行计价的模式。

3. 施工图预算的内容

建设工程施工图预算包括单位工程预算、单项工程预算和建设项目总预算。

4. 施工图预算的编制依据

1）国家、行业和地方政府有关工程建设和造价管理的法律、法规和规定。

2）经过批准和会审的施工图设计文件和有关标准图集。

3）工程地质勘查资料。

4）企业定额、现行建筑工程和安装工程预算定额和费用定额、单位估价表、有关费用规定等文件。

5）材料与构配件市场价格、价格指数。

6）施工组织设计或施工方案。

7）经批准的拟建项目概算文件。

8）现行的有关设备原价及运杂费率。

9）建设场地中的自然条件和施工条件。

10）工程承包合同、招标文件。

5. 施工图预算的编制方法

施工图预算编制中确定直接费的最基本内容包括两大部分：数量和单价。数量指分项工程数量或人工、材料、机械台班定额消耗量；单价指分项工程定额基价或人工、材料、机械台班预算单价。为统一口径，一般均以统一的项目划分方法和工程量计算规则所计算的工程量作为确定造价的基础，按照当地现时适用的定额单价或定额消耗量进行套算，从而计算出直接费或人工、材料、机械台班总消耗量。随着市场经济体制改革的深化，上述工料消耗量、定额单价及人、材、机的预算单价的计算标准将不断市场化。

我国目前编制传统定额模式下施工图预算的方法有单价法和实物法。

6. 单价法

用单价法编制施工图预算，就是根据地区统一单位估价表的各项工程定额单价，乘以相应的各分项工程的工程量，汇总相加得到单位工程的直接工程费后，再加上按规定程序计算出来的措施费、间接费、利润和税金，便可得出单位工程的施工图预算造价。

7. 实物法

应用实物法编制施工图预算，首先根据施工图纸分别计算出分项工程量，然后套用相应预算人工、材料、机械台班的定额用量，再分别乘以工程所在地当时的人工、材料、机械台班的实际单价，求出单位工程的人工费、材料费和施工机械使用费，并汇总求和，进而求得直接工程费，然后再按规定计取其他各项费用，汇总后就可得出单位工程施工图预算造价。

能力训练

1. 施工图预算的定义是什么？
2. 施工图预算有哪些作用？
3. 编制施工图预算有哪些主要依据？
4. 施工图预算的编制方法和步骤有哪些？
5. 一份完整的单位工程施工图预算书包括哪些内容和表格？

第八章　设计概算、施工预算、结算与决算的编制

内容提要

本章主要讲解建设工程设计概算的概念、作用、内容与编制；施工预算的概念、作用、编制方法以及“两算”对比的概念与方法；工程结算与竣工决算概念、作用、编制的程序与方法。

教学目标

知识目标：熟悉建设工程设计概算的概念、编制内容、编制依据、编制程序和步骤；掌握单位建筑工程概算的编制方法；熟悉建设工程施工预算的编制依据、编制方法以及编制程序和步骤；掌握施工预算的概念、作用、内容构成、与施工预算的区别；掌握“两算”对比的概念和方法。

能力目标：有利用本章知识编制施工预算、进行“两算”对比的能力；有利用本章知识编制工程结算与竣工决算的能力。

第一节　建设工程设计概算的编制

一、设计概算的基本概念

1. 设计概算的含义

建设项目设计概算是初步设计文件的重要组成部分，它是在投资估算的控制下由设计单位根据初步设计或扩大初步设计的图纸及说明，利用国家或地区颁发的概算指标、概算定额或综合指标预算定额、设备材料预算价格等资料，按照设计要求，概略地计算建筑物或构筑物造价的文件。其特点是编制工作相对简略，无须达到施工图预算的准确程度。采用两阶段设计的建设项目，初步设计阶段必须编制设计概算；采用三阶段设计的建设项目，扩大初步设计阶段必须编制修正概算。

2. 设计概算的作用

（1）设计概算是编制建设项目投资计划、确定和控制建设项目投资的依据　国家规定，编制年度固定资产投资计划，确定计划投资总额及其构成数额，要以批准的初步设计概算为依据，没有批准的初步设计文件及其概算，建设工程就不能列入年度固定资产投资。

设计概算一经批准，将作为控制建设项目投资的最高限额。竣工结算不能突破施工图预算，施工图预算不能突破设计概算。如果由于设计变更等原因建设费用超过概算，必须重新审查批准。

（2）设计概算是签订建设工程合同和贷款合同的依据　在国家颁布的合同法中明确规定，建设工程合同价款是以设计概算、预算价为依据，且总承包合同不得超过设计总概算的

投资额。银行贷款或各单项工程的拨款累计总额不能超过设计概算，如果项目投资计划所列支投资额与贷款突破设计概算时，必须查明原因，之后由建设单位报请上级主管部门调整或追加设计概算总投资，未批准之前，银行对其超支部分不予拨付。

（3）设计概算是控制施工图设计和施工图预算的依据　设计单位必须按照批准的初步设计和总概算进行施工图设计，施工图预算不得突破设计概算，如确需突破总概算时，应按规定程序报批。

（4）设计概算是衡量设计方案技术经济合理性和选择最佳设计方案的依据　设计部门在初步设计阶段要选择最佳设计方案，设计概算是从经济角度衡量设计方案经济合理性的重要依据。因此，设计概算是衡量设计方案技术经济合理性和选择最佳设计方案的依据。

（5）设计概算是考核建设项目投资效果的依据　通过将设计概算与竣工决算对比，可以分析和考核投资效果的好坏，同时还可以验证设计概算的准确性，有利于加强设计概算管理和建设项目的造价管理工作。

3. 设计概算的内容

设计概算可分为单位工程概算、单项工程综合概算和建设项目总概算三级，相互之间的关系如图 8-1 所示。设计概算的编制，是从单位工程概算这一级编制开始，经过逐级汇总而成。

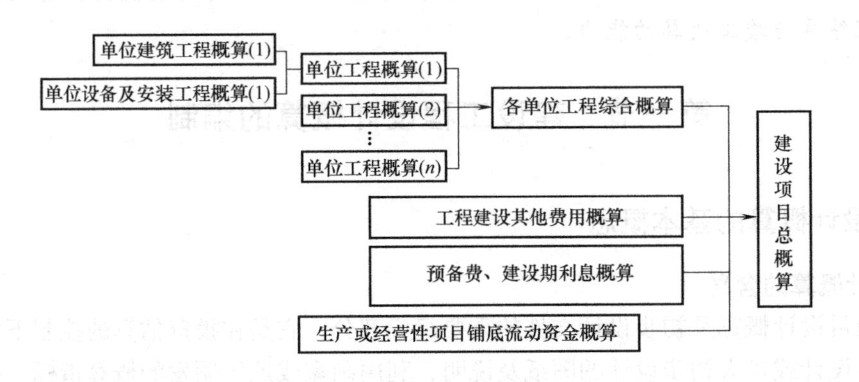

图 8-1　设计概算的三级概算关系

（1）单位工程概算　单位工程是指具有单独设计文件，能够独立组织施工的工程，是单项工程的组成部分。一个单位工程按其构成可以分为建筑工程和设备安装工程。单位工程概算是确定各单位工程概算造价的文件，是编制单项工程综合概算的依据，是单项工程综合概算的组成部分。

单位工程概算按其工程性质分为建筑工程概算和设备及安装工程概算两大类。其中，建筑工程概算包括土建工程概算，给水排水、采暖工程概算，通风、空调工程概算，电气照明工程概算，弱电工程概算，特殊构筑物工程概算等；设备及安装工程概算包括机械设备及安装工程概算，电气设备及安装工程概算，热力设备及安装工程概算，工具、器具及生产家具购置费概算等。

（2）单项工程综合概算　单项工程综合概算是确定一个单项工程概算造价的文件。它是由各单位工程概算汇总编制而成，是建设项目总概算的组成部分。单项工程综合概算的组成内容如图 8-2 所示。

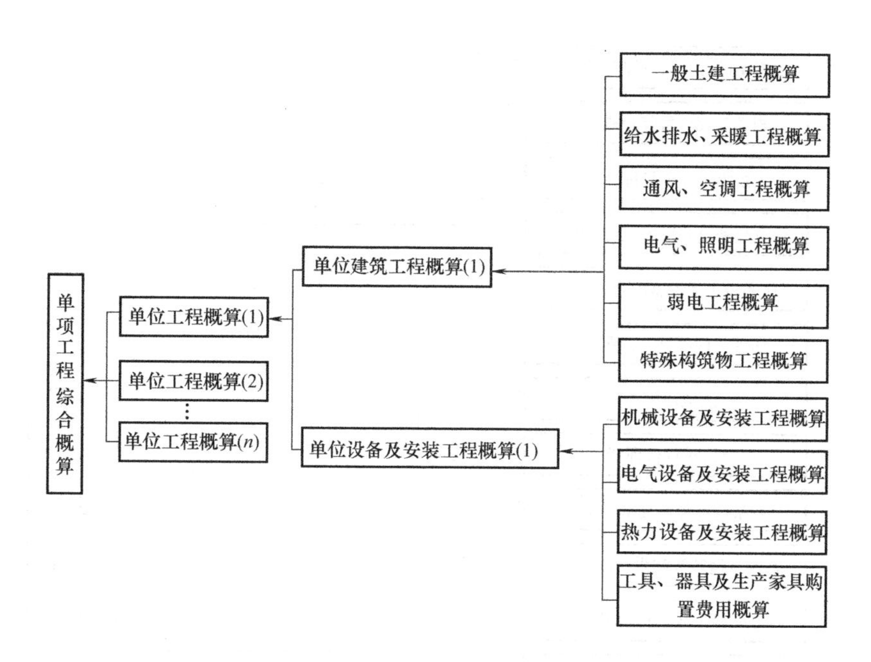

图 8-2 单项工程综合概算的组成内容

(3) 建设项目总概算 建设项目总概算是确定整个建设项目从筹建到竣工验收所需全部费用的文件，它是由各单项工程综合概算、工程建设其他费用概算、预备费、投资方向调节税概算和建设期贷款利息概算和经营性项目铺底流动资金概算等汇总编制而成的，如图8-3所示。

二、设计概算的编制原则和依据

1. 设计概算的编制原则

为提高建设项目设计概算编制质量，科学合理地确定建设项目投资，设计概算编制应坚持以下原则：

1）严格执行国家的建设方针和经济政策的原则。设计概算是一项重要的技术经济工作，要严格按照党和国家的方针、政策办事，坚决执行勤俭节约的方针，严格执行规定的设计标准。

2）要完整、准确地反映设计内容的原则。编制设计概算时，要认真了解设计意图，根据设计文件、图纸准确计算工程量，避免重算和漏算。设计修改后，要及时修正概算。

3）要坚持结合拟建工程的实际，反映工程所在地当时价格水平的原则。为提高设计概算的准确性，要求实事求是地对工程所在地的建设条件，可能影响造价的各种因素进行认真的调查研究。在此基础上正确使用定额、指标、费率和价格等各项编制依据，按照现行工程造价的构成，根据有关部门发布的价格信息及价格调整指数，考虑建设期的价格变化因素，使概算尽可能地反映设计内容、施工条件和实际价格。

2. 设计概算的编制依据

1）国家有关建设和造价管理的法律、法规和方针政策。

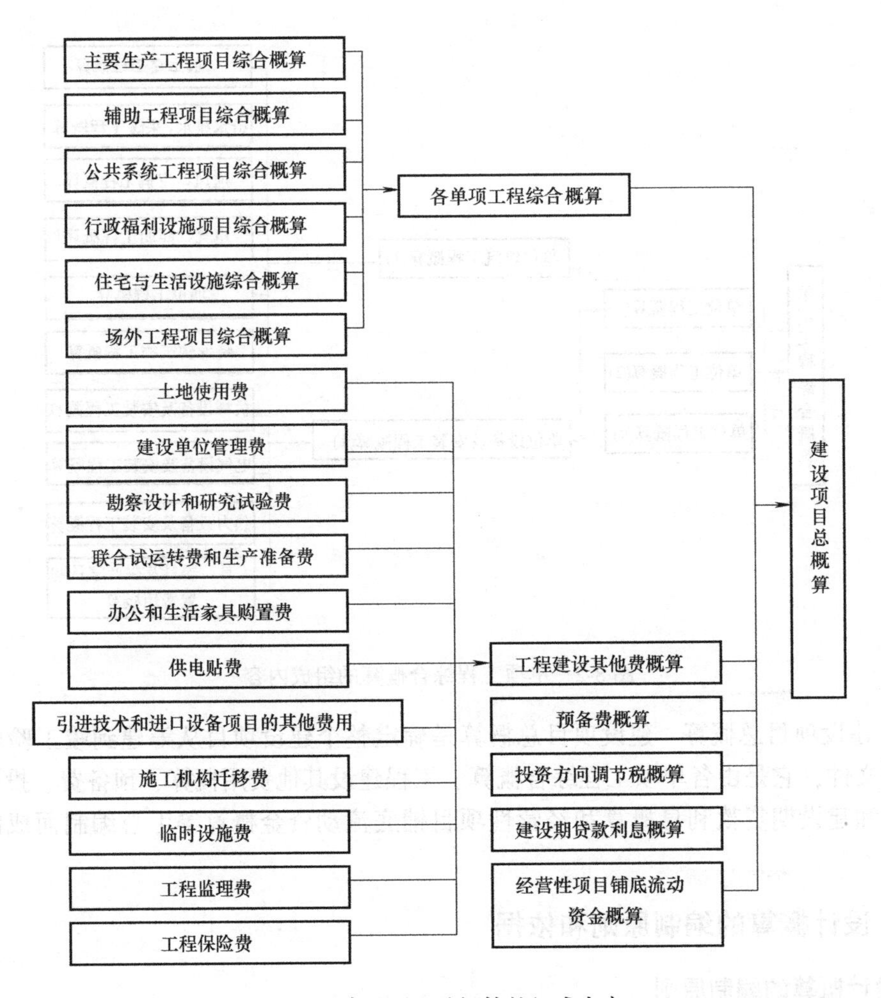

图 8-3 建设项目总概算的组成内容

2）批准的建设项目的设计任务书（或批准的可行性研究文件）和主管部门的有关规定。

3）初步设计项目一览表。

4）能满足编制设计概算的各专业经过校审并签字的设计图纸（或内部作业草图）、文字说明和主要设备表，其中包括：

① 土建工程中建筑专业提交建筑平面、立面、剖面图和初步设计文字说明（应说明或注明装修标准、门窗尺寸）。

② 结构专业提交结构平面布置图、构件截面尺寸、特殊构件配筋率。

③ 给水排水、电气、采暖通风、动力等专业的平面布置图或文字说明和主要设备表。

④ 室外工程有关各专业提交平面布置图；总图专业提交建设场地的地形图和场地设计标高及道路、排水沟、挡土墙、围墙等构筑物的断面尺寸。

5）正常的施工组织设计。

6）当地和主管部门的现行建筑工程和专业安装工程的概算定额（或预算定额、综合预算定额）、单位估价表、材料及构配件预算价格、工程费用定额和有关费用规定的文件等资料。

7）现行的有关设备原价及运杂费率。

8）现行的有关其他费用定额、指标和价格。

9）建设场地的自然条件和施工条件。

10）类似工程的概算、预算及技术经济指标。

11）建设单位提供的有关工程造价的其他资料。

12）资金筹措方式。

13）有关合同、协议等其他资料。

三、设计概算的编制方法

1. 单位工程概算的编制

（1）编制内容　单位工程概算书是计算一个独立建筑物或构筑物（即单项工程）中每个专业工程所需工程费用的文件。其可分为建筑工程概算书和设备及安装工程概算书两类。单位工程概算文件应包括建筑（安装）工程直接工程费计算表，建筑（安装）工程人工、材料、机械台班价差表，建筑（安装）工程费用构成表。

建筑工程概算的编制方法有概算定额法、概算指标法、类似工程预算法。

设备及安装工程概算的编制方法有预算单价法、概算定额法、设备价值百分比法和综合吨位指标法等。

单位工程概算投资由直接费、间接费、利润和税金组成。

（2）单位建筑工程概算的编制方法与实例

1）概算定额法。概算定额法又叫扩大单价法或扩大结构定额法，它是采用概算定额编制建筑工程概算的方法，类似于用预算定额编制建筑工程施工图预算。它是根据初步设计图纸资料和概算定额的扩大分项工程计算出工程量，然后套用概算定额单价，计算汇总后，再按规定计取相关费用，得出单位工程概算造价。

概算定额法编制设计概算的步骤：

① 熟悉定额的内容及使用方法。

② 熟悉施工图纸，了解设计意图、施工条件和施工方法。

③ 列出扩大分项工程项目并计算工程量。

④ 确定各分部分项工程项目的概算定额单价。

⑤ 计算各分部分项工程的直接工程费和单位工程的直接工程费。

⑥ 计算材料差价。

⑦ 计算措施费和直接费。

⑧ 计算间接费、利润、税金及其他费用。

⑨ 计算单位工程的概算造价。

⑩ 计算单位工程的单方造价，编写概算编制说明书。

【例 8-1】　某市拟建一座 7560m^2 的教学楼，请根据给出的工程量和扩大单价（表 8-1）编制出该教学楼土建工程设计概算造价和平方米造价。按有关规定标准计算得到措施费为 438000 元，各项费率分别为：间接费费率为 5%，利润率为 7%，综合税率为 3.41%（以直接费为计算基础）。

表 8-1 某教学楼土建工程量和扩大单价

分部工程名称	单位	工程量	扩大单价/元
基础工程	$10m^3$	160	2500
混凝土及钢筋混凝土	$10m^3$	150	6800
砌筑工程	$10m^3$	280	3300
地面工程	$100m^3$	40	1100
楼面工程	$100m^3$	90	1800
卷材屋面	$100m^3$	40	4500
门窗工程	$100m^3$	35	5600
脚手架	$100m^3$	180	600

解：根据已知条件和表中数据及扩大单价，求得该教学楼土建工程概算造价见表 8-2。

表 8-2 某教学楼土建工程概算造价计算表

序号	分部工程名称	单位	工程量	单价/元	合价
1	基础工程	$10m^3$	160	2500	400000
2	混凝土及钢筋混凝土	$10m^3$	150	6800	1020000
3	砌筑工程	$10m^3$	280	3300	924000
4	地面工程	$100m^3$	40	1100	44000
5	楼面工程	$100m^3$	90	1800	162000
6	卷材屋面	$100m^3$	40	4500	180000
7	门窗工程	$100m^3$	35	5600	196000
8	脚手架	$100m^3$	180	600	108000
A	直接工程费小计	以上 8 项之和			3034000
B	措施费				438000
C	直接费小计	A+B			3472000
D	间接费	C×5%			173600
E	利润	（C+D）×7%			255192
F	税金	（C+D+E）×3.41%			133017
	概算造价	C+D+E+F			4033809
	平方米造价	4033809/7560			533.6

2）概算指标法。概算指标法是用拟建工程项目的建筑面积（或体积）乘以技术条件相同（或基本相同）的概算指标得出直接费，然后按规定计算出其他直接费、现场经费、间接费、利润和税金等，编制出单位工程概算的方法。

当初步设计深度不够、不能准确计算出扩大分项工程量，而工程设计技术比较成熟又有类似工程概算指标可以利用时，可采用概算指标法。

由于拟建工程（设计对象）往往与类似工程的概算指标的技术条件不尽相同，而且概算指标编制年份的设备、材料、人工等价格与拟建工程当时当地的价格也会不一样。因此，必须对其进行调整。其调整方法是：

① 设计对象的结构特征与概算指标有局部差异时的调整。

$$结构变化修正概算指标(元/m^2)=J+Q_1P_1-Q_2P_2$$

式中　J——原概算指标；

Q_1——概算指标中换入结构的工程量；

Q_2——概算指标中换出结构的工程量；

P_1——换入结构的直接费单价；

P_2——换出结构的直接费单价。

或：

结构变化修正概算指标的人工、材料、机械消耗量=原概算指标的人工、材料、机械消耗量+换入结件工程量×相应定额人工、材料、机械消耗量-换出结构件人工、材料、机械消耗量×相应定额人工、材料、机械消耗量

以上两种方法，前者是直接修正结构构件指标单价，后者是修正结构构件指标人工、材料、机械台班消耗量。

② 设备、人工、材料和机械台班费用的调整。

设备、工、料、机概算费用=原概算指标的设备、工、料、机费用+Σ[换入设备、工、料、机数量×拟建地区相应单价]-Σ[换出设备、工、料、机数量×拟建地区相应单价]

【例 8-2】 某砖混结构办公楼建筑面积为 2300m²，建筑工程直接费为 420 元/m²，现拟建一栋砖混结构的办公楼 3200m²，但基础和外墙工程量增大，已知原砖基础为 31 元/m²，砖外墙为 66 元/m²，而拟建办公楼砖基础为 37 元/m²，砖外墙为 86 元/m²，其他结构相同。求该拟建办公楼建筑工程直接费造价。

解：　调整后的概算指标(元/m²)=(420-31-66+37+86)元/m²=446 元/m²

拟建办公楼建筑工程直接费=3200 元/m²×446 元/m²=1427200 元

(3) 概算指标法的编制步骤

1) 根据初步设计图纸及设计资料，按设计要求和建筑结构特征，与计算指标中的“简要说明”和“结构特征”对照，选择相应的概算指标。

2) 根据初步设计图纸计算单位工程建筑面积或体积。

3) 套用概算指标。

采用概算指标法编制概算有两种情况：一种是直接套用；另一种是调整概算指标后采用。

① 直接套用概算指标编制概算。如设计对象的结构特征与概算指标的技术条件完全相符，就可以直接套用指标上的每 100m² 建筑面积造价指标，根据设计图纸的建筑面积分别乘以概算指标中的土建、水卫、采暖、电气照明各单位工程的概算造价指标。

② 修正概算指标编制概算。

当设计对象的结构特征与概算指标有局部差异时，应对指标进行局部的调整才能使用。

4) 在求出的直接工程费后，按照利用概算定额编制概算的步骤计算出措施费、间接费、利润、税金及其他费用。

5) 将直接费、间接费、利润、税金等费用相加，得到每平方米概算单价，将其乘以拟建单位工程的建筑面积，即可得到单位工程概算造价。

6) 编写概算编制说明。

【例 8-3】 某砖混结构住宅建筑面积为 4000m²，其工程特征与在同一地区的概算指标及造价和费用构成（表 8-3、表 8-4）的内容基本相同。试根据概算指标编制工程概算。

表 8-3 某地区砖混结构住宅概算指标

<table>
<tr><td colspan="2">工程用途</td><td>住宅</td><td colspan="2">结构类型</td><td>砖混结构</td><td>建筑层数</td><td colspan="2">6层</td></tr>
<tr><td colspan="2">建筑面积</td><td>3800m²</td><td colspan="2">层高/檐高</td><td>2.8m/17.2m</td><td>竣工日期</td><td colspan="2">2003 年 6 月</td></tr>
<tr><td rowspan="4">工程特征</td><td colspan="2">基础</td><td colspan="2">墙体</td><td>楼面</td><td colspan="3">地面</td></tr>
<tr><td colspan="2">混凝土带型基础</td><td colspan="2">KP1 型多孔砖墙</td><td>现浇板上水泥楼面</td><td colspan="3">混凝土地面，水泥砂浆面层</td></tr>
<tr><td>屋面</td><td colspan="2">门窗</td><td>装饰</td><td colspan="2">电照</td><td colspan="2">给水排水</td></tr>
<tr><td>陶土波形瓦，防水砂浆底混合砂浆坐垫</td><td colspan="2">钢防盗门、胶合板门、塑钢窗</td><td>混合砂浆抹内墙面、外墙彩色涂料面</td><td colspan="2">敷设线管、穿线；安装开关插座、预留灯头；弱电分为电话、电视系统</td><td colspan="2">给水管采用 PP-R 管、排水管采用 UPVC 管；卫生洁具预留</td></tr>
</table>

表 8-4 工程造价及费用构成

<table>
<tr><td colspan="2" rowspan="3">项　　目</td><td rowspan="3">平方米指标/(元/m²)</td><td colspan="8">其中各项费用占总造价百分比(%)</td></tr>
<tr><td colspan="5">直　接　费</td><td rowspan="2">间接费</td><td rowspan="2">利润</td><td rowspan="2">税金</td></tr>
<tr><td>人工费</td><td>材料费</td><td>机械费</td><td>措施费</td><td>直接费</td></tr>
<tr><td colspan="2">工程总造价</td><td>676.60</td><td>9.26</td><td>60.15</td><td>2.30</td><td>5.28</td><td>76.99</td><td>13.65</td><td>6.28</td><td>3.08</td></tr>
<tr><td rowspan="3">其中</td><td>土建工程</td><td>594.26</td><td>9.49</td><td>59.68</td><td>2.44</td><td>5.31</td><td>76.92</td><td>13.66</td><td>6.34</td><td>3.08</td></tr>
<tr><td>给水排水工程</td><td>34.14</td><td>5.85</td><td>68.52</td><td>0.65</td><td>4.55</td><td>79.57</td><td>12.35</td><td>5.0</td><td>3.07</td></tr>
<tr><td>电照工程</td><td>48.20</td><td>7.03</td><td>63.17</td><td>0.48</td><td>5.48</td><td>76.16</td><td>14.78</td><td>6.00</td><td>3.06</td></tr>
</table>

解：计算步骤及结果见表 8-5。

表 8-5 某住宅土建工程概算造价计算表

序号	项目内容	计　算　式	金额/元
1	土建：工程造价	4000×594.26＝2377040	2377040
2	直接费 其中：人工费 材料费 机械费 措施费	2377040×76.92%＝1828419.17 2377040×9.49%＝225581.09 2377040×59.68%＝1418617.47 2377040×2.44%＝57999.78 2377040×5.31%＝126220.82	1828419.17 225581.1 1418617.47 57999.78 126220.82
3	间接费	2377040×13.66%＝324703.66	324703.66
4	利润	2377040×6.34%＝150704.34	150704.34
5	税金	2377040×3.08%＝73212.83	73212.83

给水排水、电照、总造价也可按此方法算出。

（4）类似工程预算法　类似工程预算法是利用技术条件与设计对象相类似的已完工程或在建工程的工程造价资料来编制拟建工程设计概算的方法。

它适用于拟建工程与已完工程或在建工程的设计相类似又没有可用的概算指标时采用，但必须对结构差异和价差进行调整。

结构差异的调整方法与概算指标的调整方法相同。

1）类似工程的造价资料中有具体的人工、材料、机械台班的用量时，可按类似工程预算造价资料中的主要材料用量、工日数量、机械台班用量乘以拟建工程所在地的主要材料预算价格、人工单价、机械台班单价，计算出直接费，再乘以当地的综合费率得出所需的造价指标。

2）类似工程的造价资料只有人工、材料、机械台班费用和其他直接费、现场经费、间接费时，可按下面公式调整：

$$D=AK$$

$$K=a\%k_1+b\%k_2+c\%k_3+d\%k_4+e\%k_5$$

式中　D——拟建工程概算造价；

A——类似工程单位工程概算造价；

K——综合调整系数；

$a\%$、$b\%$、$c\%$、$d\%$、$e\%$——类似工程预算的人工费、材料费、机械台班费、措施费、间接费、占预算造价的比重，如：$a\%$=类似工程人工费（或工资标准）/类似工程预算造价×100%；$b\%$、$c\%$、$d\%$、$e\%$类同；

k_1、k_2、k_3、k_4、k_5——拟建工程地区与类似工程预算的人工费、材料费、机械台班费、措施费、间接费之间的差异系数，如：k_1=拟建工程地区人工费（或工资标准）/类似工程地区人工费（或地区工资标准），k_2、k_3、k_4、k_5类同。

【例8-4】 某已建成砖混住宅工程建筑面积为2800m²，总造价为1615600元，其中人工费、材料费、机械台班费、措施费、间接费、利润、税金占单方预算造价的比例分别为10%、66%、5%、4%、7%、4.7%、3.3%。一拟建工程的结构形式与已建成住宅工程相同，为砖混结构，但两者的楼地面工程不同，已建成住宅的地面为水泥砂浆抹面，基价1023.06元/100m²，拟建工程的地面为水磨石，基价3111.56元。拟建工程地区与已建成工程预算造价在人工费、材料费、机械台班费、措施费、间接费、利润、税金之间的差异系数分别为2.01、1.07、1.82、1.01、0.91、1.0和1.0；试利用类似工程预算法求拟建工程3400m²的设计概算。

解： 先求综合调整系数K：

$K=10\%\times2.01+66\%\times1.07+5\%\times1.82+4\%\times1.01+7\%\times0.91+4.7\%\times1.0+3.3\%\times1.0=1.18$

根据公式 $D=AK$ 得：

未修正的拟建工程单方概算指标=(1615600÷2800×1.18)元/m²=680.86元/m²

由于楼地面工程的不同，要进行概算指标的修正：

修正的拟建工程单方概算指标=[680.86+(3111.56−1023.06)/100]元/m²=701.75元/m²

拟建工程的设计概算=701.75元/m²×3400m²=2385950元

2. 设备及安装工程概算的编制

设备及安装工程概算包括设备购置费概算和设备安装工程费用概算两部分。

（1）设备购置费概算　设备购置费由设备原价和运杂费组成，其公式为：

$$设备购置费=\sum设备清单中的设备数量\times设备原价\times(1+运杂费)$$

国产非标准设备原价在编制设计概算时可按下列两种方法确定：

1）非标准设备台（件）估价指标法。根据非标准设备的类别、重量、性能、材质等情况，以每台设备规定的估价指标（元/台）计算，即：

非标准设备原价=设备台数×每台设备估价指标

2）非标准设备吨重估价指标法。根据非标准设备的类别、性能、重量、材质等情况，以某类设备所规定的吨重估价指标（元/t）计算，即：

非标准设备原价=设备吨重×每吨设备估价指标

（2）设备安装工程费用概算　设备安装工程费概算的编制方法应根据初步设计深度和要求所明确的程度而采用。其主要的编制方法有：

1）预算单价法。当初步设计较深，有规定的设备清单时，可直接按安装工程预算定额单价编制，编制程序基本与安装工程施工图预算相同。

2）概算定额法。当初步设计深度不够，设备清单不完备，只有主体设备或成套设备重量时，可采用主体设备或成套设备的综合扩大安装单价来编制。

3）设备价值百分比法，又叫安装设备百分比法。当初步设计深度不够，只有设备出厂价而无详细规格、重量时，安装费可按占设备费的百分比计算，其百分比值（即安装费率）由主管部门制定或由设计单位根据已完类似工程确定。数学表达式为：

设备安装费=设备原价×安装费率（%）

4）综合吨位指标法。当初步设计提供的设备清单有规格和设备重量时，可采用综合吨位指标编制概算，其综合吨位指标（元/t）由主管部门制定，或由设计单位根据已完类似工程资料确定。该方法常用于设备价格波动较大的非标准设备和引进设备的安装工程概算。数学表达式为：

设备安装费=设备吨位×每吨设备安装费率指标

3. 单项工程综合概算的编制

（1）单项工程综合概算的含义　单项工程综合概算是确定一个单项工程建设费用的综合性文件，是根据各个单位工程概算汇总而成，是建设项目总概算的组成部分。

（2）单项工程综合概算的内容　单项工程综合概算文件一般包括编制说明（不编制总概算时列入）、综合概算表（含其所附的单位工程概算表和建筑材料表）和有关专业的单位工程预算数三大部分。当建设项目只有一个单项工程时，此时综合概算文件（实为总概算）除包括上述两大部分外，还应包括工程建设其他费用、建设期贷款利息、预备费和固定资产投资方向调节税的概算。

1）编制说明。这部分内容列在综合概算表的前面，其内容为：

① 工程概况：简述建设项目性质、特点、生产规模、建设周期、建设地点等主要情况。引进项目要说明引进内容以及与国内配套工程等主要情况。

② 编制依据：包括国家和有关部门的规定、设计文件。现行概算定额或概算指标、设备材料的预算价格和费用指标的等。

③ 编制方法：即说明设计概算是采用概算定额法还是概算指标法。

④ 主要设备、材料（钢材、木材、水泥）的数量。

⑤ 其他需要说明的有关问题。

2）综合概算表（表8-6）。该表以单项工程所辖范围内的各单位工程概算为基础资料，按照国家或部委所规定的统一表格进行编制。

① 综合概算表的项目组成。工业建设项目综合概算表由建筑工程和设备及安装工程两

部分组成；民用工程项目综合概算表只包含建筑工程一项。

② 综合概算的费用组成。一般应包括建筑工程费用、安装工程费用、设备购置及工器具和生产家具购置费等。当不编制总概算时，还应包括工程建设其他费用、建设期贷款利息、预备费和固定资产投资方向调节税等费用项目。

表 8-6 总（综合）概算表

建设项目名称： 工程名称（单项工程）： 单位：万元 共 页，第 页

序号	概算编号	工程项目或费用名称	建筑工程费	安装工程费	设备购置费	其他费用	合计	其中:引进部分		占总投资比例(%)
								美金	折合人民币	
一		工程费用(小计)								
1		(主要工程)								
…		(……)								
2		(配套工程)								
…		(……)								
3		(辅助工程)								
…		(……)								
二		工程建设其他费用(小计)								
1		(主要费用项目分列)								
…		(……)								
		(一)+(二)合计								
三		预备费用(小计)								
1		基本预备费								
2		价差预备费								
四		固定资产投资方向调节税								
五		建设期贷款利息								
六		铺底流动资金								
七		建设项目概算总投资(总计)								

编制人： 审核人： 审定人： 编制日期： 年 月 日

四、建设项目总概算的编制

1. 建设项目总概算的含义

建设项目总概算是确定整个建设项目从筹建到竣工交付使用全部建设费用的总文件。由各单项工程综合概算、工程建设其他费用、预备费、建设期贷款利息、固定资产投资方向调节税和经营性项目铺底流动资金概算组成，按照主管部门规定的统一表格进行编制而成。

2. 建设项目总概算的内容

建设项目总概算文件一般应包括封面、编制说明、总概算表、单项工程综合概算表、单位工程概算表以及工程量计算表、主要材料汇总表、分年度投资汇总表等。独立装订成册的总概算文件宜加封面、签署页（扉页）和目录。

（1）封面、签署页（扉页）和目录　封面应有建设项目名称、编制单位、编制日期及第几册共几册内容；扉页应有项目名称、编制单位、单位资质证书号、单位主管、审定、审核、专业负责人和主要编制人的签名及证章。封面及签署页格式见表8-7。

表8-7　封面及签署页格式

建设项目总概算文件
建设单位＿＿＿＿＿＿
建设项目名称＿＿＿＿＿＿
设计单位(或工程造价咨询单位)＿＿＿＿＿＿
编制单位＿＿＿＿＿＿
编制人(资格证号)＿＿＿＿＿＿
审核人(资格证号)＿＿＿＿＿＿
项目负责人＿＿＿＿＿＿
总工程师＿＿＿＿＿＿
单位负责人＿＿＿＿＿＿
年　　月　　日

（2）编制说明　建设项目总概算编制说明的内容包括以下几个方面：

1）工程概况：包括建设项目设计资料的依据及有关文号、建设规模、建设标准、建设期总投资、工程范围及主要工程内容，并明确总概算中所包括和不包括的工程项目费用。由多个单位共同设计和编制概算的，应说明分工编制情况。

2）编制依据：批准的可行性研究报告及其他有关文件，具体说明概算编制所依据的设计图纸及有关文件，采用的定额、人工、主要材料和机械费用的依据或来源，各项费用取定的依据及编制方法。

3）钢材、水泥、商品混凝土等总用量；各单项工程主要工程项目数量，如基础、梁板、墙体、地面、天棚灯工程数量。

4）总概算金额及各项费用的构成。

5）资金筹措及分年度使用计划，如使用外汇，应说明使用外汇的种类、折算汇率及外汇的使用条件。

6）其他与概算有关但不能在表格中反映的事项的必要说明。

（3）总概算表　总概算表应反映静态投资和动态投资两个部分。静态投资是按设计概算编制期价格、费率、利率、汇率等确定的投资；动态投资是指概算编制时期到竣工验收前的工程和价格变化等多种因素所需的投资。

（4）工程建设其他费用概算表。工程建设其他费用概算按国家或地区或部委所规定的项目和标准确定，并按统一格式编制。

（5）主要建筑安装材料汇总表。针对每一个单项工程列出钢筋、型钢、水泥、原木等主要建筑安装材料的消耗量。

（6）分年度投资汇总表（表8-8）和分年度资金流量汇总表（表8-9）

表 8-8　分年度投资汇总表

分年度投资汇总表

建设项目名称__________　　　　　　　　　　　　　　　　　　　　　　　　　第　页　　共　页

序号	主项号	工程项目或费用名称	总投资/万元		分年度投资/万元										备注
			总计	其中外币(币种)	第一年		第二年		第三年		第四年		……		
					合计	其中外币(币种)	合计	其中外币(币种)	合计	其中外币(币种)	合计	其中外币(币种)	合计	其中外币(币种)	

编制：　　　　　　　　　　　校队：　　　　　　　　　　　审核：

表 8-9　分年度资金流量汇总表

分年度资金流量汇总表

建设项目名称__________　　　　　　　　　　　　　　　　　　　　　　　　　第　页　　共　页

序号	主项号	工程项目或费用名称	资金总供应量/万元		分年度资金供应流量/万元										备注
			总计	其中外币(币种)	第一年		第二年		第三年		第四年		……		
					合计	其中外币(币种)	合计	其中外币(币种)	合计	其中外币(币种)	合计	其中外币(币种)	合计	其中外币(币种)	

编制：　　　　　　　　　　　校队：　　　　　　　　　　　审核：

第二节　建设工程施工预算的编制

一、施工预算的概念和作用

1. 施工预算的概念

施工预算是指在建设工程施工前，在施工图预算的控制下，施工企业内部根据施工图计算的分项工程量、施工定额、结合施工组织设计等资料，通过工料分析，计算和确定完成一个单位工程或其分部分项工程所需的人工、材料、机械台班消耗量及其相应费用的经济文件。施工预算一般以单位工程为编制对象。

2. 施工预算的作用

1）施工预算是施工计划部门安排施工作业计划和组织施工的依据。施工预算确定施工中所需的人力、物力的供应量；进行劳动力、运输机械和施工机械的平衡；计算材料、构件的需要量，进行施工备料和及时组织材料；计算实物工作量和安排施工进度，并做出最佳安排。

2）施工预算是施工单位签发施工任务单和限额领料单的依据。施工任务单上的工程计量单位、产量定额和计件单位，均需取自施工预算或施工定额。

3）施工预算是施工企业进行经济活动分析，贯彻经济核算，对比和加强工程成本管理的基础。施工预算既反映设计图纸的需求，也考虑在现有条件下可能采取的节约人工、材料和降低成本的各项具体措施。执行施工预算，不仅可以起到控制成本、降低费用的作用，同时也为贯彻经济核算、加强工程成本管理奠定基础。

4）施工预算是企业经营部门进行“两算”（施工图预算和施工预算）对比，研究经营决策，推行各种形式经济责任制的依据。通过对比分析，进一步落实各项增产节约的措施，以促使企业加快技术进步。施工预算是开展造价分析和经济对比的依据。

5）施工预算是班组推行全优综合奖励制度的依据。因为施工预算中规定完成一个分项工程所需要的人工、材料、机械台班使用量，都是按施工定额计算的，所以在完成每一个分项工程师，其超额和节约部分就成为班组计算奖励的依据之一。

二、施工预算的内容构成

施工预算的内容，原则上应包括工程量、材料、人工和机械四项指标。一般以单位工程为对象，按其分部工程计算。施工预算由编制说明及表格两大部分组成。

1. 编制说明

编制说明是以简练的文字，说明施工预算的编制依据、对施工图纸的审查意见、现场勘察的主要资料、存在的问题及处理办法等，主要包括以下内容。

1）编制依据：采用的图纸名称和编号、采用的施工定额、采用的施工组织设计或施工方案。

2）工程概况：工程性质、范围、建设地点及施工期限。

3）对设计图纸的建议及现场勘察的主要资料。

4）施工技术措施：土方调配方案、机械化施工部署、新技术或代用材料的采用、质量及安全技术等。

5）施工关键部位的技术处理方法，施工中降低成本的措施。

6）遗留项目或暂估项目的说明。

7）工程中存在及尚需解决的其他问题。

2. 表格

为了减少重复计算，便于组织施工，编制施工预算常用表格来计算和整理。土建工程一般主要有以下几种表格。

1）工程量计算表。工程量计算表可根据施工图预算的工程量计算表格来进行计算。

2）施工预算的工料分析表。施工预算的工料分析表是施工预算中的基本表格，其编制方法与施工图预算工料分析相似，即将各项的工程量乘以施工定额重点工料用料。施工预算要求分部、分层、分段进行工料分析，并按分部汇总成表。

3）人工汇总表。制作人工汇总表即将工料分析表中的各工种人工数字，分工种、按分部分列汇总成表。

4）材料汇总表。编制材料汇总表即将工料分析表总的各种材料数字，分现场和外加工厂用料，按分部分列汇总成表。

5）机械汇总表。编制机械汇总表即将工料分析表中的各种施工机具数字，分名称、按分部分列汇总成表。

6）预制钢筋混凝土构件汇总表。预制钢筋混凝土构件汇总表包括预制钢筋混凝土构件加工一览表、预制钢筋混凝土构件钢筋明细表、预制钢筋混凝土构件预埋铁件明细表。

7）金属构件汇总表。金属构件汇总表包括金属加工汇总表、金属结构构件加工材料明细表。

8）门窗加工汇总表。门窗加工汇总表包括门窗加工一览表、门窗五金明细表。

9）“两算”对比表。编制“两算”对比表即将施工图预算与施工预算中的人工、材料、机械费用制成表格进行对比。

三、施工预算与施工图预算的区别

1. 用途及编制方法不同

施工预算用于施工企业内部核算，主要计算工料用量和直接费；而施工图预算却要确定整个单位工程造价。施工预算必须在施工图预算价值的控制下进行编制。

2. 使用定额不同

施工预算的编制依据是施工定额，施工图预算使用的是预算定额，两种定额的项目划分不同。即使是同一定额项目，在两种定额中各自的人工、材料、机械台班耗用数量都有一定的差别。

3. 工程项目粗细程度不同

施工预算比施工图预算的项目多、划分细，因为施工定额的项目综合性小于预算定额。施工预算的工程量计算要分层、分段、分工程项目计算，其项目要比施工图预算多。例如，砌砖基础，预算定额仅列了 1 项，而施工定额根据不同深度及砖基础墙的厚度，共划分了 6 个项目。

4. 计算范围不同

施工预算一般只计算工程所需工料的数量，有条件的地区可计算工程的直接费，而施工图预算要计算整个工程的直接费、间接费、利润及税金等各项费用。

5. 所考虑的施工组织及施工方法不同

施工预算所考虑的施工组织及施工方法是考虑施工进场的实际情况，进行确定和列项计算；而施工图预算是按照设计综合考虑按照预算定额的分项进行列项计算。

6. 计量单位不同

施工预算与施工图预算的工程量计量单位也不完全一致。例如，门窗安装施工预算分为门窗框安装、门窗扇安装两个项目，门窗框安装以樘为单位计算，门窗扇安装以扇为单位计算工程量；但施工图预算门窗安装包括门窗框及扇均以 m^2 计算。

四、施工预算的编制依据

1）施工图纸及其说明书。编制施工预算需要具备全套施工图纸和有关的标准图集。施工图纸和说明书必须经过建设单位、设计单位和施工单位共同会审，并要由会审记录，未经会审的图纸不宜采用，以免因与实际施工不相符而返工。

2）施工组织设计或施工方案。经批准的施工组织设计或施工方案所确定的施工方法、施工顺序、施工组织措施和现场平面布置等，可供施工预算具体计算时采用。

3）现行的施工定额或劳动定额、材料消耗定额和机械台班使用定额。各省、市、自治区或地区，一般都编制颁发《建筑工程施工定额》。若没有编制或原编制的施工定额现已过时且废止使用，则可依据国家颁布的《建筑安装工程统一劳动定额》，以及各地区编制的《材料消耗定额》和《机械台班使用定额》编制施工预算。

4）施工图预算书。由于施工图预算中的许多工程量数据可供编制施工预算时利用，因而依据施工图预算书可减少施工预算的编制工作量，提高编制效率。

5）建筑材料手册和预算手册。根据建筑材料手册和预算手册进行材料长度、面积、体积、重量之间的换算、工程量的计算等。

6）人工工资标准及实际勘察与测量资料。

五、施工预算的编制方法

施工预算的编制方法分为实物法和实物金额法两种。

1. 实物法

实物法就是根据施工图纸和说明书，以及施工组织设计，按照施工定额或劳动定额的规定计算工程量，再分析并汇总人工和材料的数量。这是目前编制施工预算大多采用的方法。应用这些数量可向施工班组签发任务书和限额领料单，进行班组核算，并与施工图预算的人工、材料和机械台班数量对比，分析超支或节约的原因，进而改进和加强企业管理。

2. 实物金额法

实物金额法编制施工预算又分为以下两种：一种是根据实物法编制出人工、材料数量，再分别乘以相应的单价，求得人工费和材料费；另一种是根据施工定额的规定，计算出各分项工程量，套用其相应施工定额的单价，得出合价，再将各分项工程的合价相加，求得单位工程直接费。这种方法与施工图预算单价法的编制方法基本相同。所求得的实物量用于签发施工任务单和限额领料单，而其人工费、材料费、机械台班费可用于进行“两算”对比，以利于企业进行经济核算，提高经济效益。

六、施工预算的编制程序

施工预算的编制步骤与施工图预算的编制步骤基本相同，所不同的是施工预算比施工图预算的项目划分得更细，以适合施工方法的需要，有利于安排施工进度计划和编制统计报表。施工预算的编制，可按下述步骤进行。

1）熟悉基础资料。在编制施工预算前，要认真阅读经会审和交底的全套施工图纸、说明书及有关标准图集，掌握施工定额内容范围，了解经批准的施工组织设计或施工方案，为正确、顺利地编制施工预算奠定基础。

2）计算工程量。要合理划分分部分项工程项目，一般可按施工定额项目划分，并依照施工定额手册的项目顺序排列。有时为签发施工任务单方便，也可按施工方案确定的施工顺序或流水施工的分层分段排列。此外，为便于进行“两算”对比，也可按照施工图预算的项目顺序排列。为加快施工预算的编制速度，在计算工程量过程中，凡能利用的施工图预算的工程数据可直接利用。工程量计算完毕核对无误后，根据施工定额内容和计量单位的要求，按分部分项工程的顺序或分层分段，逐项整理汇总。各类构件、钢筋、门窗、五金等也整理列成表格。

3）分析和汇总工、料、机消耗量。按所在地区或企业内部自行编制的施工定额进行套用，以分项工程的工程量乘以相应项目的人工、材料和机械台班消耗量定额，得到该项目的人工、材料和机械台班消耗量。将各分部工程中同类的各种人工、材料和机械台班消耗量相加，得到每一分部工程的各种人工、材料和机械台班的总消耗量，再进一步将各分部工程的人工、材料和机械总消耗量汇总，并制成表格。

4）“两算”对比。将施工图预算与施工预算中的分部工程人工、材料、机械台班消耗量或价值列出，并一一对比，算出节约差或超支额，以便反映经济效果，核算施工预算是否达到降低工程成本的目的；否则，应重新研究施工方法和技术组织措施，修正施工方案，防止亏本。

5）编写编制说明。

七、“两算”对比的概念

“两算”对比是指施工预算与施工图预算的对比。施工图预算确定的是工程预算成本，施工预算确定的是工程计划成本，它们是从不同角度计算的工程成本。

“两算”对比是建筑企业运用经济活动分析来加强经营管理的一种重要手段。通过“两算”对比分析，可以了解施工图预算的正确与否，发现问题，及时纠正；通过“两算”对比，可以对该单位工程给施工企业带来的经济效益进行预测，使施工企业做到心中有数，事先控制不合理的开支，以免造成亏损；通过“两算”对比分析，可以预算找出节约或超支的原因，研究其解决措施，防止亏本。

八、“两算”对比的方法

“两算”对比的方法一般采用实物量对比法或实物金额对比法。

1. 实物量对比法

实物量是指分项工程所消耗的人工、材料、和机械台班消耗的实物数量。对比是将“两算”中相同项目所需的人工、材料和机械台班消耗量进行比较，或者以分部工程或单位工程为对象，将“两算”的人工、材料汇总数量相比较。因“两算”各自的定额项目划分工作内容不一致，为使两者有可比性，常常需经过项目合并、换算之后才能进行对比。由于预算定额项目的综合性较施工定额项目大，故一般是合并施工预算项目的实物量，使其与预算定额项目相对应，然后再进行对比，见表 8-10。

表 8-10　砖基础“两算”对比表

工程名称：

项目名称	单位/m^3		对比内容			
			人工/工日	砂浆/m^3	砖/块	机械/台班
1 砖基础	6	施工预算 施工图预算	5.61 7.82	1.42 1.49	3132 3148	0.29 0.18
1.5 砖基础	4	施工预算 施工图预算	3.61 5.04	0.97 1.02	2072 2082	0.20 0.12
合计	10	施工预算 施工图预算 “两算”对比额 “两算”对比(±)%	9.22 12.86 +3.64 +28.3	2.30 2.51 +0.12 +4.78	5204 5230 +26 +0.50	0.49 0.30 -0.19 -63.33

2. 实物金额对比法

实物金额是指分项工程所消耗的人工、材料和机械台班的金额费用。由于施工预算只能反映完成项目所消耗的实物量，并不反映其价值，为使施工预算与施工图预算进行金额对比，就需要将施工预算中的人工、材料、和机械台班的数量，乘以各自的单价，汇总成人工费、材料费的机械台班使用费，然后与施工图预算的人工费、材料费和机械台班使用费相比较。

3. “两算”对比的一般说明

（1）人工数量　一般施工预算工日数应低于施工图预算工日数的10%~15%，因为两者的基础不一样，比如，考虑到在正常施工组织的情况下，工序搭接及土建与水电安装之间的交叉配合所需停歇的时间，工程质量检查与隐蔽工程验收而影响的时间和施工中不可避免的少量零星用工等因素，施工图预算定额有10%人工幅度差。计算公式为

$$人工费节约或超支额=施工图预算人工费-施工预算人工费$$

$$计划人工费降低率=\frac{(施工图预算人工费-施工预算人工费)}{施工图预算人工费\times 100\%}$$

计算结果为正值时，表示计划人工费节约；计算结果为负值时，表示计划人工费超支。

（2）材料消耗　材料消耗方面，一般施工预算应低于施工图预算消耗量。由于定额水平不一致，有的项目会出现施工预算消耗量大于施工图预算消耗量的情况，这时要调查分析，根据实际情况调整施工预算用量后再予对比。材料费的节约或超支额及计划材料费降低率按下式计算。

$$材料费节约或超支额=施工图预算材料费-施工预算材料费$$

$$计划材料费降低率=\frac{(施工图预算材料费-施工预算材料费)}{施工图预算材料\times 100\%}$$

（3）机械台班数量及机械费　由于施工预算是根据施工组织设计或施工方案规定的实际进场的施工机械种类、型号、数量和工期编制计算机械台班，而施工图预算定额的机械台班是根据需要和合理配备来综合考虑的，多以金额表示，因此一般以“两算”的机械费相对比，且只能核算搅拌机、卷扬机、塔式起重机、汽车式起重机和履带式起重机等大中型机械台班费是否超过施工图预算机械费。如果机械费大量超支，没有特殊情况，应改变施工采用的机械方案，尽量做到不亏本而略有盈余。

（4）脚手架工程　脚手架工程无法按实物量进行“两算”对比，只能用金额对比。因为施工预算是根据施工组织设计或施工方案规定的搭设脚手架内容编制、计算其工程量和费用的；而施工图预算定额是综合考虑，按建筑面积计算脚手架的摊销费用。

第三节　建设工程结算与竣工决算的编制

一、工程结算概述

1. 概念

工程价款结算（以下简称工程结算）是指施工企业（承包商）在工程实施过程中，依据承包合同中付款条款的规定和已经完成的工程量，按照规定的程序向建设单位（业主）收取工程价款的一项经济活动。

2. 工程结算的作用

1）工程结算是工程进度的主要指标。在施工过程中，工程结算的依据之一就是按照已完成的工程量进行结算，也就是说，承包商完成的工程量越多，所应结算的工程价款就应该越多。所以，根据累计已结算的工程价款占合同总价款的比例，能够近似地反映出工程的进度情况，有利于准确掌握工程进度。

2）工程结算是加速资金周转的重要环节。承包商能够尽快地分阶段收回工程款，有利于偿还债务，也有利于资金的回笼，降低内部运营成本。通过加速资金周转，提高资金的使用有效性。

3）工程结算是考核经济效益的重要指标。对于承包商来说，只有工程价款如数地结算，才意味着完成了项目，避免了经营风险，才能获得相应的利润，进而得到良好的经济效益。

二、工程价款主要结算方式及程序

1. 工程价款的主要结算方式

我国现行工程价款的主要结算方式有以下几种。

1）按月结算。按月结算即实行旬末或月中预支、月中结算、竣工后清算的方法。跨年度竣工的工程，在年中进行工程盘点，办理年度结算。实行旬末或月中预支，月中结算颁发的工程合同应分期确认合同价款收入的实现，即各月份终了，与发包单位进行已完工程价款结算时，确认为承包合同已完工部分的工程收入实现，本期收入额为月终结算的已完工程价款金额。

2）竣工后一次结算。建设项目或单项工程全部建设期在12个月以内，或者工程承包合同价值在100万元以下的，可以实行工程价款每月月中预支、竣工后一次结算。实行合同完成后一次结算工程价款办法的工程合同，应于合同完成、承包商与发包单位进行工程合同价款计算时，确认为收入实现，实现的收入额为承发包双方结算的合同价款总额。

3）分段结算。分段结算即当年开工、当年不能竣工的单项工程或单位工程，按照工程形象进度，划分不同阶段进行结算。分段的划分标准，由各部门或省、自治区、直辖市规定，分段结算可以按月预支工程款。实行按工程形象进度划分不同阶段、分段结算工程价款办法的工程合同，应按合同规定的形象进度，分次确认已完阶段工程收益实现，即应于完成合同规定的工程形象进度或工程阶段，与发包单位进行工程价款结算时，确认为工程收入的实现。

为简化手续期间，将房屋建筑物划分为几个形象部位，如基础、±0.000以上主体结构、装修、室外工程及收尾等，确定各部位完成后付总造价一定百分比的工程款。这样的结算不受月度限制，什么时候完工，什么时候结算。中小型工程常采用这种颁发，结算比例一般为：工程开工后，按工程合同造价拨付30%~50%；工程基础完工后，拨付20%；工程主题完工后，拨付25%~45%；工程竣工验收后，拨付5%。

实行竣工后一次结算和分段结算的工程，当年结算的工程款应与分年度完成工作量一致，年中不另清算。

4）目标结算。这种方式是在工程合同中，将承包工程的内容分解成不同的控制界面，以业主验收控制界面作为支付工程价款的前提条件。也就是说，将合同中的工程内容分解成为不同的验收单元，当承包商完成单元工程内容并经业主（或其委托人）验收后，业主支付构成单元工程内容的工程价款。

目标结算方式下，承包商要想获得工程价款，必须按照合同约定的质量标准，完成界面内的工程内容；要想尽早获得工程价款，承包商必须充分发挥自己的组织实施能力，在保证质量的前提下，加快施工进度。这意味着承包商拖延工期时，业主推迟付款，增加承包商的财务费用、运营成本，降低承包商的收益，客观上使承包商因延迟工期而遭受损失。同样，当承包商积极组织施工，提前完成控制界面内的工程内容，则承包商可提前获得工程价款，增加承包收益，客观上承包商因提前工期而增加了有效利润。同时，承包商在界面内质量达不到合同约定的标准而业主不预收，承包商也会因此而遭受损失。目标结算方式实质上是运用合同手段、财务手段，对工程的完成进行主动控制。目标结算方式中，对控制界面的设定应明确描述，便于量化和质量控制，同时要对应项目资金的供应周期和支付频率。

5）结算双方约定并经开户银行同意的其他结算方式。

2. 工程价款结算程序

在此，简单介绍按月结算工程价款的一般程序。

我国现行工程价款结算中，相当一部分实行按月结算。这种结算办法是按分部分项工程，即以“假定建筑安装产品”为对象，按月结算（或预支），待工程竣工后再办理竣工结算，一次结清，找补余款。

按分部分项工程结算，便于建设单位和建设银行根据工程进展情况控制分期拨款额度“干多少活，给多少钱”；也便于承包商的施工消耗及时得到补偿，并同时实现利润，且能按月考核工程成本的执行情况。

这种结算颁发的一般程序包括以下几个方面。

（1）预付备料款　施工企业承包工程，一般都实行包工包料，需要有一定数量的备料周转金。在工程承包合同条款中，一般要明文规定发包单位（甲方）在开工前拨给施工单位一定数额的预付款（预付备料款），构成施工企业为该承包工程项目储备和准备主要材料、结构构件所需的流动资金。预付款还可以带有动员费的内容，以供进行施工人员的组织、完成临时设施工程等准备工作之用。支付预付款是公平合理的，因为施工企业早期使用的金额相当大。预付款相当于建设单位给施工企业的无息贷款。

预付款的有关事项，如数量、支付时间和方式、支付条件、偿（扣）还方式等，应在施工合同条款中予以规定。

1）预付备料款的限额。备料款限额由下列主要因素决定：主要材料（包括外购构件）占施工产值的比重、材料储备期、施工工期。对于承包商常年应备的备料款限额，其计算公式为

$$\text{备料款限额}=\frac{\text{年度承包工程总值}\times\text{主要材料所占比重}}{\text{年度施工日历天数}}\times\text{材料储备天数}$$

一般建筑工程不应超过当年建筑工程量（包括水、电、暖、卫）的30%；安装工程按年安装工程量的10%，材料占比重较多的安装工程按年计划产值的15%左右拨付。

对于只包定额工日（不包材料，一切材料由建设单位供给）的工程项目，可以不预付备料款。

2）备料款的扣回。发包方拨付给承包商的备料款属于预支性质，到了工程中后期，随着工程所需主要材料储备的逐步减少，应以抵充工程价款的方式陆续扣回。扣款的方法有以

下两种。

① 可以从未施工工程尚需的主要材料及构件的价值相当于备料款数额时起扣，从每次结算工程价款中按材料比重扣抵工程价款，竣工前全部扣清。

② 在承包方完成金额累计达到合同总价的10%后，由承包商开始向发包方还款，发包方从每次应付给承包商的金额中扣回工程预付款，发包方至少在合同规定的完成工期前3个月将工程预付款的总计金额按逐次分摊的办法扣回。当发包方一次付给承包商的金额少于限定扣回的金额时，其差额应转入下一次支付中作为债务结转。

（2）中间结算（工程进度款的支付） 承包商在工程建设工期中，按逐月完成的分部分项工程数量计算各项费用，向建设单位办理中间结算手续。

现行的中间结算办法是，承包商在旬末或月中向建设单位提出预支工程款账单，预支一旬或半月的工程款，月终再提出工程款结算账单和已完工程月报表，收取当月工程价款，并通过建设银行进行结算。

按月进行结算，要对现场已施工完毕的工程逐一进行清点，资料提出后要交建设单位审查签证。为简化手续，多年来采用的办法是以承包商提出的统计进度报表为支取工程款的凭证，即通常所称的工程进度款。工程进度款的支付步骤：工程量测量与统计→提交已完工程量报告→工程师核实并确认→建设单位认可并审批→支付工程进度款。

（3）工程保修金（尾留款）的预留 按有关规定，工程项目造价中应预留出一定的尾留款作为质量保修费用，待工程项目保修期结束后付款。一般保修金的扣除有两种方法：在工程进度款拨付累计金额达到该工程的一定比例（一般为95%~97%）时，停止支付，预留部分作为保修金；从发包方向承包商第一次支付的工程进度款开始，在每次承包商应得的工程款中扣留规定的金额作为保修金，直至保修金总额达到规定的限额位置。

保修金的退还一般分为两次进行。当颁发整个工程的移交证书（竣工验收合格）时，将一半保修金退还给承包商；当工程的缺陷责任期（质保期）满时，另一半保修金由工程师开具证书付给承包商。

承包商已向发包方出具履约保函或其他保证的，可以不留保修金。

（4）竣工结算 竣工结算是承包商在所承包的工程按照合同规定的内容全部完工并交工之后，向发包方进行的最终工程价款结算。在竣工结算时，若因某些条件变化，使合同工程价款发生变化，则需按规定对合同价款进行调整。

在实际工作中，当年开工、当年竣工的工程，只需办理一次性结算。跨年度工程，在年终办理一次年终结算，将未完工程转结到下一年度，此时竣工结算等于各年结算的总和。办理工程价款竣工结算的一般公式为

竣工结算工程价款=预算或合同价款+施工过程中价款调整数额-预付及已结算工程价款

【例8-5】 某建筑工程建安工程量600万元，计划2002年上半年完工，主要材料和结构件款额占施工产值的60.5%，工程预付款为合同金额的25%，2002年上半年各月实际完成施工产值见表8-11。求如何按月结算工程款。

表8-11 实际完成施工产值 （单位：万元）

2月	3月	4月	5月
100	140	180	180

解：

1）预付工程款=600 万元×25%=150 万元。

2）计算预付备料款的起扣点 T=600 万元-150 万元/62.5%=600 万元-240 万元=360 万元，即当累计结算工程款为 360 万元后，开始扣备料款。

3）2 月完成产值 100 万元，结算 100 万元。

4）3 月完成产值 140 万元，结算 140 万元，累计结算工程款 240 万元。

5）4 月完成产值 180 万元，可分解为两个部分：其中的 120 万元（T-240）全部结算，其余的 60 万元要扣除预付备料款 62.5%，按 60 万元的 37.5%结算。

实际应结算：120 万元+60 万元×(1-62.5%)=120 万元+22.5 万元=142.5 万元，累计结算工程款 382.5 万元。

6）5 月完成产值 180 万元，并已竣工。

应结算：180 万元×(1-62.5%)=67.5 万元。

累计结算款 450 万元，加上预付工程款 150 万元，共结算 600 万元。

3. 设备、工器具和材料价款的支付与结算

1）国内设备、工器具的支付与结算。按照我国现行规定执行单位和个人办理结算都必须遵守的结算原则：一是恪守信用，及时付款；二是谁的钱谁进账，由谁支配；三是银行不垫款。

建设单位对订购的设备、工器具，一般不预付定金，只对制造期在半年以上的大型专用设备和船舶的价款，按合同分期付款。

建设单位收到设备工器具后，要按合同规定及时结算付款，不应无故拖欠。如果资金不足延期付款，要支付一定的赔偿金。

2）国内材料价款的支付与结算。建安工程承发包双方的材料往来，可以按以下方式结算。

① 由承包方自行采购建筑材料的，发包方可以在双方签订工程承包合同后，按年度工作量的一定比例向承包方预付备料资金，并在一个月内付清。备料款的预付额度，建筑工程一般不应超过当年建筑（包括水、电、暖、卫等）工作量的 30%，大量采用预制构件及工期在 6 个月以内的工程，可以适当增加；安装工程一般不应超过当年安装工程量的 10%，安装材料用量较大的工程，可以适当增加。预付备料款，以竣工前完成工程所需材料价值相当于预付备料款额度时起扣，在工程价款结算时，按材料所占的比重陆续抵扣。

② 按工程承包合同规定，由承包方包工包料的，发包方将主管部门分配的材料指标交承包方，由承包方购货付款，并收取备料款。

③ 按工程承包合同规定由发包方供应材料的，其材料可按材料预算价格转给承包方，材料价款在结算工程款时陆续抵扣，这部分材料承包方不应收取备料款。凡是没有签订工程承包合同和不具备施工条件的工程，发包方不得预付备料款，不准以备料款为名转移资金；承包方收取备料款后两个月仍不开工或发包方无故不按合同规定付给备料款的，开户建设银行可以根据双方工程承包合同的约定，分别从有关单位账户中收回或付出备料款。

3）进口设备、工器具和材料价款的支付与结算。对进口设备及材料费用的支付，一般利用出口信贷的形式。出口信贷根据借款的对象，分为卖方信贷和买方信贷。

① 卖方信贷是卖方将产品赊销给买方，规定买方在一定时期内延期或分期付款。卖方

通过向本国银行申请出口信贷来填补占用的资金。

采用卖方信贷进行设备材料结算时，一般是在签订合同后先预付10%定金，在最后一批货物装船后再付10%，货物运抵目的地验收后付5%，待质量保证期满时再付5%，剩余的70%贷款应在全部交货后规定的若干年内一次或分期付清。

② 买方信贷有两种形式：一种是由产品出口国银行把出口信贷直接贷给买方，买卖双方以即期现汇成交。例如，在进口设备材料时，买卖双方签订贸易协议后，卖方先付15%左右的资金，其余贷款由卖方银行贷给，再由买方按现汇付款条件支付给卖方。此后，买方分期向卖方银行偿还贷款本息。

买方信贷的另一种形式，是由出口国银行把出口信贷供给进口国银行，再由进口国银行转贷给买方，买方用现汇支付借款，进口国银行分期向出口国银行偿还借款本息。

进口设备材料的结算价与确定的合同价不同，结算价还要受较多因素（主要是工资、物价、贷款利率及汇率）的影响，因此在结算时要采用动态结算方式。

三、工程价款的动态结算

动态结算是指把各种动态因素渗透到结算过程中，使结算价大体能反映实际的消耗费用。工程结算时是否实行动态结算，选用什么方法调整价差，应根据施工合同规定行事。

动态结算有按实际价格结算、按调价文件结算和按调价系数结算等方法。

1. 按实际价格结算

按实际价格结算是指某些工程的施工合同规定对承包商的主要材料价格按实际价格结算的方法。

2. 按调价文件结算

按调价文件结算是指施工合同双方采用当时的预算价格进行承发包，施工合同期内按照工程造价管理部门调价文件规定的材料知道价格，用结算期内已完工程材料用量乘以价差进行材料价款调整的方法，其计算公式为

$$各项材料用量=\sum 结算期已完工程量\times 定额用量$$

$$调价值=\sum 各项材料用量\times(结算期预算指导价-原预算价格)$$

3. 按调价系数结算

按调价系数结算是指施工合同双方采用当时的预算价格进行承发包，在合理工期内按照工程造价部门规定的调价系数（以定额直接费或定额材料费为计算基础），在原合同造价（预算价格）的基础上，调整由于实际人工费、材料费、机械台班使用费等费用上涨及工程变更因素造价的价差，其计算公式为

$$结算期定额直接费=\sum(结算期已完工程量\times 预算单价)$$

$$调价值=结算期定额直接费\times 调价系数$$

四、竣工结算

1. 竣工结算及其作用

（1）竣工结算　竣工结算是指一个单位工程或单项建筑工程竣工，并经建设单位及有关部门验收后，承包商与建设单位之间办理的最终工程结算。工程竣工结算一般以承包商的预算部门为主，由承包商将施工建造活动中与原设计图纸规定产生的一些变化，与原施工图

预算比较有增加或减少的地方，按照编制施工图预算的方法与规定，逐项进行调整计算，并经建设单位核算签署后，由承发包单位共同办理竣工结算手续，才能进行工程结算。竣工结算意味着承发包双方经济关系的最后结束，因此承发包双方的财务往来必须结清。办理工程竣工结算的一般公式为

竣工结算工程价款=预算(或概算)或合同价款+施工过程中预算或合同价款调整数额-预付及已结算工程价款-保修金

(2) 竣工结算的作用

1) 企业所承包工程的最终造价被确定，建设单位与施工单位的经济合同关系完结。

2) 企业所承包工程的收入被确定，企业以此作为根据可考核工程成本，进行经济核算。

3) 企业所承包的建筑安装工作量和工程实物量被核准承认，所提供的结算资料可作为建设单位编报竣工决算的基础资料依据。

4) 可作为进行同类工程经济分析、编制概算定额和概算指标的基础资料。

2. 竣工结算的编制依据

编制工程竣工结算书的依据有以下7个方面的内容。①工程竣工报告及工程竣工验收单。这是编制竣工结算书的首要条件。未竣工的工程，或虽竣工但没有进行验收及验收没有通过的工程，不能进行竣工结算。②工程承包合同或施工协议书。③经建设单位及有关部门审核批准的原工程概预算及增减概预算。④施工图、设计变更图、通知书、技术洽商及现场施工记录。⑤在工程施工过程中发生的参考概预算价格价差凭据、暂估价差价凭据，以及合同、协议书中有关条文规定需持凭据进行结算的原始凭证（如工程签证、凭证、工程价款、结算凭证等)。⑥本地区现行的概预算定额、材料预算价格、费用定额及有关文件规定、解释说明等。⑦其他有关资料。

3. 竣工结算的编制方法

竣工结算书的编制，随承包方式的不同而有所差异。

1) 采用施工图概预算加增减账承包方式的工程结算书，是在原工程预算基础上，施工过程中不可避免地发生的设计变更、材料代用、施工条件的变化、经济政策的变化等影响到院施工图概预算价格的变化费用，又称为预算结算制。

2) 采用施工图概预算加包干系数或每 m^2 造价包干的工程结算书，一般在承包合同中已分清了承发包单位之间的义务和经济责任，不再办理施工过程中所承包内容的经济洽商，在工程结算时不再办理增减调整。工程竣工后，仍以原概预算加系数或 m^2 造价的价值进行计算。只有发生在超出包干范围的工程内容时，才在工程结算中进行调整。

3) 采用投标方式承包工程结算书，原则上应按中标价格（成交价格）进行。但合同中对工期较长、内容比较复杂的工程，规定了对较大设计变更及材料调整允许调整范围以外发生的非建筑企业原因发生在中标价格以外费用时，建筑企业可以向招标单位提出签订补充合同或协议，为结算调整价格的依据。

4. 竣工结算编制程序中的重要工作

(1) 编制准备　编制准备包括以下4个方面的内容。①收集与竣工结算编制工作有关的各种资料，尤其是施工记录与设计变更资料；②了解工程开工时间、竣工时间和施工进度、施工安排与施工方法等有关内容；③掌握在施工过程中的有关文件调整与变化，并注意

合同中的具体规定；④检查工程质量，校核材料供应方式与供应价格。

（2）对施工预算中不真实项目进行调整

1）通过设计变更资料，寻找原预算中已列但实际未做的项目，并将该项目对应的预算从原预算中扣减出来。例如，某工程内墙面原设计混合砂浆材刷，并刷106涂料。施工时，应甲方要求不刷涂料，改用喷塑，并有甲乙双方签证的变更通知书，那么在结算时扣除原概算中的106涂料费用，该项为调减部分。

2）计算实际增加项目的费用，费用构成依然为工程的直接费、间接费、利润、税金。上例中的墙面喷塑则属于增加项目，应按施工图预算要求，补充其费用。

3）根据施工合同的有关规定，计算由于政策变化而引起的调整性费用。

在当前预结算工作中，最常见的一个问题是因文件规定的不断变化而对预结算编制工作带来的直接影响，尤其是直接费率的变化、材料系数的变化、人工工资标准的变化等。

（3）计算大型机械进退场费　预结算制度明确规定，大型施工机械进退场费结算时按实计取，但招标投标工程应根据招标文件和施工合同规定办理。

（4）调整材料用量　引起材料用量尤其是主要材料用量变化的主要因素，一是设计变更引起的工程量的变化而导致的材料数量的增减，二是施工方法、材料类型不同而引起的材料数量变化。

（5）按实计算材差，重点是“三材”与特殊材料价差　一般情况下，建设单位委托承包商采购供应的“三材”和一些特殊材料按预算价、预算指导价或暂定价进行预算造价，而在结算时如实计取。这就要求在结算过程中，按结算确定的建筑材料实际数量和实际价格，逐项计算材差。

（6）确定建设单位供应材料部分的实际供应数量与实际需求数量　材料的供应数量与工程需求数量是两个不同的概念，对于建设单位供应材料来说，这种概念上的区别尤为重要。

供应数量是材料的实际购买数量，通常通过购买单位的财务账目反映出来，建设单位供应材料的供应数量，也就是建设单位购买材料并交给承包商使用的数量；材料的需求数量指的是依据材料分析，完成建筑工程施工所需材料的客观消耗量。如果上述两量之间存在数量差，则应如实进行处理，既不能超供也不能短缺。

（7）计算由于施工方式的改变而引起的费用变化　预算时按施工组织设计文件要求，计算有关施工过程费用，但实际施工中，如施工情况、施工方式有变化，则有关费用要按合同规定和实际情况进行调整，如地下工程施工有关的技术措施、施工机械型号选用变化、施工事故处理等有关费用。

五、竣工决算

竣工决算是反映建设项目实际造价和投资效果的文件，是竣工验收报告的重要组成部分。所有竣工验收的项目，应在办理手续之前，对所有建设项目的财产和物资进行认真清理，及时、正确地编制竣工决算。这对于总结分析建设过程中的经验教训，提高工程造价管理水平，以及积累技术经济资料等方面，有着重要意义。

1. 竣工决算的内容

建设项目的竣工决算应包括从筹建到竣工投产全过程的全部实际支出费用，即建筑工程费用、安装工程费用、设备工器具购置费用和其他费用等。竣工决算由竣工决算报表、竣工决算报告说明书、竣工工程平面示意图、工程造价比较分析4部分组成。大中型建设项目竣工决算报表一般包括竣工工程概况表、竣工财务决算表、建设项目交付使用财产总表及明细表，以及建设项目建成交付使用后的投资效益和交付使用财产明细表。

2. 竣工决算的编制

（1）收集、整理、分析原始资料　从工程开始就按编制依据的要求，收集、整理有关资料，主要包括建设项目档案资料，如涉及文件、施工记录、上级批文、概预算文件、工程结算的归集整理，财务处理，财产物资的盘点核实及债权债务的清偿，做到账表相符。

（2）对照工程变动情况，重新核实各单位工程、单项造价　将竣工资料与原始设计图纸进行对比，必要时可实地测量，确认实际变更情况；根据经审定的施工单位竣工结算的原始资料，按照有关规定，对原概预算进行增减调整，重新核定工程造价。

（3）填写基建支出和占用项目　经审定的待摊投资、其他投资、待核销基建支出和非经营项目的转出投资，按照国家规定严格划分和核定后，分别计入相应的基础支出（占用）栏目内。

（4）编制竣工决算报告说明书　竣工决算报告说明书包括反映竣工工程建设的成果和经验，是全面考核与分析工程投资与造价的书面总结，是竣工决算报告的重要组成部分，其主要内容包括以下几方面。

1）对工程造的评价。

① 进度。主要说明开工和竣工时间，对照合理工期和要求工期，说明工程进度是提前还是延期。

② 质量。要根据竣工验收委员会或质量监督部门的验收评定，对工程质量进行说明。

③ 安全。根据劳资和施工部门的记录，对有无设备和人身事故进行说明。

④ 造价。应对照概算造价，说明节约还是超支，用金额和百分比进行分析说明。

2）各项财务和技术经济指标的分析。

① 概算执行情况分析：根据实际投资完成额与概算进行对比分析。

② 新增生产能力的效益分析：说明交付财产占总投资额的比例、固定资产占交付使用财产的比例、递延资产占投资总数的比例，分析有机构成和成果。

③ 基础建设投资包干情况的分析：说明投资包干书、实际支用数和节约额、投资包干结余的有机构成和包干结余的分配情况。

④ 财务分析：列出历年的资金来源和资金占用情况。

⑤ 工程建设的经验教训及有待解决的问题。

⑥ 需要说明的其他事项。

（5）编制竣工决算报表　竣工决算报表共有9个，按大、中、小型建设项目分别制定，包括建设项目竣工工程概况表、建设项目竣工财务决算总表、建设项目竣工财务决算明细表、交付使用固定资产明细表、交付使用流动资产明细表、交付使用无形资产明细表、递延资产明细表、建设项目工程造价执行情况分析表、待摊投资明细表。

（6）进行工程造价比较分析　在竣工决算报表中，必须对控制工程造价所采取的措施、效果及其动态的变化，进行认真的比较分析，总结经验教训。批准的概算是考核建设工程造价的依据，在分析时可将决算报表中所提供的实际数据和相关资料与批准的概算、预算指标进行对比，对考核竣工项目总投资控制的水平，在对比的基础上总结先进经验，找出落后的原因，提出改进措施。

为考核概算执行情况，正确核算建设工程造价，财务部门首先必须积累概算动态变化资料（如材料价差、设备价差、人工价差、费率价差等）和设计方案变化，以及对工程造价有重大影响的设计变更资料；其次，考察竣工形成的实际工程造价节约或超支的数额。

为了便于比较，可先对比整个项目的总概算，之后对比工程项目（或单项工程）的综合概算和其他工程费用概算，最后再对比单位工程概算，并分别将建筑安装工程、设备、工器具购置和其他工程费用，逐一与项目竣工决算编制的实际工程造价进行对比，找出节约或超支的具体内容和原因。

根据经审定的竣工结算等原始资料，对原概预算进行调整，重新核定各单项工程和单位工程的在家。属于增加固定资产价值的其他投资，如建设单位管理费、研究试验费、土地征用及拆迁补偿费等，应分摊于收益工程，共同构成新增固定资产价值。

（7）归整竣工图　清理、装订好竣工图，按国家规定上报审批、存档。

本章小结

1. 设计概算的含义

建设项目设计概算是初步设计文件的重要组成部分，它是在投资估算的控制下由设计单位根据初步设计或扩大初步设计的图纸及说明，利用国家或地区颁发的概算指标、概算定额或综合指标预算定额、设备材料预算价格等资料，按照设计要求，概略地计算建筑物或构筑物造价的文件。

2. 设计概算的作用

1）设计概算是编制建设项目投资计划、确定和控制建设项目投资的依据。

2）设计概算是签订建设工程合同和贷款合同的依据。

3）设计概算是控制施工图设计和施工图预算的依据。

4）设计概算是衡量设计方案技术经济合理性和选择最佳设计方案的依据。

5）设计概算是考核建设项目投资效果的依据。

3. 施工预算的概念

施工预算是指在建设工程施工前，在施工图预算的控制下，施工企业内部根据施工图计算的分项工程量、施工定额、结合施工组织设计等资料，通过工料分析，计算和确定完成一个单位工程或其分部分项工程所需的人工、材料、机械台班消耗量及其相应费用的经济文件。施工预算一般以单位工程为编制对象。

4. 施工预算的内容构成

施工预算的内容，原则上应包括工程量、材料、人工和机械四项指标。一般以单位工程为对象，按其分部工程计算。施工预算由编制说明及表格两大部分组成。

5. “两算”对比的概念

“两算”对比是指施工预算与施工图预算的对比。施工图预算确定的是工程预算成本，施工预算确定的是工程计划成本，它们是从不同角度计算的工程成本。

6. 工程结算概念

工程价款结算（简称工程结算）是指施工企业（承包商）在工程实施过程中，依据承包合同中付款条款的规定和已经完成的工程量，按照规定的程序向建设单位（业主）收取工程价款的一项经济活动。

7. 竣工结算

竣工结算是指一个单位工程或单项建筑工程竣工，并经建设单位及有关部门验收后，承包商与建设单位之间办理的最终工程结算。

8. 竣工决算

竣工决算是反映建设项目实际造价和投资效果的文件，是竣工验收报告的重要组成部分。

能力训练

1. 设计概算的概念是什么？
2. 设计概算由哪些内容构成？
3. 设计概算的编制方法有哪些？
4. 施工预算的概念是什么？
5. 施工预算有哪些作用？
6. 施工预算的编制方法有哪些？
7. 简述施工预算与施工图预算的区别。
8. “两算”对比的方法有哪些？
9. 工程结算的定义是什么？
10. 工程价款的主要结算方式有哪些？
11. 工程价款结算程序是什么？
12. 简述竣工结算及其作用。
13. 简述竣工决算定义及内容。
14. 怎样编制竣工决算？

参 考 文 献

[1] 甘肃省住房和城乡建设厅. 甘肃省建筑与装饰工程预算定额：上册 [M]. 北京：中国建材工业出版社，2013.

[2] 甘肃省住房和城乡建设厅. 甘肃省建筑与装饰工程预算定额：中册 [M]. 北京：中国建材工业出版社，2013.

[3] 甘肃省住房和城乡建设厅. 甘肃省建筑与装饰工程预算定额：下册 [M]. 北京：中国建材工业出版社，2013.

[4] 王春宁. 建筑装饰工程定额与预算（建筑装饰专业）[M]. 北京：中国建筑工业出版社，2003.

[5] 许焕兴，等. 新编装饰装修工程预算 [M]. 北京：中国建材工业出版社，2013.

[6] 侯小霞，等. 建筑装饰工程概预算 [M]. 2版. 北京：北京理工大学出版社，2014.

[7] 吴锐，王俊松，等. 建筑装饰装修工程预算 [M]. 2版. 北京：人民交通出版社，2010.

[8] 徐学东. 建筑工程估价与报价 [M]. 北京：中国计划出版社，2005.

[9] 许炳权. 装饰装修工程概预算 [M]. 北京：中国建材工业出版社，2006.

[10] 中华人民共和国住房和城乡建设部. GB 50500—2013 建设工程工程量清单计价规范 [S]. 北京：中国计划出版社，2013.

[11] 中华人民共和国住房和城乡建设部. GB 50854—2013 房屋建筑与装饰工程工程量计划规范 [S]. 北京：中国计划出版社，2013.

[12] 甘肃省住房和城乡建设厅. 甘肃省建筑与装饰工程预算定额地区基价. 上册 [M]. 北京：中国建材工业出版社，2013.

[13] 甘肃省住房和城乡建设厅. 甘肃省建筑与装饰工程预算定额地区基价. 中册 [M]. 北京：中国建材工业出版社，2013.

[14] 甘肃省住房和城乡建设厅. 甘肃省建筑与装饰工程预算定额地区基价. 下册 [M]. 北京：中国建材工业出版社，2013.

[15] 规范编制组. 2013 建设工程计价计量规范辅导 [M]. 北京：中国计划出版社，2013.

[16] 袁建新. 工程量清单计划 [M]. 北京：中国建筑工业出版社，2010.

[17] 王广军，徐晓峰. 建筑工程计量与计价 [M]. 天津：天津科学技术出版社，2013.